Dario Graffi (Ed.)

Non-Linear Mechanics

Lectures given at a Summer School of the
Centro Internazionale Matematico Estivo (C.I.M.E.),
held in Bressanone (Bolzano), Italy,
June 4-13, 1972

Springer

FONDAZIONE
CIME
ROBERTO CONTI

C.I.M.E. Foundation
c/o Dipartimento di Matematica "U. Dini"
Viale margagni n. 67/a
50134 Firenze
Italy
cime@math.unifi.it

ISBN 978-3-642-10975-1 ISBN 978-3-642-10976-8 (eBook)
DOI 10.1007/978-3-642-10976-8
Springer Heidelberg Dordrecht London New York

Reprint of the 1st ed. C.I.M.E., Ed. Cremonese, Roma 1973
With kind permission of C.I.M.E.

Printed on acid-free paper

Springer.com

CENTRO INTERNAZIONALE METEMATICO ESTIVO

(C. I. M. E.)

I Ciclo - Bressanone - Dal 4 al 13 giugno 1972

NON-LINEAR MECHANICS

Coordinatore: D. GRAFFI

CENTRO INTERNAZIONALE MATEMATICO ESTIVO

(C.I.M.E.)

L. CESARI

NONLINEAR ANALYSIS

Corso tenuto a Bressanone dal 4 al 13 giugno 1972

NONLINEAR ANALYSIS

Lamberto Cesari
Department of Mathematics
The University of Michigan
Ann Arbor, Michigan, U.S.A.

We present here outlines of a series of research papers in nonlinear analysis, all centered on the concept of bifurcation equation, and mostly relying on methods and ideas of functional analysis. While we do not claim completeness, we attempt to give a fair view on relevant trends in the field. In each of the following short presentations we list a few bibliographical references.

Lamberto Cesari

CONTENTS

Lamberto Cesari

I. PERTURBATION PROBLEMS FOR PERIODIC SOLUTIONS OF ORDINARY DIFFERENTIAL EQUATIONS

The approach described below for the problems under consideration was developed in the years 1952-60 and was later framed in the general method we will describe in Part III. Nevertheless the results obtained by this approach and the detailed technique which was correspondingly developed required a presentation of their own.

Let us consider a system of ordinary differential equations of the form

$$du/dt = A(\varepsilon)u + \varepsilon f(t,u,\varepsilon) , \tag{1}$$

where ε is a small parameter, A is an nxn real or complex constant matrix whose elements may depend on ε, $u = col(u_1,\dots,u_n)$, $f = col(f_1,\dots,f_n)$, and $f(t,u,\varepsilon)$ is periodic in t of some period $L = 2\pi/\omega$, or is independent of t, and then (1) is autonomuos and L is arbitrary. Instead of (1) we may consider the analogous system

$$du/dt = A(\varepsilon)u + \varepsilon f(t,u,\varepsilon) + F(t) , \tag{1'}$$

where F(t) is a given periodic function of t. We are interested in the possible periodic solutions of system (1), or (1'). They are sometimes called periodic oscillations, and indeed, they represent actual oscillatory phenomena of corresponding physical systems. The periodic solutions of system (1), when this is autonomous, are often called cycles.

System (1) is often thought of as a perturbation of the linear system with constant coefficients $du/dt = A(0)u$. Its periodic solutions, if any, may have large amplitude, even if ε is small. The term $F(t)$ in (1') is often denoted as a "large" forcing term.

Systems (1) and (1') (for $\varepsilon \neq 0$) are not any easier to handle because ε is "small." The phenomena which (1) and (1') may represent (resonance, nonresonance, harmonic oscillations, subharmonic, higher harmonics, cycles' frequency depending on ε for autonomous systems, entrainement of frequency, or locking of frequency, stability of the corresponding solutions) are varied and complex (cfr., e.g., L. Cesari [10] for some references).

We shall now mention briefly a simple process for the determination and study of periodic solutions of systems (1), or (1'), and some of the related phenomena. In Part III we shall frame this process in a general method for boundary value problems.

To begin with, let us first consider the case of a system (1) with $A = 0$, or

$$du/dt = \varepsilon f(t,u,\varepsilon), \qquad u = (u_1,\ldots,u_n), \tag{2}$$

where $f(t,u,\varepsilon) = (f_1,\dots,f_n)$ is, say, defined, continuous and periodic in t of period $L = 2\pi/\omega$ in the domain $-\infty < t < +\infty$, $|u| \leq R$, $|\varepsilon| \leq \varepsilon_o$, for some R, $\varepsilon_o > 0$.

Let S denote the space of all continuous vector functions $\varphi(t) = (\varphi_1,\dots,\varphi_n)$ periodic of period L, and let us take in S the uniform topology. For $\varphi \in S$ let $P\varphi = (P\varphi_1,\dots,P\varphi_n) = L^{-1}\int_0^T \varphi(t)dt$ denote the mean value of φ. Thus, $P\varphi$ is the constant vector whose components $P\varphi_j$ are the mean values of the components φ_j of φ. Also, P can be thought of as an operator P: $S \to S$, and as such P is linear, idempotent (that is, PP = P), and is a projector operator.

Let $c = (c_1,\dots,c_n)$ denote any arbitrary constant vector with $|c| \leq r < R$, $j = 1,\dots,n$, for some fixed r, $0 < r < R$. Let S_c denote the set of all $\varphi \in S$, $\varphi = (\varphi_1,\dots,\varphi_n)$ with $P\varphi = c$ and $|\varphi(t)| \leq R$. We consider now the transformation $\psi = T\varphi$ defined for every $\varphi \in S_c$ by

$$\psi(t) = c + \varepsilon \int[f(\tau,\varphi(\tau),\varepsilon) - m]d\tau ,$$

$$m = Pf(\tau,\varphi(\tau),\varepsilon) . \qquad (3)$$

Here m is the mean value of the periodic function $f(\tau,\varphi(\tau),\varepsilon)$; hence, $f(\tau,\varphi(\tau),\varepsilon) - m$ has mean value zero, and $\int$ in (3) denotes the unique primitive periodic of period L and mean value zero, so that $\psi \in S$, $P\psi = c$.

Since $|c| < r < R$, it is easily seen that, for $|\varepsilon|$ sufficiently small, we also have $|\psi(t)| \leq R$, and thus $T: S_c \to S_c$. It is easily seen also that S_c is a convex subset of S, and that $T(S_c)$ is compact. By Schauder fixed point theorem there is, therefore, at least one element $u \in S_c$ which is transformed by T into itself, that is, a fixed element $u = Tu$ of T, asy $u(t;c,\varepsilon)$. Relation (3) for $\varphi = \psi = u$, shows that u is a solution of the modified differential system

$$du/dt = \varepsilon[f(t,u,\varepsilon) - m], \qquad m = Pf(t,u(t),\varepsilon).$$

Moreover, if we assume that $f(t,u,\varepsilon)$ is Lipschitzian with respect to u in the domain $-\infty < t < +\infty$, $|u| \leq R$, $|\varepsilon| \leq \varepsilon_o$, then, again for $|\varepsilon|$ sufficiently small, T is a contractio, and thus the fixed element $u = Tu$ is unique and depends continuously on c and ε.

The question remains as to whether, again for $|\varepsilon|$ sufficiently small, we can determine $c = (c_1,\dots,c_n) = c(\varepsilon)$, $|c| \leq r$, so that $m = (m_1,\dots,m_n) = 0$. The equation $m = 0$, or $m_j = 0$, $j = 1,\dots,n$, is a first instance of what we shall denote the bifurcation equation, or determining equation. If $c(\varepsilon)$ is any solution of the bifurcation equation $m = 0$, then $u(t,c(\varepsilon),\varepsilon)$ is a periodic solution of the original differential system (2).

For this process and various modifications, one of which is mentioned below, we refer to L. Cesari [6]. A linear version of it was proposed by Cesari in [5], and variants and applications have been discussed by R. Gambill and J. K. Hale [17]. As mentioned, we shall see in Part III a more general process for boundary value problems.

Let us consider a periodic system (1) of period $T = 2\pi/\omega$ of which we want to determine solutions of some period in rational ratio with T. Let $\rho_1,\dots,\rho_n$ denote the n eigenvalues of A (which in general depend on ε), and let us separate those $\rho_1,\dots,\rho_\nu$ which, as $\varepsilon\to 0$, approach purely imaginary numbers $\rho_j(0) = i\tau_j = ia_j\omega/b_j$, $j = 1,\dots,\nu$, a_j, b_j integers, $b_j > 0$, $a_j \gtrless 0$, from those $\rho_{\nu+1},\dots,\rho_n$ whose limits as $\varepsilon\to 0$ are complex or real numbers different from any number $ia\omega/b_o$, $b_o = b_1\dots b_\nu$, a integer, $a \gtrless 0$. Here ν denote any integer $0 \leq \nu \leq n$, and the case $\nu = 0$ is particularly simple, and we shall not discuss it here. Correspondingly, we can reduce A in (1) to the form $\operatorname{diag}(A_1,A_2)$, A_1 with eigenvalues $\rho_1,\dots,\rho_\nu$, A_2 with eigenvalues $\rho_{\nu+1},\dots,\rho_n$. To simplify the present exposition we assume that all roots $\rho_1,\dots,\rho_n$ are simple, so that we can reduce A in (1) to the diagonal form $A = \operatorname{diag}(\rho_1,\dots,\rho_n)$. We shall denote by B the analogous matrix $B = \operatorname{diag}(i\tau_1,\dots,i\tau_\nu, \rho_{\nu+1},\dots,\rho_n)$.

Let S denote the space of all continuous vector functions $\varphi(t) = (\varphi_1,\dots,\varphi_n)$ periodic of period $2b_o\pi/\omega$, and let us take in S the uniform topology. Let P be defined now by $P\varphi = (P\varphi_1,\dots,P\varphi_\nu, 0,\dots,0)$. For the sake of simplicity let us assume here that $f(t,u,\varepsilon)$ is defined, continuous, and periodic in t of period $L = 2\pi/\omega$, in the domain $-\infty < t < +\infty$, $|u| \leq R$, $|\varepsilon| \leq \varepsilon_o$ for some $R, \varepsilon_o > 0$. Let $c = (c_1,\dots,c_\nu,0,\dots,0)$ denote any constant vector (with $c_1,\dots,c_\nu \neq 0$) and $|c| \leq r < R$. Let $z(t) = (c_1 e^{i\tau 1 t},\dots,c_\nu e^{i\tau\nu t},0,\dots,0)$. Let S_c denote the set of all $\varphi\epsilon S$, $\varphi = (\varphi_1,\dots,\varphi_n)$ with $P(e^{-Bt}\varphi) = c$ and $|\varphi(t)| \leq R$, so that $z\epsilon S_c$. We consider now the transformation $\psi = T\varphi$ defined for every $\varphi\epsilon S_c$ by

$$\psi(t) = z(t) + \varepsilon e^{Bt}\int e^{-B\tau}[f(\tau,\varphi(\tau),\varepsilon) - D\varphi(\tau)]d\tau ,$$
$$D = \mathrm{diag}(d_1,\dots,d_\nu,0,\dots,0) , \quad Dc = P[e^{-B\tau}f(\tau,\varphi(\tau),\varepsilon)] . \tag{4}$$

It has been shown in [6] that it is possible to choose the primitives in (4) so that ψ is periodic, $\psi\epsilon S$, $P[e^{-Bt}\psi] = P[e^{-Bt}z] = c$.

Since $|c| \leq r < R$, it can be proved (cfr. [6]) that, for $|\varepsilon|$ sufficiently small, we also have $|\psi(t)| \leq R$, and thus $T: S_c \to S_c$. It can also be proved (cfr. [6]) that S_c is a convex subset of S, and that $T(S_c)$ is compact. By Schauder fixed point theorem there is, therefore, at least one fixed element $u\epsilon S_c$, $u = Tu$, say

$u(t;c,\varepsilon)$. Relation (4) for $\varphi = \psi = u$ shows that u is a solution of the modified differential system

$$du/dt = (B - \varepsilon D)u + \varepsilon f(t,u,\varepsilon) ,$$

$$Dc = P[e^{-Bt} f(t,u(t),\varepsilon)] ,$$

$$D = \mathrm{diag}(d_1,\dots,d_\nu, 0,\dots,0) .$$

Again as before, if we assume that $f(t,u,\varepsilon)$ is Lipschitzian with respect to u in the domain $-\infty < t < +\infty$, $|u| \le R$, $|\varepsilon| \le \varepsilon_o$, then, for $|\varepsilon|$ sufficiently small, the map $T: S_c \to S_c$ is a contraction (cfr. [6]), and thus the fixed point $u = Tu$ in S_c is unique, and it can be proved to depend continuously upon c and ε.

The question remains as to whether, again for $|\varepsilon|$ sufficiently small, we can determine $c = (c_1,\dots,c_\nu,0,\dots,0) = c(\varepsilon)$, $|c| \le r$, so that $B - \varepsilon D = A$, that is,

$$ia_j\omega/b_j - \varepsilon d_j c_j = \rho_j(\varepsilon) , \qquad j = 1,\dots,\nu .$$

The equation $B - \varepsilon D = A$ is the bifurcation or determining equation. If $c(\varepsilon)$ is any solution of the bifuration equation, $|c(\varepsilon)| \le r$, then $u(t,c(\varepsilon),\varepsilon)$ is a periodic solution of the original differential system (1).

The argument above remains the same for autonomous systems, with the difference that now $\omega = \omega(\varepsilon)$ is among the unknowns in solving the bifurcation equation, and, on the other hand, the phase in the solutions must remain undetermined, so that ν is still the number of essential unknowns.

Under sole conditions of continuity the existence of solutions to the bifurcation equation, and hence to the original problem, can be assured by the use of the concept of topological degree and of fixed point theorems. Actually, the following statement by C. Miranda has been shown to be relevant [6]. It is an equivalent form of Brouwer's fixed point theorem. This statement concerns vector valued continuous functions $F(z) = (F_1,\dots,F_n)$ defined on an interval $C = [z = (z_1,\dots,z_n) \mid |z^i| \leq R_i,\ i = 1,\dots,n]$. If F_i has constant opposite signs on each of the sides $z^i = \pm R_i$ of C, then there is at least one point $z \in C$ where $F(z) = 0$ (C. Miranda, Boll. Un. Mat. Ital. 3, 1941, 5-7).

For the case $\nu = 1$, which is the most usual one, much less is needed, since then the bifurcation equation reduces to a single quation in one real variable, and all is reduced to the verification that a function $F(z)$ of the real variable z has opposite signs at the end points of the interval $[-R, R]$.

For any $\nu \geq 1$ and f smooth, much more elementary considerations based on the implicit function theorem of calculus lead to simple and practical criteria for the existence and determination of $c = c(\varepsilon)$ for $|\varepsilon|$ small.

The following theorem (cfr. [6]), corresponding to the case $\nu = 1$, is a particularly simple statement for autonomous systems which can be derived from the above process.

Let us consider the system of first and second order differential equations

$$\begin{aligned} y_1'' + \sigma_1^2 y_1 &= \varepsilon f_1(y,y',\varepsilon) , \\ y_j'' + 2\alpha_j y_j + \sigma_j^2 y_j &= \varepsilon f_j(y,y',\varepsilon) , \qquad j = 2,\dots,\mu , \\ y_j'' + \beta_j y_j &= \varepsilon f_j(y,y',\varepsilon) , \qquad j = \mu + 1,\dots,n , \end{aligned} \tag{5}$$

where $y = (y_1,\dots,y_n)$, $y' = (y_1',\dots,y_\mu')$, $f = (f_1,\dots,f_n)$, $1 = \nu \leq \mu \leq n$, where $\sigma_j(\varepsilon)$, $\alpha_j(\varepsilon)$, $\beta_j(\varepsilon)$ are real continuous functions of ε (or constants), $0 \leq \varepsilon \leq \varepsilon_o$, and $\sigma_j(0) > 0$, $j = 1,\dots,\mu$, $\beta_j(0) \neq 0$, $j = \mu + 1,\dots,n$, and either $\alpha_j(0) \neq 0$, or $\alpha_j(0) = 0$, $\sigma_j(0) \not\equiv 0 \pmod{\sigma_1(0)}$, $j = 2,\dots,\mu$. We assume $a = b = 1$, $\sigma_1(0) = \omega_o = \tau_1$ and c is now a scalar. We assume that $f(y,y',\varepsilon)$ is Lipschitzian in y,y' and continuous with respect to ε for

$|y| \leq R$, $|y'| \leq R$, $0 \leq \varepsilon \leq \varepsilon_o$. For $\omega_{o1} \leq \omega \leq \omega_{o2}$, $0 < r_1 \leq \lambda' \leq \lambda \leq \lambda'' \leq r_2 < R$, $L = 2\pi/\omega$, let

$$P(\lambda,\omega) = (L\lambda)^{-1} \int_0^L f_1(\lambda\omega^{-1}\sin\omega t, 0, \ldots, 0, \lambda\cos\omega t, 0, \ldots, 0; 0)\cos\omega t \, dt.$$

(I.i) If for some $\omega_{o1} < \omega_o < \omega_{o2}$, $\lambda' < \lambda_o < \lambda''$, we have $P(\lambda_o,\omega_o) = o$, and $P(\lambda',\omega_o)$, $P(\lambda'',\omega_o)$ have opposite signs, then there is an $\varepsilon_1 > 0$ such that for every ε, $0 \leq \varepsilon \leq \varepsilon_1$ system (5) has at least one periodic solution of the form

$$y_1(t,\varepsilon) = \lambda(\varepsilon)\omega^{-1}(\varepsilon) \sin\omega(\varepsilon)(t+\theta) + O(\varepsilon),$$

$$y_j(t,\varepsilon) = O(\varepsilon), \quad j = 2,\ldots,n,$$

for convenient $\omega(\varepsilon) \in [\omega_{o1},\omega_{o2}]$, $\lambda(\varepsilon) \in [\lambda',\lambda'']$, $\omega(0) = \omega_o$, $\lambda(0) = \lambda_o$, and the phase θ is of course arbitrary.

For details and proofs of this and other general existence theorems and criteria for periodic solutions for systems (1), periodic, or autonomous, we refer to Cesari [6]. See also [6] for extensions to types of linear systems more general than (1), extensions to the case where f satisfies weaker forms of the Lipschitz condition, and extensions to quasi periodic solutions.

For systems (1') containing a large forcing term $F(t) = (F_1,\ldots,F_n)$, say F periodic of period $L = 2\pi/\omega$ (F large in the sense that it does not vanish with ε), the existence of perturbation-type solutions requires in general that $P[e^{-Bt}F(t)] = 0$. In this situation, the linear system $u' = A(0)u$ has a periodic solution $U(t)$, and the change of variables $u = U(t) + v$ transforms the nonlinear system (1') into an analogous system (1) without forcing term.

In the discussion above the case $\nu = 0$ is rather elementary, and the determination of periodic solutions for the nonlinear case does not require the analysis of bifurcation equations.

If we consider $z(t)$ as the 0th approximation $z^{0}(t)$ of the periodic solution of system (1), then the iterated scheme $z^{n+1} = Tz^{n}$, $n = 0,1,\ldots$, can be used in combination with the equation $B - \varepsilon D = A$ to get successive approximations of the functions $c = c(\varepsilon)$ and of the periodic solution $u(t,c(\varepsilon),\varepsilon)$ for $|\varepsilon|$ sufficiently small. Preliminary work has been done by J. K. Hale and R. Gambill [14-17,19-24] who studied in detail this method of successive approximations and discussed many applications of this method (cfr. particularly [17]). A relevant improvement in the method of successive approximations has been proposed recently by C. Banfi and G. Casadei [2-4].

The case where the matrix A in system (1) has multiple eigenvalues has been studied in detail by C. Imaz [30] by the approach described above.

As mentioned, J. K. Hale and R. A. Gambill discussed in [17] great many examples by the method above: e.g., the autonomous van der Pol equation

$$u'' + u = \varepsilon(1-u^2)u' ;$$

the nonlinear Mathieu equation with large forcing term

$$u'' + \sigma^2 u = A \cos 2\omega t + (Bx \cos 2\omega t + Cu^3) ;$$

the van der Pol equation with mild forcing term:

$$u'' + \sigma^2 u = \varepsilon(1-u^2)u' + \varepsilon\, p\omega \cos(\omega t + \alpha) ;$$

the generalized van der Pol equation

$$u'' + \sigma^2 u = \varepsilon(1-u^{2m})u' + \varepsilon\, p\omega \cos(\omega t + \alpha) ,$$

with m integer and large (almost square characteristic function); the system of two nonlinear Mathieu equations

$$u'' + \sigma_1^2 u = \varepsilon(Au + Bu \cos t + Cu^3 + Duv^2) ,$$

$$v'' + \sigma_2^2 v = \varepsilon(Ev + Fy \cos t + Gv^3 + Hu^2 v) ;$$

the autonomous system of two nonlinear equations

$$u'' + u - \varepsilon(1-u^2-v^2)u' = \varepsilon f_1(u,v,v') + \varepsilon g_1(u,u',v,v')v ,$$

$$v'' + 2v - \varepsilon(1-u^2-v^2)v' = \varepsilon f_2(u,u',v) + \varepsilon g_2(u,u',v,v')u ,$$

with

$$f_1(-u,v,v') = -f_1(u,v,v'),\ f_2(u,u',-v) = -f_2(u,u',v).$$

For instance, the latter system has, for $|\varepsilon|$ sufficiently small, two cycles given by

$$u = \lambda\sin(\omega t + \phi) + O(\varepsilon) , \qquad v = O(\varepsilon) ,$$

$$\lambda = 2 + O(\varepsilon) , \qquad \omega = 1 + O(\varepsilon) ,$$

and

$$u = O(\varepsilon) , \qquad v = \lambda\sin(\omega t + \phi) + O(\varepsilon) ,$$

$$\lambda = 2^{1/2} + O(\varepsilon) , \qquad \omega = 2^{1/2} + O(\varepsilon) .$$

J. K. Hale [21,24] proved, by the same method above, the existence of families of periodic solutions and of cycles for systems (1) under suitable symmetry relations.

Of a number of Hale's theorems concerning families of periodic solutions of systems (1), we report here only one concerning autonomous systems (under sole Lipschitz hypotheses as proved in [6]). This theorem guarantees the existence of a $(n - \mu + 2)$-parameter family of periodic solutions (cycles).

Let us consider the autonomous system

$$y_j'' + \sigma_j^2 y_j = \varepsilon f_j(y,y',\varepsilon) , \qquad j = 1,\dots,\mu ,$$

$$y_j' = \varepsilon f_j(y,y',\varepsilon) , \qquad j = \mu + 1,\dots,n , \qquad (6)$$

where $y = (y_1,\dots,y_n)$, $y' = (y_1',\dots,y_\mu')$, $f = (f_1,\dots,f_n)$, where f is Lipschitzian with respect to y, y' and continuous in ε for $|y| \leq R$, $|y'| \leq R$, $0 \leq \varepsilon \leq \varepsilon_o$.

(I.ii) Let us assume, for f_1 only, that

$$f_1(0,y_2,\dots,y_n,0,y_2',\dots,y_\mu',\varepsilon) = 0 ,$$

and that either all f_j, $j = 1,\dots,n$, are odd in $(y_1,\dots,y_\mu)$, or f_1 is even and $f_2,\dots,f_n$ are odd in $(y_2,\dots,y_\mu,y_\mu')$. Suppose $\sigma_1(\varepsilon) > 0$, $j = 1,\dots,\mu$, are continuous functions of ε (or constants), with $\sigma_j(0) \not\equiv 0(\mathrm{mod}\ \sigma_1(0))$, $j = 2,\dots,\mu$. Take $\omega_o = \sigma_1(0)$, and let r_2 be any number $0 < r_2 < R$. Then there exists an ε_1, $0 < \varepsilon_1 < \varepsilon_o$, such that, for all ε, λ_1, $\eta_1,\dots,\eta_{n-\mu}$, $0 < \lambda_1$, $\eta_1,\dots,\eta_{n-\mu} \leq r_2$, $0 \leq \varepsilon \leq \varepsilon_1$, system (6) has a real periodic solution of the form

$$y_1(t,\varepsilon) = \lambda_1\omega^{-1}\sin\omega t + O(\varepsilon)\,, \text{ or } y_1(t,\varepsilon) = \lambda_1\omega^{-1}\cos\omega t + O(\varepsilon)\,,$$

$$y_j(t,\varepsilon) = O(\varepsilon)\,, \qquad j = 2,\dots,\mu\,,$$

$$y_j(t,\varepsilon) = \eta_{j-\mu} + O(\varepsilon)\,, \qquad j = \mu+1,\dots,n\,,$$

where $\bar{y}_1$ is odd or even in t, $y_2,\dots,y_\mu$ are odd, $y_{\mu+1},\dots,y_n$ are even, where $\omega = \omega(\varepsilon,\lambda_1,\eta_1,\dots,\eta_{n-\mu})$ is a continuous function of the same parameters, $\omega = \bar{\omega}_o$ for $\varepsilon = 0$, and t can be replaced by $t + \theta$, the phase θ being arbitrary.

The following examples, all derived from the statement above or by analogous theorems (cfr. [21,24,6]), may illustrate the situation. For instance the simple equation

$$u'' + u = \varepsilon f(u,u')\,,$$

with $f(0,0) = 0$, and either $f(u,-u) = f(u,u')$, or $f(-u,u') = -f(u,u')$, has a family of cycles of the form $u = \lambda\omega^{-1}\cos(\omega t + \phi) + O(\varepsilon)$, or $u = \lambda\omega^{-1}\sin(\omega t + \phi) + O(\varepsilon)$, with $\omega = \omega(\lambda,\varepsilon) = 1 + O(\varepsilon)$, λ, ϕ arbitrary, $|\varepsilon|$ sufficiently small. We may take for instance $f = u + u^2 + u'^2$, or $f = |u| + |u'|$, or $f = |u|u'$. As another example we may consider the system

$$u'' + u = \varepsilon(1-|v|)u'\,, \qquad v'' + 2v = \varepsilon(1-|u|)v'\,,$$

which has two families of cycles respectively of the forms

$$u = \lambda\omega^{-1}\cos(\omega t + \phi) + O(\varepsilon) , \qquad v = O(\varepsilon) ,$$

$$\omega = \omega(\lambda,\varepsilon) = 1 + O(\varepsilon) ,$$

and

$$u = O(\varepsilon) , \qquad v = \lambda\omega^{-1}\cos(\omega t + \phi) + O(\varepsilon) ,$$

$$\omega = \omega(\lambda,\varepsilon) = 2^{1/2} + O(\varepsilon) ,$$

λ, ϕ arbitrary, $|\varepsilon|$ sufficiently small.

As a further example let us consider the third order equation

$$u''' + \sigma^2 u' = \varepsilon f(u,u',u'',\varepsilon) ,$$

where $f(u,-u',u'',\varepsilon) = -f(u,u',u'',\varepsilon)$. J. K. Hale proved that this equation has a family of cycles of the form

$$u = c_1\sigma^{-1}\cos \sigma t + c_2 + O(\varepsilon) ,$$

with $u(c_1,c_2,\varepsilon,-t) = u(c_1,c_2,\varepsilon,t)$, where σt can be replaced by $\sigma t + \phi$, c_1, c_2, ϕ arbitrary, $|c_1|$, $|c_2| \leq r_2 < R$, and $|\varepsilon|$ sufficiently small. Thus, for $|\varepsilon|$ sufficiently small, the third equation above has a three-parameter family of cycles.

Also, the question of the asymptotic stability of the periodic solutions of system (1), and of the asymptotic orbital stability of cycles of autonomous systems, can be discussed by using essentially the same technique, as shown in papers by Cesari [9], J. K. Hale [20,26-28], R. A. Gambill [14-16], H. R. Bailey and R. A. Gambill [1].

A. Halanay in his book [18] described the method of successive approximations mentioned above. More extensive accounts of the research described in this Part I are in the books by J. K. Hale [29] and by Cesari [10]. Finally, it should be mentioned here that J. Mawhin, by the more general method we shall describe in Part III for boundary value problems not necessarily of the perturbation type, has improved some of the results for problems of the perturbation type which had been obtained by the present approach (see Part III for references to Cesari's extended method and papers by Mawhin).

References for Part I

[1] H. R. Bailey and R. A. Gambill, On stability of periodic solutions of weakly nonlinear differential equations, J. Math. Mech. 6, 1957, 655-668.

[2] C. Banfi, Sulla determinazione delle soluzioni periodiche di equazioni non lineari periodiche, Bollettino Unione Mat. Ital. (4) 1, 1968, 608-619.

[3] C. Banfi, Su un metodo di successive approssimazioni per lo studio delle soluzioni periodiche di sistemi debolmente non lineari, Atti Accad. Sci. Torino 100, 1968, 1065-1066.

Lamberto Cesari

References for Part I (Continued)

[4] C. Banfi e G. Casadei, Calcolo di soluzioni periodiche di equazioni differenziali non lineari, Calcolo, vol. 5, suppl. 1, 1968, 1-10.

[5] L. Cesari, Sulla stabilità delle soluzioni dei sistemi di equazioni differenziali lineari a coefficienti periodici, Mem. Accad. Italia (6) 11, 1941, 633-695.

[6] L. Cesari, Existence theorems for periodic solutions of nonlinear Lipschitzian differential systems and fixed point theorems. Contributions to the theory of nonlinear oscillations 5, 1960, 115-172 (Annals of Math. Studies, Princeton, No. 45).

[7] L. Cesari, Second order linear differential systems with periodic L-integrable coefficients (with J. K. Hale). Riv. Mat. Univ. Parma 5, 1954, 55-61.

[8] L. Cesari, A new sufficient condition for periodic solution of weakly nonlinear differential systems (with J. K. Hale). Proc. Am. Math. Soc. 8, 1957, 757-764.

[9] L. Cesari, Boundedness of solutions of linear differential systems with periodic coefficients (with H. R. Bailey), Arch. Ratl. Mech. Anal. 1, 1958, 246-271.

[10] L. Cesari, Asymptotic behavior and stability problems in ordinary differential equations, vii + 271. Ergebn. d. Math., No. 16, Springer Verlag 1959; 2^{d} ed., 1963; 3^{d} ed., 1971. Russian ed., MIR, Moscow 1964.

[11] L. Cesari, Existence theorems for periodic solutions of nonlinear differential systems. Symposium Differential Equations, Mexico City 1959. Boletin Soc. Mat. Mexicana 1960, 24-41.

[12] L. Cesari, Branching of cycles of autonomous nonlinear differential systems. Math. Notae Univ. Litoral, Rosario, 1, 1962, 231-247.

Lamberto Cesari

References for Part I (Continued)

[13] L. Cesari, Un nuovo criterio di stabilità per le soluzioni delle equazioni differenziali lineari. Annali Scuola Normale Sup. Pisa (2) 9, 1940, 163-186.

[14] R. A. Gambill, Stability criteria for linear differential systems with periodic coefficients, Riv. Mat. Univ. Parma 5, 1954, 169-181.

[15] R. A. Gambill, Criteria for parametric instability for linear differential systems with periodic coefficients. Riv. Mat. Univ. Parma 6, 1955, 37-43.

[16] R. A. Gambill, A fundamental system of real solutions for linear differential systems with periodic coefficients. Riv. Mat. Univ. Parma 7, 1956, 311-319.

[17] R. A. Gambill and J. K. Hale, Subharmonic and ultraharmonic solutions for weakly nonlinear systems, J. Ratl. Mech. Anal. 5, 1956, 353-398.

[18] A. Halanay, Differential Equations, Academic Press 1966, particularly pp. 308-317.

[19] J. K. Hale, Evaluations concerning products of exponential and periodic functions. Riv. Mat. Un. Parma 5, 1954, 63-81.

[20] J. K. Hale, On boundedness of the solutions of linear differential systems with periodic coefficients, Riv. Mat. Univ. Parma 5, 1954, 137-167.

[21] J. K. Hale, Periodic solutions of nonlinear systems of differential equations, Riv. Mat. Univ. Parma 5, 1955, 281-311.

[22] J. K. Hale, On a class of linear differential equations with periodic coefficients, Illinois J. Mat. 1, 1957, 98-104.

[23] J. K. Hale, Linear systems of first and second order differential equations with periodic coefficients. Illinois J. Math. 2, 1958, 586-591.

Lamberto Cesari

References for Part I (Concluded)

[24] J. K. Hale, Sufficient conditions for the existence of periodic solutions of systems of weakly nonlinear first and second order differential equations. J. Math. Mech. 7, 1958, 163-172.

[25] J. K. Hale, A short proof of a boundedness theorem for linear differential systems with periodic coefficients, Arch. Ratl. Mech. Anal. 2, 1959, 429-434.

[26] J. K. Hale, On the behaovior of the solutions of linear periodic differential systems near resonance points. Contributions to The Theory of Nonlinear Oscillations, vol. V, pp. 55-89, Princeton Univ. Press, 1960.

[27] J. K. Hale, On the stability of periodic solutions of weakly nonlinear periodic and autonomous differential systems, Contributions to the Theory of Nonlinear Oscillations, vol. V, pp. 91-113, Princeton Univ. Press, 1960.

[28] J. K. Hale, On the characteristic exponents of linear periodic differential systems, Bol. Soc, Mat. Mexicana (2) 5, 1960, 58-66.

[29] J. K. Hale, Oscillations in Nonlinear Systems, McGraw-Hill 1963.

[30] C. Imaz, Sobre ecuaciones differenciales lineales periodicas con un parametro pequeno, Bol. Soc. Mat. Mexicana (2) 6, 1961, 19-51.

Lamberto Cesari

II. PERIODIC SOLUTIONS OF NONLINEAR HYPERBOLIC PARTIAL DIFFERENTIAL EQUATIONS

Here again, as in Part I, we describe another aspect of the same process of which we shall see a more general form in Part III for boundary value problems. We shall consider here the question of the possible periodic solutions of nonlinear differential equations of the type

$$u_{xy} = f(x,y,u,u_x,u_y), \quad u = (u_1,\dots,u_n), \tag{1}$$

or of the systems of nonlinear wave equations

$$u_{xx} - u_{yy} = f(x,y,u,u_x,u_y), \quad u = (u_1,\dots,u_n), \tag{2}$$

or of other systems of nonlinear hyperbolic partial differential equations. Here again it was shown by Cesari [1-6] that, by taking into consideration suitably relaxed problems, it is possible to prove, for the relaxed problems, general existence theorems, uniqueness theorems, and theorems of continuous dependence upon the data. The solutions of these relaxed problems are then solutions of the original problems whenever corresponding "bifurcation equations" can be satisfied. J. K. Hale, D. Petrovanu, G. Hecquet, and others have further developed this kind of argument in the present context.

As an example, let us consider the problem of the solutions $u(x,y)$, of system (1), periodic in x of some period L in a strip $-\infty < x < +\infty$, $-a \leq y \leq a$, with $a > 0$ sufficiently small, and f also periodic in x of period L. Cesari [1,5] found that a suitably relaxed problem is of the form

$$u_{xy} = f(x,y,u,u_x,u_y) - m(y) , \quad m(y) = L^{-1}\int_0^L fdx ,$$

and this corresponds to the projection operator P mapping any function $v(x,y)$ periodic in x of period L, into its mean value Pv with respect to x. The solution $u(x,y)$ of the relaxed problem is uniquely determined by Darboux data $u(x,0) = u_o(x)$, $u(0,y) = v_o(y) + u_o(0)$, $v_o(0) = 0$. Criteria are then given in order that, for a given $u_o(x)$, we can determine $v_o(y)$, $-a \leq y \leq a$, for $a > 0$ sufficiently small, in order that the bifurcation equation $m = 0$ be satisfied. One of these criteria was actually derived in [5] from a novel implicit function theorem of the hereditary type based on functional analysis (Cesari [4]).

As another example, let us consider the problem of the solutions $u(x,y)$, $(x,y,)\epsilon E_2$, periodic in x and y of a given period L, of system (1) with f also periodic in x and y of the same period. Cesari [3] found that a suitably relaxed problem is of the form

$$u_{xy} = f(x,y,u,u_x,u_y) - m(y) - n(x) - \mu, \qquad (3)$$

$$m(y) = L^{-1}\int_0^L f dx, \ n(y) = L^{-1}\int_0^L f dy, \ \mu = L^{-2}\int_0^L\int_0^L f dx dy,$$

corresponding to the projection operation P mapping any doubly periodic function v(x,y) into Pv, the sum of the mean values of v with respect to x, with respect to y, and with respect to (x,y).

Let us consider more closely the last mentioned problem. Let $N, N_1, N_2, K, b_1, b_2, M_1, M_2, M_3 \geq 0$ be given constants satisfying

$$M_1 \geq N + 2^{-1}(N_1+N_2)L + 3KL^2, \ M_2 \geq N_1 + 3KL, \ M_3 \geq N_2 + 3KL.$$

and let R denote the set $R = E_2 \times [u,p,q,\epsilon E_n \mid |u| \leq M_1, |p| \leq M_2, |q| \leq M_3]$. Let $u_o(x)$, $v_o(y)$ be periodic functions of period L, continuous with their first derivatives $u_o'(x)$, $v_o'(y)$, satisfying $v_o(0) = 0$, $|u_o(0)| \leq N$, $|u_o'(x)| \leq N_1$, $|v_o'(y)| \leq N_2$, and let f be continuous in R with $|f(x,y,u,p,q)| \leq K$, and

$$|f(x,y,u,p_1,q_1) - f(x,y,u,p_2,q_2)| \leq b_1|p_1-p_2| + b_2|q_1-q_2|.$$

If, in addition,

$$2Lb_1 < 1, \qquad 2Lb_2 < 1, \qquad (4)$$

then Cesari [3] proved, by application of Schauder's fixed point theorem, that there is at least one function $u(x,y,)$, $(x,y)\epsilon E_2$, continuous with u_x, u_y, u_{xy}, and periodic in x and in y of period L, such that (5) is satisfied. Moreover, if $f(x,y,u,p,q)$ is Lipschitzian also with respect to u of a suitable constant (not too large as detailed in [3]), then the solution $u(x,y)$ to the relaxed problem (3) with Darboux data $u_o(x)$, $v_o(y)$ is unique, and depends continuously on the data $u_o(x)$, $v_o(y)$ (in the uniform topologies of u, u_x, u_y and u_o, v_o, u'_o, v'_o). Critéria are then given in [3] in order that suitable functions $u_o(x)$, $v_o(y)$ can be found for which the bifurcation equations $m(y) \equiv 0$, $n(x) \equiv 0$, $\mu = 0$ are satisfied. All these results are also used in [3] to derive analogous theorems and criteria for the system of nonlinear wave equations (2).

Well within the frame of the present approach, A. K. Aziz [10], by more stringent estimates, slightly reduced requirement (4) in the existence theorem for the relaxed problem.

Finally, G. Hecquet (Lille, France [11]), again by the same general process and specific use of more suitable approximated solutions, has further improved the above results. G. Hecquet is preparing a series of papers along the same lines above for more general problems.

We shall now give an account of J. K. Hale's work [7], again by the same general process, concerning doubly periodic solutions of systems of nonlinear wave equations

$$u_{xx} - u_{yy} = \varepsilon f(x,y,u,u_x,u_y), \quad u = (u_1,\dots,u_n), \quad (5)$$

where f is periodic, say of period 2π both with respect to x and y. Here f is assumed to satisfy $f(x,y,u,p,q) = -f(x,-y,-u,-p,q)$, and periodic solutions $u(x,y)$ of period 2π with respect to x and y are sought also satisfying $u(x,y) = -u(x,-y)$. For given $R > 0$ let K denote the set $[(x,y,u,p,q) | -\infty < x,y < +\infty, |u| + |p| + |q| \leq R]$. The function f is also assumed to be continuous in K with Lipschitzian continuous first and second partial derivatives. Let Ω denote the class of all functions $\varphi(x,y)$ periodic of period 2π with respect to x and y, $\varphi \in C^2$. Let W denote the set of all functions $\psi(x,y)$ of the form $\psi(x,y) = p(y+x) - p(-y+x)$, with $p(x+2\pi) = p(x)$, $p \in C^2$. Then $W \subset \Omega$, and we shall make Ω a normed space with norm $\|\varphi\|_2$ in the uniform topology up to the second derivatives. Let us consider now the operator $Q: \Omega \to W$ defined by

$$\psi(x,y) = (Q\varphi)(x,y) = (2\pi)^{-1}\int_0^{2\pi} \varphi(s,y+x-s)ds - (2\pi)^{-1}\int_0^{2\pi} \varphi(s,-y+x-s)ds$$

for every $\varphi \in \Omega$. It can be proved that Q is a projector operator, namely, Q is the projector operator mapping all $\varphi \in \Omega$ into solutions $\psi \in W$ of the linear wave equation $u_{xx} - u_{yy} = 0$. J. K. Hale proved among others the following theorem:

(II.i) If $0 < a < R$ are given constants, then there is an $\varepsilon_1 > 0$ such that, for every element $\psi \in W$, $\|\psi\|_2 < a$ and each ε, $|\varepsilon| < \varepsilon_1$, there is a unique doubly periodic solution $u = u_{\psi\varepsilon} \in \Omega$ of the modified system

$$u_{xx} - u_{yy} = \varepsilon f(x,y,u,u_x,u_y) - \varepsilon Qf.$$

Here $u_{\psi\varepsilon}$ depends continuously on ψ and ε, and $u = \psi$ for $\varepsilon = 0$.

Thus $u_{\psi\varepsilon}$ is a doubly periodic solution to the original nonlinear wave equation (5) if and only if the element $\psi \in W$ has been so chosen that the bifurcation equation $Qf = 0$ is satisfied. Criteria for the existence of elements $\psi \in W$ for which $Qf = 0$ are given in [7] together with existence theorems as (II.i) for the modified equation. We only list here a few examples where these theorems and criteria apply.

For instance, let us consider the nonlinear wave equation

$$u_{xx} - u_{yy} = \varepsilon[u_x + bu + cu^3 + f(x,y)],$$

where b,c are constants, $b \neq 0$, f is periodic in x and y of period 2π, and continuous with Lipschitzian continuous first and second partial derivatives. Then, for $|\varepsilon|$ sufficiently small this equation has periodic solutions periodic of period 2π in x and y.

As another example let us consider the nonlinear wave equation

$$u_{xx} - u_{yy} = \varepsilon[-u^3 + f(x,y)] ,$$

where f is as in the previous example, and we know in addition that $h(y) = \int_0^{2\pi} f(s,y-s)ds$ is a not identically zero odd function of y. Then, for $|\varepsilon|$ sufficiently small, this equation has a doubly periodic solution.

D. Petrovanu [8] has shown that the analysis mentioned above for periodic solutions of system (1) can be extended to the periodic solutions of the system

$$u_{xyz} = f(x,y,z,u,u_x,u_y,u_z) , \quad u = (u_1,\ldots,u_n) ,$$

with f also periodic in x,y,z. Along the same lines D. Petrovanu [9] has also proved existence theorems for the relaxed problems, both in a strip and on a torus, for the periodic solutions of the Tricomi system of equations

$$u_x = f(x,y,u,v) , \quad v_y = g(x,y,u,v) ,$$

u an m-vector and v an n-vector.

Lamberto Cesari

References for Part II

[1] L. Cesari, Periodic solutions of hyperbolic partial differential equations. Intern. Symp. Nonlinear Differential Equations and Nonlinear Mechanics, Colorado Springs, Proceedings, Acad. Press, 1963, 33-57. Also: Intern. Symp. Nonlinear Oscillations, Kiev, Ukraine. Proceedings, 1964, 2, 440-457.

[2] L. Cesari, Periodic solutions of nonlinear hyperbolic partial differential equations. Intern. Symp. "Les vibrations forcées dans les systemes non-lineaires," Marseille. Acta, 1964, 425-437.

[3] L. Cesari, Existence in the large of periodic solutions of hyperbolic partial differential equations. Arch. Ratl. Mech. Anal. 20, 1965, 170-190.

[4] L. Cesari, The implicit function theorem in functional analysis. Duke Math. J. 33, 1966, 417-440.

[5] L. Cesari, A criterion for the existence in a strip of periodic solutions of hyperbolic partial differential equations. Rend. Circolo Mat. Palermo (2) 14, 1965, 95-118.

[6] L. Cesari, Smoothness properties of periodic solutions in the large of nonlinear hyperbolic differential systems. Funkcialaj Ekvacioj 9, 1966, 325-338.

[7] J. K. Hale, Periodic solutions of a class of hyperbolic equations, Arch. Ratl. Mech. Anal. 23, 1967, 380-398.

[8] D. Petrovanu, Solutions periodiques pour certaines equations hyperboliques, An. Sti. Univ. Iasi 14, 1968, 327-357.

[9] D. Petrovanu, Periodic solutions of the Tricomi problem, Mich. Math. J. 16, 1969, 331-348.

[10] A. K. Aziz, Periodic solutions of hyperbolic partial differential equations, Proc. Am. Math. Soc. 17, 1966, 557-566.

[11] G. Hecquet, Utilisation de les approximations d'Euler-Cauchy pour la demonstration d'un theorème de Cesari. C. R. Acad. Sci. Paris, t. 273, (A), 1971, 712-715

Lamberto Cesari

III. A GENERAL PROCESS FOR NONLINEAR BOUNDARY VALUE PROBLEMS

1. A Simple Application of Schauder's Fixed Point Theorem

Let S be a Banach space of elements x and norm $\|x\|$, and let $P: S \to S$ be a continuous linear idempotent operator, that is, a projector operator in S. Thus, PP = P, and if $S_o = P(S)$ is the range of P, and S_1 its null space, then $S = S_o + S_1$ (direct sum). Let $F: S \to S_1$ be any given operator from S into S_1. Then PFx = 0 for $x \in S$. In discussing functional equations in S in no. 2 below, we shall actually encounter operators F having such property.

Let $T: S \to S$ denote the operator T = P + F. For fixed numbers c,d real, $0 < c < d$, and any $x^* \in S_o$ with $\|x^*\| \le c$, let us consider the set

$$S^* = [x \in X \mid Px = x^*, \|x\| \le d].$$

The following simple statements from [1] will clarify a number of points in the next sections.

(III.1.i) If $x \in S^*$ implies $\|Fx\| \le \delta$, $c + \delta \le d$, then $T: S^* \to S^*$.

Indeed, if $x \in S^*$, then $Px = x^*$, $y = Tx = Px + Fx$, and $Py = PPx + PFx = x^*$, $\|y\| \le \|Px\| + \|Fx\| \le c + \delta \le d$. Thus, $y = Tx \in S^*$.

(III.1.ii) If F restricted to S^* is a contraction, then $T|S^*$ also is a contraction.

Indeed, for $x_1, x_2 \epsilon S^*$ we have $Px_1 = Px_2 = x^*$, $Tx_j = Px_j + Fx_j$, $j = 1,2$, hence $\|Tx_1 - Tx_2\| = \|Fx_1 - Fx_2\| \leq k\|x_1 - x_2\|$ for some $k < 1$.

(III.1.iii) Under the conditions of (III.1.i) $T|S^*$ has some fixed element provided S^* is compact (or S^* is complete and $\overline{T(S^*)}$ is compact).

Indeed, S^* is convex and closed, and thus Schauder's fixed point theorem applies to $T|S^*$.

(III.1.iv) Under the conditions of (III.1.ii) $T|S^*$ has a unique fixed point, provided S^* is complete.

Indeed, S is a metric space and Banach fixed point theorem applies to $T|S^*$. The uniqueness follows from the standard remark that $y_j = Ty_j$, $y_j \epsilon S^*$, $j = 1,2$, implies $\|y_1 - y_2\| = \|Ty_1 - Ty_2\| \leq k\|y_1 - y_2\|$ for some $k < 1$; hence $\|y_1 - y_2\| = 0$ and $y_1 = y_2$.

(III.1.v) For fixed c,d, $0 < c < d$, if F restricted to $[x \epsilon S \mid \|Px\| \leq c, \|x\| \leq d]$ is a contraction, then the unique point $y(x^*)$ of $T: S^* \to S^*$ is a continuous function of x^*.

Indeed, if $x_1^*, x_2^* \in S_o$, $\|x_1^*\|, \|x_2^*\| \le c$, and $y_j = Ty_j$ is the fixed point of T in $[x \in S \mid Px = x_j^*, \|x\| \le d]$, then $y_j = Ty_j + Fy_j = x_j^* + Fy_j$, $j = 1,2$, $\|y_1 - y_2\| \le \|x_1^* - x_2^*\| + \|Fy_1 - Fy_2\| \le \|x_1^* - x_2^*\| + k\|y_1 - y_2\|$, and finally $\|y_1 - y_2\| \le (1-k)^{-1}\|x_1^* - x_2^*\|$.

2. An Algorithm in Banach Spaces

We describe here first an algorithm which was presented by Cesari in [1] for Banach spaces, and later in [2] for Hilbert spaces with a number of applications.

We consider an equation

$$Kz = 0 \tag{1}$$

whose solutions are to be found in a Banach space S (or in a subset G of S), and we consider a projector operator P in S, that is, a continuous linear map $P:S \to S$ with $PP = P$. If S_0 is the range of P, and S_1 the null space of P, then $S = S_0 + S_1$, (direct sum), and every element $z \in S$ has the representation $z = (x,y)$, or $z = x + y$, with $x = Px$, $y = (I-P)z$, I the identity operator in S. Obviously, equation (1) decomposes into the system of the two equations

$$Pkz = 0 , \qquad (I-P)Kz = 0 . \tag{2}$$

If D_o denotes the projection of G on S_o, $D_o = PG \subset S_o$, then we are seeking pairs $z = (x,y)$ with $x \in D_o$ and $z \in P^{-1}x$, such that $z = (x,y) \in G$, and z satisfies (2). We shall denote by $\|z\|$ the norm of z in S.

As in [2] we shall assume $K = E-N$, where $E:S_E \to S$ is a linear operator not necessarily bounded with domain $S_E \subset S$, $N:S_N \to S$ an operator not necessarily linear with domain $S_N \subset S$, so that $K:S_E \cap S_N \to S$. Then, the given equation (1) takes the form

$$Ez = Nz ,$$

and the equivalent system (2) the form

$$PEz = PNz , \qquad (I-P)Ez = (I-P)Nz .$$

We may think of E as a linear differential operator and of S_E as the set of those elements $z \in S$ sufficiently smooth so that E can be applied.

We shall assume that a linear operator $H = S_1 \to S_1$ is known to exist, for which we require for a moment that

$$H(I-P)Ez = (I-P)z \text{ for all } Z \in S_E .$$

In other words, we require here that $H:S_1 \to S_1$ is a partial left inverse of E. Then, for any solution z of $Kz = 0$, or $Ez = Nz$, we have

$$H(I-P)Ez = H(I-P)Nz ,$$

$$(I-P)z = H(I-P)Nz ,$$

or, finally,

$$z = Pz + H(I-P)Nz . \qquad (3)$$

In other words, any solution z of (1) is a fixed point $z = Tz$ of the map $T:S_N \to S$ defined by $T = P+H(I-P)N$, or $T = P+F$ with $F = H(I-P)N$.

Here the operator T has a relevant property, indeed T maps each fiber of P into itself, precisely

$$PTz = Pz \text{ for every } z\in S_N, \text{ or}$$

$$T: (P^{-1}x) \cap S_N \to P^{-1}x \qquad (4)$$

Indeed, for $z\in S_N$, we have

$$PTz = PPz + PH(I-P)Nz = Pz ,$$

since P is idempotent, and $H(I-P)Nz\in S_1$, the null space of P.

3. The Relaxed Equation and the Bifurcation Equation

To simplify the exposition, let us assume that $G = D_0 + D_1$, where both $D_0 \subset S_0$ and $D_1 \subset S_1$ are closed balls, and that $G \subset S_N$.

If it happens that T maps each set $P^{-1}x \cap G$ into itself, and if the closure of the set $P^{-1}x \cap G$ is compact, then by Schauder's theorem there is at least one fixed point $z = Tz \in P^{-1}x \cap G$ for every $x \in D_0$.

Actually, in many important cases it is possible by a suitable choice of P to make T a contraction on each fiber, in the sense that $\|Tz - Tz'\| \leq k\|z - z'\|$ for any two points $z, z' \in P^{-1}x \cap G$ of the same fiber of P, with $k < 1$ and $x \in D_0$ (see [2], or No. 4 below). It should be noted that T is a contraction on each fiber if and only if F is a contraction on each fiber. Indeed, if $z, z' \in P^{-1}x \cap G$, then $Tz = Pz + Fz$, $Tz' = Pz' + Fz'$, $Pz = Pz' = x$, and hence

$$\|Tz - Tz'\| = \|Fz - Fz'\| .$$

Whenever $T:P^{-1}x \cap G \to P^{-1}x \cap G$ is a contraction of $P^{-1}x \cap G$ into itself for each $x \in D_0$, then there is one and only one fixed point $z = Tz \in P^{-1}x \cap G$ for each $x \in D_0$, and then we may well consider the map $\tau:D_0 \to G$ which maps every $x \in D_0$ into the unique fixed element $z = Tz$ of T in $P^{-1}x \cap G$. The graph of τ is a cross section of the fibers of P, and τ itself can be thought of as a "lifting" operation from S_0 to S, namely, from D_0 to G.

The map $\tau:D_0 \to G$ defined above is continuous. Indeed, for every two points $x, x' \varepsilon D_0$ and corresponding points $z = Tz = \tau x$ with $Pz = x$ and $z' = Tz' = \tau x'$ with $Pz' = x'$, we have

$$\|z-z'\| = \|Tz-Tz'\| = \|(Pz+Fz) - (Pz'+Fz')\|$$

$$\leq \|Pz-Pz'\| + \|Fz-Fz'\| \leq \|x-x'\| + k\|z-z'\| ,$$

if we assume that $\|Fz-Fz'\| \leq k\|z-z'\|$ not only for z, z' with the same projection, but for all $z, z' \varepsilon G$, and $k < 1$.

$$\|\tau x-\tau x'\| = \|z-z'\| \leq (1-k)^{-1}\|x-x'\| . \qquad (5)$$

Let us assume for a moment that every fixed element $z = Tz$ of T satisfies

$$z \in S_E , \quad PEz = EPz , \quad EH(I-P)Nz = (I-P)Nz , \qquad (6)$$

in other words, any such element is reasonably smooth, and H has also the property of being a right partial inverse of E as stated by (6). Then, every fixed point $z = Tz$ of T satisfies the equation $(I-P)Kz = 0$, that is, the second of the two equations (2). Indeed

$$\begin{aligned} (I-P)Kz &= (I-P)(E-N)z \\ &= Ez - PEz - (I-P)Nz \\ &= Ez - EPz - EH(I-P)Nz \qquad (7) \\ &= E[z-Tz] = 0 . \end{aligned}$$

Thus, in case $T: P^{-1}x \cap G \to P^{-1}x \cap G$ is a contraction, then for every $x \in D_0$ the element $z = \tau x$ of G satisfies the relaxed equation

$$Kz = PKz , \qquad \text{or } Kz = PK\tau x \tag{8}$$

Indeed

$$Kz = PKz + (I-P)Kz = PKz = PK\tau x .$$

In other words, for every $x \in D_0$ there is an element $z = \tau x$ of G, namely, $z = Tz = \tau x \in P^{-1}x \cap G$, satisfying $Kz = PKz$. Then, $z = \tau x$ satisfies $Kz = 0$ if and only if the bifurcation, or determining, equation

$$PK\tau z = 0 \tag{9}$$

is satisfied. Since any solution of (1) is a solution of (2), and since the points $z = \tau x$ are the only solutions of $(I-P)Kz = 0$, we conclude that the search for solutions $z \in G$ of $Kz = 0$ is reduced to the search for elements $x \in D_0 \subset S_0$ such that (9) is satisfied.

Equation (9) was already encountered in Part I in perturbation problems for periodic solutions, or cycles, or ordinary differential equations, and in Part II in problems of periodic solutions of non-

Often S_o is one dimensional, thus homeomorphic to the reals, and D_o is an interval, and then the equation PK x = 0 has certainly a solution in D_o as soon as we know that, say, $PK\tau x$ has opposite signs at the end points of D_o.

Often S_o is a finite dimensional space, and D_o is a cell. Then the equation $PK\tau x = 0$ has certainly a solution in D_o as soon as we know that the topological degree $d(PK\tau, D_o, 0)$ is nonzero.

Even if S_o is infinite dimensional, which can happen, the study of the determining equation has led to simple criteria for the existence of solutions to the original equation.

The method briefly summarized above first appeared in [1,2] with details and applications. Developments were reported in [6,7]. J. K. Hale dedicated to it some chapters in his book [11], and so J. Cronin [10].

4. The Map T as a Contraction

It is typical of the method described in nos. 2, 3 above that the operator T can be made to be a contraction on each fiber of P as a consequence of spectral properties of the linear operator E, even if the nonlinear operator N is only Lipschitzian and not necessarily smooth. To see this let us assume here that S is a Hilbert space with inner product (z,z') and norm $\|z\| = (z,z)^{1/2}$. We shall also assume that the linear operator E possesses eigenvalues λ_i

and eigenfunctions ϕ_i, say, $E\phi_i + \lambda_i\phi_i = 0$, $i = 1,2,\ldots$, such that $|\lambda_1| \leq |\lambda_2| \leq \ldots$, $|\lambda_i| \to \infty$ as $i \to \infty$, and $[\phi_1, \phi_2, \ldots]$ is a complete orthonormal system in S. Then, every element $z \in S$ has a Fourier series

$$z = c_1\phi_1 + c_2\phi_2 + \ldots ,$$

with $c_i = (z, \phi_i)$, $i = 1,2,\ldots$, $\|z\| = (\Sigma_i c_i^2)^{1/2}$, and we define P by taking

$$Pz = c_1\phi_1 + \ldots + c_m\phi_m .$$

Then $[\phi_1, \ldots, \phi_m]$ is a basis in S_o and $[\phi_{m+1}, \phi_{m+2}, \ldots]$ is a complete orthonormal system in S_1. If we take m sufficiently large, then $\lambda_i \neq 0$ for all $i \geq m + 1$. For every $z \in S_1$ we have $z = \sum_{i=m+1}^{\infty} c_i\phi_i$, and we may define $H: S_1 \to S_1$ by taking

$$Hz = -\sum_{i=m+1}^{\infty} \lambda_i^{-1} c_i \phi_i .$$

In [2] we discussed natural conditions under which this operator H possesses all properties required in nos. 2 and 3. In addition we have now

$$\|Hz\| = \left(\sum_{i=m+1}^{\infty} \lambda_i^{-2} c_i^2\right)^{1/2} \leq |\lambda_{m+1}|^{-1} \|z\| ,$$

and thus H is a Lipschitzian operator in S_1, or

$$\|Hz-Hz'\| = \|H(z-z')\| \le k_0\|z-z'\| , \qquad z,z' \in S_1 ,$$

with constant $k_o = |\lambda_{m+1}|^{-1}$, which can be made as small as we wish by taking m sufficiently large.

Finally, if we assume that the restriction of N on G, say $N:G \to S$, is Lipschitzian of constant L, say

$$\|Nz-Nz'\| \le L\|z-z'\| , \qquad z,z' \in G ,$$

then we have, for $z, z' \in P^{-1}x \cap G$, $x \in D_o$,

$$\|Tz-Tz'\| = \|Fz-Fz'\| = \|H(I-P)(Nz-Nz')\| \le |\lambda_{m+1}|^{-1}L\|z-z'\| .$$

Thus, T is a Lipschitzian operator on $P^{-1}x \cap G$ for every $x \in D_o$ of constant $k = |\lambda_{m+1}|^{-1}L$, and we can always take m sufficiently large so as to have $k < 1$. Actually it turns out that k is already < 1 for rather small values of m, in a number of applications.

5. A Connection with Galerkin's Approximations

If S_o is finite dimensional, and $[\phi_1,\dots,\phi_m]$ is a base for S_o,

$$PK\tau x = c_1(x)\phi_1 + \dots + c_m(x)\phi_m ,$$

where the coefficients $c_1,\dots,c_m$ depend on $x \in D_o$, and the determining equation $PK\tau x = 0$ can be written in the form of the m equations

$$c_1(x) = 0, \dots, c_m(x) = 0, \qquad x \in D_o. \qquad (1)$$

These are similar to the equations for an mth Galerkin approximate solution, with the difference that equations (1) yield an exact solution $z = \tau x$ to the given equation $Kz = 0$.

If we write

$$x = x^{(m)} = \gamma_1(x)\phi_1 + \dots + \gamma_m(x)\phi_m,$$

and

$$PKx^{(m)} = \Gamma_1(x)\phi_1 + \dots + \Gamma_m(x)\phi_m,$$

then an mth Galerkin approximation $x^{(m)}$ is usually defined by the m equations

$$\Gamma_1(x) = 0, \dots, \Gamma_m(x) = 0, \qquad x \in D_0.$$

We may well expect that the exact solution $z = \tau x$ is "close" to an mth Galerkin approximation $x^{(m)}$. A closer inspection shows [2] that indeed this is the case, and error bounds for $\|z-x^{(m)}\|$ ($z = \tau x$, $x \in D_0$, $PK\tau x = 0$), are obtained by the analysis of the determining equation and of the mapping τ (cfr. [2]).

6. A Connection with the Leray-Schauder Formalism

Once the structure mentioned above is well defined, that is, K, E, N, are given, $G = D_0 + D_1$, and $T: P^{-1}x \cap G \to P^{-1}x \cap G$ is a contraction for every $x \in D_0$, so that $\tau: D_0 \to G$ is defined by $z = Tz = \tau x$, and furthermore S_0, the range of P, is finite dimensional, then S. A. Williams has shown [36] that it is possible to establish a theoretical connection with the Leray-Schauder theory. To do this he has introduced the maps $W: G \to S$ and $W' = G \to S$ defined by

$$Wz = Pz - PK\tau Pz + H(I-P)Nz, \qquad z \in G,$$

$$W'z = W\tau Pz, \qquad z \in G.$$

As a consequence of the properties of the maps E, N, T, τ, Williams has shown that W' is completely continuous, that the fixed points of W' are the solutions of the original problem, and that the topological degree of $(PK\tau, D_0, 0)$ coincides with the Leray-Schauder degree in Banach spaces $d_{LS}(I-W', G, 0)$. Thus, the present approach gives rise to a situation where the Leray-Schauder theory theoretically applies through the map W' which in turn is defined in terms of the maps K, P, T, τ. This result parallels in the present situation, and hence even in the absence of smoothness properties for the operators an analogous result established by J. Cronin in connection with her approach.

S. A. Williams [36] has further discussed the question as to whether the topological degree of $(PK, D_o, 0)$ is invariant for suitable changes of P, say, if we replace $P:S \to S_o$ by another projector operator $P':S \to S'_o$ whose range S'_o is a linear subspace of S containing S_o, say $S_o \subset S'_o \subset S$. The answer is affirmative, at least when S_o is already sufficiently large. This answer is in harmony with Leray-Schauder theory where the topological index d_{LS} is actually defined by considering suitably finitely dimensional subspaces S_o of S, and showing that the corresponding Brouwer topological degree defined in S_o does not change by enlarging S_o, once S_o is already sufficiently large.

7. A Few Examples

In [2] we considered the boundary value problem

$$x'' + x + \alpha x^3 = \beta t, \qquad 0 \le t \le 1,$$

$$x(o) = 0, \qquad x'(1) + hx(1) = 0,$$

and we took $m = \dim S_o = 1$. Then for $h = 1$, we found $k_o = 0.044$. For $\alpha = \beta = 1/2$ a first Galerkin approximation is $x^{(1)}(t) = -0.11721$

sin (2.0288t), $0 \leq t \leq 1$. By applying the considerations of the previous numbers we proved that the problem above has an exact solution X(t), $0 \leq t \leq 1$, with $\|X-x^{(1)}\| \leq 0.0038$.

In [1] we considered the boundary value problem

$$\ddot{x} + x^3 = \sin t , \quad x(o) = x(2\pi) , \quad \dot{x}(o) = \dot{x}(2\pi) ,$$

and we took $m = \dim S_o = 2$. We found $k_o = 0.04$, and a second Galerkin approximation $x^{(2)}(t) = 1.434 \sin t - 0.124 \sin 3t$, $0 \leq t \leq 2\pi$. By applying the considerations of the previous numbers we proved that the problem above has an exact solution X(t), $0 \leq t \leq 2\pi$, with $\|X-x^{(2)}\| \leq 0.124$.

In [5] we considered the boundary value problem (of nonlinear potential)

$$u_{xx} + u_{yy} = g(x,y,u) \text{ for } (x,y) \in A = [x^2 + y^2 < 1] ,$$

$$u = 0 \text{ for } (x,y) \in \partial A = [x^2 + y^2 = 1] , \qquad (1)$$

where g is a given function continuous in u, measurable in x, y, and bounded for u bounded. We took $m = \dim S_o = 1$, and we found $k_o =$ 0.069. By applying the considerations of the previous numbers we proved the existence of solutions u(x,y) to problem (1) which are continuous in $A \cup \partial A$, with first order partial derivatives in A and whose Laplacian $\Delta u = u_{xx} + u_{yy}$ (in the sense of the theory of distributions) is a measurable function in A. Essentially, we proved in [5] the existence of at least one such solution provided g is not too large for u = 0 and does not grow too rapidly with $|u|$ as $|u| \to \infty$. For instance, for the case $u_{xx} + u_{yy} = f(x,y)|u| + h(x,y)$, f, g measurable $|f(x,y)| \leq \alpha$, $|h(x,y)| \leq \beta$, α, β finite, we proved that a solution exists for every f, g as above with $\alpha < 4.13$ and any β. In these problems a first approximation solution of the form $u_o(x,y) = \gamma J_o(\lambda_{o1}\rho)$, $0 \leq \rho^2 = x^2 + y^2 \leq 1$, is singled out, where λ_{o1} is the first positive zero of J_o and γ is a suitable constant. Error bounds for such a solution, that is, upper bounds for the norm $\|u-u_o\|$ of the difference between exact and approximate solutions have been given by C. D. Stocking in [34].

8. Square Norm and Uniform Norm

In problems as those of no. 6 it is advantageous to use the square norm because it affords the smallest value of the constants k, or k_o (for instance, $k_o = |\lambda_{m+1}|^{-1}$ under the hypotheses of no. 4). Actually, in these problems both norms, the square norm and the uniform norm, have been used, since N (often a polynomial expression) may be Lipschitzian of a certain constant, say L, only if sup $|z|$ is not larger than some other constant R. On the other hand, the best values of k or k_o may not be essential as, say, in perturbation problems (Part I) as mentioned, or in association with Knobloch-type arguments as in no. 11 below.

H. W. Knobloch [18] has given the necessary estimates for the use of the uniform norm only in questions involving periodic solutions of ordinary differential equations and the use of the method of nos. 2 and 3 above.

Recently J. Mawhin [24] has applied directly the formalism of nos. 2 and 3, to the same perturbation problems of Part I, improving a number of the results we have mentioned there.

9. Applications

P.A.T. Christopher [9] has applied the method of the present paper to determine regions in the parameter space corresponding to stable harmonics and subharmonics for the nonhomogeneous Duffing equation:

$$\ddot{x} + b\dot{x} + c_1 x + \varepsilon x^3 = Q \sin \omega t .$$

A. M. Rodionov [33] has shown that the method of the present paper applies to nonlinear differential equations and systems with a fixed lag λ:

$$x = g(t,x(t),x(t-\lambda)) .$$

C. Perello [32] has initiated the same type of analysis for functional differential equations

$$\dot{x} = g(t,x_t) ,$$

where g depends on t and on all values of $x(\tau)$ in an interval $t - \lambda \leq \tau \leq t$. In this application C. Perello has shown that he use of the uniform norm only, according to Knobloch's remark and relative estimates, is relevant, and that, with this variant, the method can be applied to this type of functional differential equations.

10. Application to Ordinary Differential Equations in the Complex Field

W. A. Harris, Y. Sibuya, and L. Weinberg have recently proved [16] that, by the use of a formalism similar to the one of nos. 2 and 3, the fundamental theorems of Cauchy, Frobenius, Perron, Lettenmeyer on linear ordinary differential systems in the complex field can be proved easily and in a straightforward way. These theorems become a consequence of Banach's fixed point theorem for contraction mappings, and of simple algebraic manipulations. For instance, the rather tedious proof by majorants of the convergence of the formal series solutions is eliminated. W. A. Harris, by the same technique also proved [17] nonlinear versions of the same fundamental theorems.

Before we enter in details, let us mention briefly that, given a linear differential equation in the complex field (the regular case)

$$w^{(n)} + a_1(z)w^{(n-1)} + \dots + a_n(z)w = 0 , \tag{1}$$

where $a_1(z),\dots, a_n(z)$ are holomorphic in a neighborhood of $z = 0$, then the usual transformation $y_1 = w$, $y_2 = w',\dots, y_n = w^{(n-1)}$ reduces (1) to the system $y_1' = y_2,\dots, y_{n-1}' = y_n$, $y_n' = -a_n y_1 - \dots - a_1 y_n$, that is, to a system of the form

$$dy/dz = A(z)y ,$$

where the entries of the n x n matrix A are holomorphic in a neighborhood of $z = 0$.

Analogously, given the linear differential equation

$$z^n w^{(n)} + z^{n-1}b_1(z)w^{(n-1)} + \dots + b_n(z)w = 0 \tag{2}$$

(the regular singular case), where $b_1(z),\dots,b_n(z)$ are holomorphic in a neighborhood of $z = 0$, then the transformation $y_1 = w$, $y_2 = zw'$, $y_3 = z^2w'',\dots,y_n = z^{n-1}w^{(n-1)}$ reduces (2) to the system $zy_1' = y_2$,

$zy'_2 = y_2 + y_3, \ldots, zy'_{n-1} = (n-2)y_{n-1} + y_n,\ zy'_n = (n-1)y_n - b_n y_1 - \ldots$
$-b_1 y_n$, that is, to a system of the form

$$z(dy/dz) = A(z)y ,$$

where the n x n matrix $A(z)$ has entries which are holomorphic in a neighborhood of $z = 0$.

It is clearly more general to consider systems of the form

$$z^D (dy/dz) = A(z)y , \tag{3}$$

or

$$z_i^{d_i}\, dy_i/dz = \sum_{j=1}^n a_{ij}(z) y_j , \qquad i = 1,\ldots,n ,$$

where $y = (y_1,\ldots,y_n)$, $D = \mathrm{diag}(d_1,\ldots,d_n)$, $d_i \geq 0$ integer, $i = 1, \ldots, n$, and the entries of the n x n matrix $A(z)$ are holomorphic in a neighborhood of $z = 0$.

Let d denote the integer $d = d_1 + \ldots + d_n = \mathrm{trace}\ D$, and let δ be any positive number which is smaller than the radius of convergence of any of the power series expansions of the entries of $A(z)$ at $z = 0$.

Let S denote the Banach space of all vector functions $y(z) = \mathrm{col}(y_1,\ldots,y_n)$ possessing power series expansions which are absolutely convergent for $|z| \leq \delta$,

$$y(z = \sum_{k=0}^{\infty} c_k z^k , \quad c_k = \operatorname{col}(c_{k1},\dots,c_{kn}) , \quad k = 0,1,2,\dots .$$

It is easily proved that B is a Banach space with norm

$$\|y\| = \sum_{k=0}^{\infty} |c_k| \,\delta^k , \qquad |c_k| = |c_{k1}| + \dots + |c_{kn}| .$$

We shall denote by $\|A\|$ the number

$$\|A\| = \sum_{i,j=1}^{n} \|a_{ij}\| .$$

For any given integer $N > d$ let $P:S \to S$, and $Q:S \to S$ be the projector operators mapping any $y \in S$

$$y(z) = (y_1,\dots,y_n) , \quad y_i(z) = \sum_{k=0}^{\infty} c_{ki} z^k , \quad i = 1,\dots,n ,$$

into

$$Py = (Py_1,\dots,Py_n) , \qquad Py_i = \sum_{k=0}^{N-d_i} c_{ki} z^k ,$$

$$Qy = (Qy_1,\dots,Qy_n) , \qquad Qy_i = \sum_{k=0}^{N-1} c_{ki} z^k .$$

Let $P(S) = S_o$ be the range of P and let S_1 be the null space of P. Thus, S_o is the set of all polynomial vectors y whose component y_i is a polynomial in z of degree $N - d_i$, $i = 1,\dots,n$.

Let $K:S \to S_1$ denote the linear operator which maps any element $y \in S$ into

$$Ky = (Ky_1,\dots,Ky_n) \; , \; Ky_i = \sum_{k=N}^{\infty}(k+1-d_i)^{-1} c_{ki} z^{k+1-d_i} \; .$$

Then we have

$$\|Ky_i\| = \sum_{k=N}^{\infty}(k+1-d_i)^{-1}|c_{ki}| \, \delta^{k+1-d_i} \le (N+1-d_i)^{-1} \delta^{1-d_i}\|y_i\| \; ,$$

$$\|Ky\| \le \left(\sum_{i=1}^{n}(N+1-d_i)^{-1} \delta^{1-d_i}\right)\|y\| \; .$$

Also, note that

$$(d/dz)(Ky) = z^{-D}(y - Qy) \; .$$

Let us consider finally the map $T:S \to S$ defined by $T = P + KA$.

For any $\varphi \in S_o$ we denote as usual by S^* the set $S^* = P^{-1}\varphi = [y\in S | Py = \varphi]$, and we note that T maps S^* into itself. Indeed, for $y \in S^*$ we have

$$PTy = PPy + PKAy = Py = \varphi \; .$$

On the other hand, for any two y_1, $y_2 \in S^*$ we have

$$\|Ty_1 - Ty_2\| = \|KAy_1 - KAy_2\| \le \|K\| \, \|A\| \, \|y_1 - y_2\|$$

$$\le \left(\sum_{i=1}^{n}(N+1-d_i)^{-1} \delta^{1-d_i}\right) \|A\| \, \|y_1 - y_2\| = \lambda\|y_1 - y_2\|.$$

We shall take $N > d$ sufficiently large so that $\lambda < 1$. Thus, $T:S^* \to S^*$ is a contraction on S^* and has a unique fixed point $y = Ty = \tau(\varphi)$, $Py = \varphi$. For the fixed point y we have the equation

$$y = \varphi + KAy, \tag{4}$$

and by differentiation

$$dy/dz = d\varphi/dz + z^{-D}(Ay - QAy), \text{ or}$$

$$z^{D}(dy/dz) = Ay + (z^{D}\varphi' - QAy).$$

The bifurcation equation is now

$$z^{D}\varphi' - QAy = 0. \tag{5}$$

This represents a system of Nn equations in the Nn + n - d coefficients of the vector polynomial φ, that is, in the corresponding coefficients of the solution y, since from (4) we derive $Py = P\varphi = \varphi$, or $z^{D}(y - \varphi) = O(z^{N+1})$. In other words, the bifurcation equation (5) is simply the set of the first recursive equations that we obtain in the determination of formal power series solutions of (1). Once these are satisfied, we know that also the remaining coefficients of the power series expansions of y must also satisfy the corresponding recursive relations.

(III.10.i) <u>A Cauchy-type theorem.</u> For $d_1 = \dots = d_n = 0$, system (3) possesses exactly n linearly independent solutions which are holomorphic in a neighborhood of z = 0.

Proof. Here $D = 0$, the Nn bifurcation equations (5) in $Nn + n$ unknowns yield all Nn first coefficients of the power series solutions y, when the first n coefficients have been chosen arbitrarily. The remaining coefficients are then obtained by the same recursive relations, and this yield n independent solutions.

Let us denote by A_k the matrix of the coefficients of z^k in the power expansions of the entries of $A(z)$, so that $A(z) = \sum_{k=0}^{\infty} A_k a^n$.

(III.10.ii) A Frobenius-type theorem. For $d_1 = \dots = d_n = 1$, then for every eigenvalue λ of A_0 system (3) possesses a solution of the form $z^\lambda y(z)$ with $y \in S$.

Proof. Here we are looking for solutions of the form $y = z^\lambda w(z)$, $w(z) = (w_1, \dots, w_n)$, $w \in S$. If $w(z) = w_0 + w_1 z + w_2 z^2 + \dots$, then system $z(dy/dz) = A(z)y$ yields for λ and the column vector w_0 the relation $(A_0 - \lambda I)w_0 = 0$. Thus, we take for λ any of the eigenvalues of A_0. The transformation $y = z^\lambda w$ transforms $z(dy/dz) = A(z)\, y$ into the system $z(dw/dz) = (A(z) - \lambda I)w$, where the $n \times n$ matrix B_0 corresponding to $B(z) = A(z) - \lambda I$ has now an eigenvalue equal to zero. Thus, we are back with the original system where now A_0 has an eigenvalue zero.

We have here

$$\varphi(z) = (\varphi_1,\dots,\varphi_n), \quad \varphi_i(z) = \sum_{k=0}^{N-1} c_{ki} z^k,$$

$$c_k = \mathrm{col}(c_{k1},\dots,c_{kn}), \quad y = \varphi + O(z^N).$$

The bifurcation equation (5) now yields

$$A_o c_o = 0,$$

$$(A_o - I)c_1 = -A_1 c_o,$$

$$(A_o - 2I)c_2 = -A_1 c_1 - A_2 c_o,$$

$$(A_o - 3I)c_3 = -A_1 c_2 - A_3 c_o,$$

$$\cdots\cdot$$

$$(A_o - nI)c_n = -A_1 c_{n-1} - A_2 c_{n-2} - \dots - A_n c_o.$$

Here det $A_o = 0$ and thus we can determine $c_o = 0$ satisfying the first of these equations. Then, we can determine all other coefficients c_k provided no two eigenvalues of A_o differ by an integer. If some eigenvalues of A_o differ by an integer, the usual argument shows that it is enough to consider, of any systems of eigenvalues $\lambda_1,\dots,\lambda_m$ which differ by an integer, only the one, say λ, of maximal real part.

For the general system $z^D (dy/dz) = A(z)y$ simple considerations analogous to the ones above yield

(III.10.iii) Lettenmeyer's theorem. If $n-d > 0$ then the system $z^D(dydz) = A(z)y$ has at least $n-d$ linearly independent solutions holomorphic in a neighborhood of $z = 0$ [16].

This Lettenmeyer's theorem extends a previous Perron theorem for ordinary differential equations:

(III.10.iv) Perron's theorem. There are at least $n-d$ solution holomorphic in a neighborhood of $z = 0$ for the linear ordinary equation

$$z^d(d^n y/dz^n) + \sum_{k=1}^{n} a_k(z)(d^{n-k} y/dz^{n-k}) = 0 ,$$

where $a_k(z)$ are holomorphic in a neighborhood of $z = 0$.

11. Knobloch's Existence Theorems for Periodic Solutions

For problems of periodic solutions of ordinary differential equations and systems (not of the perturbation type), say

$$\dot{z}^i = f_i(t,z) , \quad i = 1,\dots,n , \quad z = (z^1,\dots,z^n) , \quad f_i(o,z) = f_i(1,z) ,$$

let us consider the space S of all continuous periodic vector functions with uniform norm. Every element $z \in S$ has a Fourier series

$$z(t) \sim 2^{-1}a_o + \sum_{i=1}^{\infty}(a_i \cos i\omega t + b_i \sin i\omega t) ,$$

$\omega = 2\pi/T$, T the period, where a_o, a_i, b_i are n-vectors. Let us define P by taking

$$Pz = 2^{-1}a_o + \sum_{i=1}^{m} (a_i \cos i\omega t + b_i \sin i\omega t) , \quad (1)$$

so that dim $S_o = n(2m+1)$. By taking m sufficiently large, the corresponding map T is a contraction and $\mathcal{T}$ is defined (H. W. Knobloch [19]). Then, for every element $x \in S_o$ (a trigonometrical polynomial as in (1), we have

$$PK\mathcal{T}x = 2^{-1}\alpha_o + \sum_{i=1}^{m}(\alpha_i \cos i\omega t + \beta_i \sin i\omega t) ,$$

where α_o, α_i, β_i, $i = 1,\ldots,m$, are functions of x, that is, of the coefficients a_o, a_i, b_i, $i = 1,\ldots,m$, of the trigonometric polynomial x. Then the determining equation $PK\mathcal{T}x = 0$ takes the form

$$\alpha_o = 0 , \quad \alpha_i = 0 , \quad \beta_i = 0 , \quad i = 1,\ldots,m , \quad (2)$$

namely a system of n(2m+1) equations in n(2m+1) unknowns. H. W. Knobloch has shown that, under hypotheses, a suitable distribution of signs of the n functions f_i, or associated functions, imply a typical distribution of signs for each of the n(2m+1) left-hand members (components) of the determining equations (2), so that the existence of a solution $x \in S_o$ to the same equations, and hence the existence of a solution z to the original problem, can be deduced by the same C. Miranda form of Brouwer's fixed point theorem mentioned in Part I, and this no matter how large n and m are.

H. W. Knobloch has used this analysis of the determining equation as a basis toward a qualitative discussion of the second order nonlinear differential equation.

$$\ddot{x} = g(t,x,\dot{x}), \qquad g(t,x,\dot{x}) = g(t+1,x,\dot{x}) , \qquad (3)$$

where g is a real-valued function of t, x, $\dot{x}$, which is Lipschitzian in x, $\dot{x}$, periodic of period 1, and sectionally continuous in t. Two functions $\alpha(t)$, $\beta(t)$, $0 \leq t \leq 1$ (continuous with sectionally continuous first and second derivatives) are said to be lower and upper solutions, respectively, provided

$$\alpha < \beta \ , \qquad -\ddot{\alpha} + g(t,\alpha,\dot{\alpha},) \leq 0 \ , \qquad -\ddot{\beta} + g(t,\beta,\dot{\beta}) \geq 0 \ ,$$

for t in [0,1] and $\dot{\alpha}(t+0) - \dot{\alpha}(t-0) \geq 0$, $\dot{\beta}(t+0) - \dot{\beta}(t-0) \leq 0$ for t in [0,1]. If α,β is such a pair, if Ω denotes the region $[0 \leq t \leq 1, \alpha(t) \leq x \leq \beta(t)]$, and there are two functions $\Phi(t,x)$, $\Psi(t,x)$ continuous and continuously differentiable in Ω, such that

$$\Phi(t,\alpha) \leq \dot{\alpha} \leq \Psi(t,\alpha) , \qquad \Phi(t,\beta) \leq \dot{\beta} \leq \Psi(t,\beta) ,$$

$$\Phi(x,0) = \Phi(x,T) , \qquad \Psi(x,0) = \Psi(x,T) ,$$

and such that both exoressions

$$\Phi_x\Phi + \Phi_t - g(t,x,\Phi) , \text{ and } \Psi_x\Psi + \Psi_t - g(t,x,\Psi)$$

have constant signs in Ω, then (3) possesses a periodic solution $x(t)$ satisfying

$$\alpha(t) \leq x(t) \leq \beta(t) , \qquad \Phi(t,\alpha(t)) \leq \dot{x}(t) \leq \Psi(t,\beta(t))$$

for all t in $[0,1]$ (H. W. Knobloch [19]).

A corollary of this statement states that if α, β is a pair of periodic lower and upper solutions, and $g(t,x,\dot{x}) \leq C|\dot{x}|^2$ for some constant C and all t, x, $\dot{x}$ with $(t,x) \in \Omega$ and $|\dot{x}|$ sufficiently large, then again (3) possesses a periodic solutions of period 1. H. W. Knobloch has proved other statements of the same type, based on the process mentioned in the previous numbers and topological considerations [19].

In later papers H. W. Knobloch [20] has also proved, using these theorems, comparison and oscillation theorems for second order nonlinear equations (17), which extend Sturm theory for linear equations. Some of the results give general form to statements proved earlier by M. Cartright for the van der Pol equation only.

12. W. S. Hall's Work on Nonlinear Partial Differential Equations

W. S. Hall has applied in [13] the process described in nos. 2 and 3 to the determination of periodic solutions u(x,y), of period 2π in x and y, to the partial differential equation

$$u_{xx} + (-1)^p D_y^{2p} u = \varepsilon f(x,y,u,u_x,u_y,\ldots,D_x^{2p}u) , \tag{1}$$

where $p \geq 1$ is any given integer, and ε is a small parameter. We shall write equation (1) is the form

$$Lu = \varepsilon F(x,y,u) . \tag{2}$$

If S is a suitable Banach space of 2π -periodic functions of x and y, let M be the null space in S of the operator L, thus $S = M + M^{\perp}$, where $M^{\perp}$ is the complement of M in S. Let P denote the projector operator $P: S \to M$. Here M is nontrivial, L is boundedly invertible on $M^{\perp}$, and if (2) is replaced by

$$Lv = \varepsilon(I-P)F(x,y,v) , \tag{3}$$

then L can be inverted to give the integral equation

$$v(u_o,\varepsilon) = u_o + \varepsilon K(I-P)F(.,.,v(u_o,\varepsilon)) , \tag{4}$$

for any element $u_o \in M$.

For ε sufficiently small, the usual contraction argument shows that (4) has a unique solution $v(u_o,\varepsilon)$ depending on u_o and ε. The solution $v(u_o,\varepsilon)$ will not satisfy (2) unless the bifurcation equation is satisfied, or

$$PF(.,.,v(u_o(\varepsilon),\varepsilon)) = 0 .$$

As pointed out in [13], this equation is easier to solve than the original one, and it can even be solved by the implicit function theorem. We refer to [13] for general results concerning the existence of solutions to equation (1).

Here we shall mention only an existence theorem proved by W. S. Hall in [13] for the more specific type of equation (1):

$$u_{xx} + (-1)^p D_y^{2p} u = \varepsilon[au_x + f(x,y,u)] , \quad a > 0 \text{ constant} , \tag{5}$$

and for solutions $u(x,y,\varepsilon)$ periodic of period 2π in x and y, satisfying

$$D_y^{2(j-1)} u(x,0,\varepsilon) = D_y^{2(j-1)} u(x,\pi,\varepsilon) = 0 , \; j = 1,\dots,p , \tag{6}$$

The following simple statement is proved in [13].

(III.12.i) If f is of class C^{pk+2} for some $k \geq 3$, periodic of period 2π with respect to x and to y, satisfying $f(x,-y,-u) = -f(x,y,u)$, and there is some $r > 0$ such that $\mathrm{Sup}[|f(x,y,s)|, x,y, |s| \leq r] \leq ar/C$, and $\mathrm{Sup}[|f_u(x,y,s)|, s,y, |s| \leq r] \leq a$ (C is a constant depending only on P and k), then for all ε sufficiently small (5) has a 2π-periodic solution satisfying (6).

For p = 1 and the same argument, it is shown, that the equation considered by J. K. Hale (see Part II)

$$u_{xx} - u_{yy} = \varepsilon(u_x + bu + cu^3 + g(x,y)) ,$$

u and g 2π-periodic in x and y, $u(x,0,\varepsilon) = u(x,\pi,\varepsilon) = 0$, has a solution for any given a real, provided ε and c are sufficiently small. An analogous statement holds for any $p \geq 1$ for the equation

$$u_{xx} + (-1)^p D_y^{2p} u = \varepsilon[u_x + bu + cu^3 + g(x,y)] .$$

In [14] W. S. Hall has discussed a formalism very close to the one we have considered in nos. 2 and 3 for nonselfadjoint linear operators in reflexive Banach spaces.

Lamberto Cesari

Let us consider an equation

$$Lu = f(u) \tag{7}$$

in a reflexive Banach space X, where f is a nonlinear continuous map of X into its conjugate X^*.

More precisely, let $(D, \| \|)$ be a normed linear space of which the reflexive space X is its completion, let $(X^*, \| \|^*)$ be the conjugate of X, and for $u \in X$, $v \in X^*$ let (u,v) denote the value of v at u, or $v(u)$. Let $L: D \to D$ be a linear operator which we assume has a formal adjoint L^* so that $(\Phi, L\psi) = (\psi, L^*\Phi)$ for all $\Phi, \psi \in D$. Here we regard L as having range in X^*, and, since X is reflexive, the range of L^* is also in X^*.

Note that when $\psi \in D$ satisfies $L\psi = 0$, then $0 = (\Phi, L\psi) = (\psi, L^*\Phi)$ for all $\Phi \in D$. This motivates the definition of

$$M = [u \in X \mid (u, L^*\Phi) = 0 \text{ for all } \Phi \in D]$$

as the generalized null space of L. Similarly, we shall consider the set

$$M^* = [u \in X \mid (u, L\Phi) = 0 \text{ for all } \Phi \in D]$$

as the generalized null space of L^*. We denote by $°M$ and $°M^*$ the corresponding annihilators. Also, we shall consider the quotients spaces X/M, X/M^*, and the natural projection operator $P: X \to X/M$, or $Pu = u + M$.

(III.12.ii) Suppose that for all $\Phi \in D$, $\|\Phi + M^*\| \leq k\|L^*\Phi\|^*$ for some fixed $k > 0$. Then, for each $g \in {}^\circ M^*$ there is a unique coset $u + M = Kg$ such that any representative is a weak solution of $Lu = g$. The operator $K: {}^\circ M^* \to X/M$ is linear and bounded with $\|K\| \leq k$ [13].

Proof. Let $\Lambda^*: D/M^* \to X^*$ be the induced operator defined by $\Lambda^*(\Phi + M^*) = L^*\Phi$, $\Phi \in D$. By hypothesis

$$\|\Phi + M^*\| \leq k\|L^*\Phi\|^* = k\|\Lambda^*(\Phi + M^*)\| ,$$

and hence $(\Lambda^*)^{-1}$ is a continuous map from $E^* = [\psi \in D \mid \psi = L^*\Phi, \Phi \in D]$ onto D/M^* with norm $\leq k$. Let Λ denote the operator in E^* defined by

$$\Lambda(\psi) = ((\Lambda^*)^{-1}\psi, g) , \qquad \psi \in E^* .$$

Then, Λ is linear, and

$$\|\Lambda(\psi)\| \leq \|(\Lambda^*)^{-1}\psi\| \, \|g\|^* \leq k\|\psi^*\| \, \|g\|^* .$$

It is easily seen that E^* is everywhere dense in ${}^\circ M$. Then, Λ has a unique extension to ${}^\circ M$. By reflexivity, there is a unique $u + M$ such that $\Lambda(\psi) = (u + M, \psi)$ for all $\psi \in E^*$, and $\|u + M\| = \|\Lambda\| \leq$

$k\|g\|^*$. Let $K: {}^\circ M \to X/M$ be defined by $u + M = Kg$. Then K is linear and $\|K\| \le k$.

Now $\psi = \Lambda^*(\Phi + M^*) = L^*\Phi$ for some $\Phi \epsilon D$. Thus $\Lambda(\psi) = (u+M, \psi) = (u+M, L^*\Phi)$, and since $L^*\Phi \epsilon {}^\circ M$, $(u+M, L^*\Phi) = (u, L^*\Phi)$ for any representative $u \epsilon u+M$. But $\Lambda(\psi) = ((\Lambda^*)^{-1}\psi, g) = (\Phi+M^*, g) = (\Phi, g)$ since g annihilates M^*. Therefore, $(u, L^*\Phi) = (Kg, L^*\Phi) = (\Phi, g)$. This last relation holds for all $\Phi \epsilon D$ since $(\Lambda^*)^{-1}$ is 1-1 and onto. Hence, $u \epsilon u+M$ is a weak solution of $Lu = g$. This proves (III.12.ii).

Let us now return to equation (1). We assume that (α) $f: X \to X^*$ is a continuous bounded map such that $\|f(u)\|^* \le c_1[\|u\|]$, where $c_1(\zeta)$, $0 \le \zeta < +\infty$, is a given increasing function of ζ. We also assume that (β) for every $u \epsilon X$ there exists $v(u) \epsilon M$ such that $f(v(u) + u) \epsilon {}^\circ M^*$, the map $u \to v(u)$ from X into M is continuous and $\|v(u)\| \le c_2[\|u\|]$, where again $c_2(\zeta) \ge 0$, $0 \le \zeta < +\infty$, is an increasing function of ζ. Assumption (β) essentially implies that the bifurcation equation can be solved and that $v(u)$ is a bounded continuous function of u.

Before stating and proving the next theorem, we shall mention here a "selection" statement proved by E. Michael (cfr. J. L. Massera and J. J. Schaffer, Linear differential equations and function spaces, Academic Press, 1966): If Z and W are Banach spaces and

$V:Z \to W$ is a linear continuous map of Z onto W, then, for each $\lambda > 1$, there exists a continuous map $h:W \to Z$ such that $(Vh)w = w$ for all $w \in W$. In addition

$$\|h(w)\| \leq \lambda \ \mathrm{Inf}[\|z\| \mid Tz = w] .$$

We can now state and prove the following theorem.

(III.12,iii) Let f satisfy (α) and (β), and assume that $\|\Phi + M^*\| \leq k\|L^*\Phi\|^*$ for all $\Phi \in D$. Assume also that the operator K of (III.12.ii) be compact. If c_1 is "sufficiently small;" then $Lu = f(u)$ has a weak solution [14].

Proof. First let us apply Michael selection theorem with Z = X, W = X/M and V = P. Then, for fixed $\lambda > 1$ there is a continuous map $h:X/M \to X$ such that

$$\|h(u+M)\| \leq \lambda\|u + M\| . \tag{8}$$

Let λ and h be so chosen, let B(a) denote the set $B(a) = [u \in X \mid \|u\| \leq a]$, and let $T:B(a) \to X$ denote the map defined by $Tu = hKf(v(u) + u)$, where K and v(u) have been defined above. Then, V is continuous and by assumptions (α) and (β) and (8) we have

$$\|Tu\| \leq \lambda\|Kf(v(u)+u)\| \leq \lambda\|f(v(u)+u)\|^*$$

$$\leq \lambda kc_1[\|v(u)+u\|] \leq \lambda kc_1[c_2(a)+a] \leq a\ ,$$

Hence, if $\lambda > 1$ and $a > 0$ can be so chosen that $\lambda kc_1[c_2(a)+a] \leq a$, T maps B(a) into itself. Since K is compact, by Schauder fixed point theorem, T has some fixed point $w + Tw \in B(a)$. Then $w = hKf(v(w)+w)$ and $Pw = Kf(v(w)+w)$. If $u = v(w)+w$, then

$$(u,L^*\Phi) = (Pu,L^*\Phi) = (Pw,L^*\Phi) = (Kf(v(w)+w, L^*\Phi)$$

$$= (\Phi, f(v(w)+w)) = (\Phi, f(u)) .$$

Thus, u is a weak solution of the original equation, and (III.12.iii) is thereby proved.

In [14] W. S. Hall applies the considerations above, to the determination of doubly periodic solutions of the partial differential equation

$$c^2 u_{xx}(x,y) + \Delta_y^{2p} u(x,y) = b|u(x,y)|^{r-1} \operatorname{sgm} u(x,y) + g(x,y),$$

where $y = (y_1,\dots,y_n)$, Δ_y is the n-dimensional Laplacian in the variables y, where r is a given number, $2 < r < \infty$, p a positive integer, $p \geq 1$, b,c positive constants, and g is doubly periodic.

13. Extensions of the Previous Considerations

The formalism of nos. 2 and 3 is based on certain properties of the operators, or axioms, and J. Locker [22,23] has shown that these properties are satisfied, for instance, for usual boundary value problems of nonlinear ordinary differential equations, when the underlying linear problem is self-adjoint. For the corresponding nonselfadjoint problems J. Locker has developed a theory which extends the one of the present Part III, and whose axioms are satisfied for boundary value problems of ordinary differential equations. As an example, he gives numerical bounds for α and β in the nonlinear initial value problem

$$\ddot{x} + x + \alpha x^2 = \beta t , \qquad 0 \leq t \leq 2\pi , \qquad x(0) = 0 ,$$

under which the solution exists in $[0,2\pi]$. He also obtained estimates of the growth of the solution and error bounds.

J. K. Hale, S. Bancroft, and D. Sweet [12], though guided by a rather different motivation, have presented an extension of the formalism of nos. 2 and 3 which is similar to the one proposed by J. Locker. These authors have discussed in detail the geometric interpretation of the formalism, and have used it to establish a connecting link with the previous work by D. C. Lewis, H. A. Antosiewicz, Jane Cronin, R. G. Bartle, L. Nirenberg, and C. Sibuya.

Lamberto Cesari

The formalism can be put in an abstract form, analogous to the one of nos. 2 and 3, as follows. We shall use the symbols $\mathcal{D}(T)$, $\mathcal{R}(T)$, $\eta(T)$ to denote domain, range, and null space of a given map T. Let S and B denote Banach spaces, and, as in no. 2, let $E:\mathcal{D}(E) \to B$, $N:\mathcal{D}(\eta) \to B$ denote given maps E linear, N nonlinear ($\mathcal{D}(E) \subset S$, $\mathcal{D}(N) \subset S$, $S_K = \mathcal{D}(E) \cap \mathcal{D}(N) \neq \emptyset$). We seek solutions of the equation $Ez = Nz$ or $Kz = 0$, with $K = E - N$, $K:S_K \to B$. Let us assume that there are two projection operators $P:S \to S$, $Q:B \to B$ such that

$$(I-Q)E = EP \tag{1}$$

or $E-EP = QE$, and we assume that $S = \mathcal{R}(P) + \mathcal{R}(I-P)$, $B = \mathcal{R}(Q) + \mathcal{R}(I-Q)$, (where $\mathcal{R}(P),\dots,\mathcal{R}(I-Q)$ are assumed to be closed supspaces of S and B respectively). Let us assume, in analogy with no. 2, that there exists a linear operator $H: \mathcal{R}(Q) \to \mathcal{R}(I-P)$ such that

$$HQEz = (I-P)z\ , \quad EHQNz = QNz \text{ for all } z \in \mathcal{D}(E)\ , \tag{2}$$

and such that all fixed points of $T = P + HQN$ belongs to $\mathcal{D}(E)$. Then, it is easy to prove (see below) that (a) $Kz = 0$, or $Ez = Nz$, if and only if $z = Tz$ and $(I-Q)Kz = 0$. If, as in no. 2, we assume that for every $x \in \mathcal{R}(P)$ the map T restricted to the fiber $P^{-1}x$ is a contraction, then the unique fixed point $y = Ty$ of $T:P^{-1}x \to S$, determines a map $\mathfrak{T}: \mathcal{R}(P) \to S$, with $\mathfrak{T}x = T\mathfrak{T}x$ for $x \in \mathcal{R}(P)$, and equation $Kz = 0$, or $Ez = Nz$, is reduced to the determining equation (or alternative problem)

$$(I-Q)K\mathfrak{T}x = 0, \qquad x \in \mathcal{R}(P).$$

Whenever $S = P$, $I-Q = P$, then the formalism above reduces to one of nos. 2 and 3.

To prove statement (a) above, let us note that $Kz = 0$ implies $QKz = 0$, $(I-Q)Kz = 0$, hence $QEz = QNz$, and assumption (2) implies $HQEz = HQNz = (I-P)z$, or $z = Pz + HQNz = Tz$. Conversely, if $z = Tz$, $(I-Q)Kz = 0$, then $(I-P)z = HQNz$ by the definition of T, and $z \in \mathcal{D}(E)$ by force of the assumptions. Then (2) implies $E(I-P)z = EHQNz = QNz$, and finally, by assumption (1), $QEz = QNz$, or $QKz = 0$. By $(I-Q)Kz = 0$ we conclude that $Kz = 0$. Statement (a) is thereby proved.

J. K. Hale, S. Bancroft, and D. Sweet [12] have shown that the projection maps, P,Q above can be defined on the basis of the following simple geometric considerations. Let $U: S \to S$, $V: B \to B$ be two projection maps so related to the given linear operator E that

$$\mathcal{R}(U) = \mathcal{N}(E), \qquad \mathcal{R}(V) = \mathcal{R}(E).$$

In this situation it can be easily seen [12] that the linear operator

E defines uniquely a partial inverse $M: \mathcal{R}(E) \to \mathcal{N}(U)$ such that $EMy = y$ and $UMy = 0$ for every $y \in \mathcal{R}(E)$, and thus $\mathcal{D}(M) = \mathcal{R}(E)$, $\mathcal{R}(M) \subset \mathcal{N}(U)$. Now let W denote an arbitrary projection map $W: S \to S$ with $\mathcal{R}(W) \subset \mathcal{R}(M) \subset \mathcal{N}(U)$. Then M determines uniquely a decomposition $\mathcal{R}(E) = B_1 + B_2$ with $B_1 = M^{-1}(WM\mathcal{R}(E))$, $B_2 = M^{-1}((I-W)M\mathcal{R}(E))$, and thus M determines also the two projection operators $J: \mathcal{R}(E) \to B_1$ and $I-J: \mathcal{R}(E) \to B_2$. Now, the operators $P = U + W$ and $Q = (I-J)W$ are projector operators with the required properties. For the proofs we refer to the paper [12] by Hale, Bancroft, and Sweet.

References for Part III

[1] L. Cesari, Functional analysis and periodic solutions of nonlinear differential equations. Contributions to Differential Equations, John Wiley, 1, 1963, 149-187.

[2] L. Cesari, Functional analysis and Galerkin's method. Mich. Math. J. 11, 1964, 385-414.

[3] L. Cesari, Periodic solutions of nonlinear differential systems. Symposium Active Networks and Feedback Systems. Polytechnic Institute Brooklin. Proceedings, 10, 1960, 545-560.

[4] L. Cesari, Problems of asymptotic behavior and stability. Trans. Amer. Institute Electrical Engineers, Applications and Industry, 80, 1961, 161-166.

[5] L. Cesari, A nonlinear problem in potential theory. Mich. Math. J. 16, 1969, 3-20.

[6] L. Cesari, Functional Analysis and Differential Equations. Studies in Applied Mathematics, 5, SIAM, 1969, 143-155.

References for Part III (Continued)

[7] L. Cesari, Functional Analysis and boundary value problems. Analytic Theory of Differential Equations. Lecture Notes No. 183, Springer Verlag, 1971, 178-194.

[8] L. Cesari, Functional Analysis and partial differential equations. Conference in Analysis, Jyvaskyla, Finnland, 1970. To appear.

[9] P.A.T. Christopher, (a) A new class of subharmonic solutions to Duffing's equation, CO. A. Rep. 195, The College of Aeronautics, Cranfield, Bedford, England, 1967; (b) An extended class of subharmonic solutions to Duffing's equation. Ibid., 199, 1967; (c) The response of a second order nonlinear system to a step-function disturbance. Ibid., 205, 1969.

[10] J. Cronin, Fixed Points and Topological Degree in Nonlinear Analysis. Am. Math. Soc. Math. Surveys No. 11, 1964.

[11] J. K. Hale, Ordinary Differential Equations, John Wiley, 1969.

[12] J. K. Hale, S. Bancroft, and D. Sweet, Alternative problems for nonlinear functional equations. Differential Equations, 4, 1968, 40-56.

[13] W. S. Hall, Periodic solutions of a class of weakly nonlinear evolution equations. Arch. Ratl. Mech. Anal., 39, 1970, 294-322.

[14] W. S. Hall, The bifurcation of solutions in Banach spaces. Trans. Am. Math. Soc., 161, 1971, 207-208.

[15] W. S. Hall, On the existence of periodic solutions for the equations $D_{tt}u + (-1)^p D_x^{2p} u = f(\dots,u)$. J. Differential Equations, 7, 1970, 509-526.

[16] W. A. Harris, Y. Sibuya, and L. Weinberg, Holomorphic solutions of linear differential systems at singular points. Arch. Ratl. Mech. Anal., 35, 1969, 245-248.

References for Part III (Continued)

[17] W. A. Harris, Holomorphic solutions of nonlinear differential equations at singular points. SIAM Studies in Applied Mathematics 5, 1969, 184-187.

[18] H. W. Knobloch, Remarks on a paper of Cesari on functional analysis and nonlinear differential equations. Mich. Math. J. 10, 1963, 417-430.

[19] H. W. Knobloch, Eine neue methode zur Approximation von periodischen Losungen nicht linear Differentialgleichungen zweiter Ordnung. Math. Zeit. 82, 1963, 177-197.

[20] H. W. Knobloch, Comparison theorems for nonlinear second order differential equations. J. Differential Equations 1, 1965, 1-25.

[21] E. M. Landesman and A. C. Lazer, Nonlinear perturbations of linear elliptic boundary value problems at resonance. J. Math. Mech. 19, 1970, 609-623.

[22] J. Locker, An existence analysis for nonlinear equations in Hilbert space. Trans. Am. Math. Soc. 128, 1967, 403-413.

[23] J. Locker, An existence analysis for nonlinear boundary value problems. SIAM J. Appl. Math. 19, 1970, 199-207.

[24] J. Mawhin, Application directe de la méthode de Cesari a l'étude des solutions périodiques de systèmes différentiels faiblement non linéaires. Bull. Roy. Sci., Liège 36, 1967, 193-210.

[25] J. Mawhin, Solutions périodiques de systèmes différentiels faiblement non linéaires. Bull. Roy. Sci., Liège 36, 1967, 491-499.

[26] J. Mawhin, Familles de solutions périodiques dans les systèmes différentiels faiblement non linéaires. Bull. Roy. Sci., Liège 36, 1967, 500-509.

References for Part III (Concluded)

[27] J. Mawhin, Degré topologique et solutions périodiques des les systèmes différentiels non linéaires. Bull. Roy. Soc., Liège 38, 1969, 308-398.

[28] J. Mawhin, Existence of periodic solutions for higher-order differential systems that are not of class D. J. Differential Equations 8, 1970, 523-530.

[29] J. Mawhin, Periodic solutions of nonlinear functional differential equations, J. Differential Equations 10, 1971, 240-261.

[30] J. Mawhin, Equations integrales et solutions périodiques des systèmes différentiels non linéaires. Bull. Acad. Roy., Belgique (5)55, 1969, 934-947.

[31] J. Mawhin, An extension of a theorem of A. C. Lazer on forced nonlinear oscillations. J. Math. Anal. Appl. To appear.

[32] C. Perello, A note on periodic solutions of nonlinear differential equations with time lags. Differential Equations and Dynamical Systems, Academic Press, 1967, 185-188.

[33] A. M. Rodionov, Periodic solutions of nonlinear differential equations with time lag. Trudy Sem. Differential Equations, Lumumba University, Moscow, 2, 1963, 200-207.

[34] C. D. Stocking, Nonlinear boundary value problems in a circle and related questions on Bessel functions. To appear.

[35] K. Gustafson and D. Sather, Large nonlinearities and monotonicity. Arch. Ratl. Mech. Anal. To appear.

[36] S. A. Williams, A connection between the Cesari and Leray-Schauder methods. Mich. Math. J. 15, 1968, 441-448.

Lamberto Cesari

IV. NOTES ON MINTY'S AND BROWDER'S WORK ON MONOTONE OPERATORS

1. Monotone Operators

Let X be a Banach space, and let X* be its dual. We denote as usual by z(x), or by (z,x), the application of the operator $z \epsilon X^*$ to the element $x \epsilon x$. A mapping T: $K \to X^*$, where K is a subset of X, is said to be monotone, provided

$$(Tx - Ty, x - y) \geq 0 \qquad \text{for all } x,y \epsilon K . \qquad (1)$$

Note that if X is a Hilbert space, then X = X* and (,) denotes the inner product in X. In particular, if X is a Euclidean space E_n, then T: $K \to E_n$, and (,) is the usual inner product in E_n. For n = 1 the inner product is the usual product, T is a real valued function of $x \epsilon K \subset E_1$, and (1) reduces to [T(x) - T(y)] (x - y) $\geq$ 0, that is, T(x) - T(y) and x-y have the same sign, the elementary concept of monotonicity.

The theory of monotone operators in Banach spaces has been extensively developed in the last years by Minty, Zarantonello, Browder, Stampacchia, and many others.

In the theory of monotone maps T: $K \to X^*$, $K \subset X$, one tries to find elements $x_o \epsilon K$ such that

$$(Tx_o, x - x_o) \geq 0 \qquad \text{for all } x \epsilon K . \tag{2}$$

Then, x_o is called a solution to the variational inequality (2). Also, in the same theory, one tries to determine conditions under which T: K → X* is onto, that is, T(K) = X. Both results are achieved under very weak requirements, in particular, conditions of continuity.

A map T: K → X* is said to be strongly monotone if there is a constant m > 0 such that

$$(Tx - Ty, x - y) \geq m\|x - y\|^2 \qquad \text{for all } x,y\epsilon K .$$

A map T: K → X* is said to be hemicontinuous provided T is continuous on line segments of K when we take in X* the weak topology.

The following theorems can be proved by means of essentially algebraic considerations.

(IV.1.i) (F. Browder [1]) If X is a Banach space, and T: X → X* is monotone and hemicontinuous, then for every y϶T(X), the set $T^{-1}(y))$ is closed and convex. Furthermore, is X is reflexive, and T is coercive in the sense that $(Tx,x)/\|x\| \to +oo$ as $\|x\| \to +oo$, then T is onto, that is, T(X) = X*.

(IV.1.ii) (F. Browder [1], G. Minty [4]) If X is a reflexive Banach space and T: $X \to X^*$ is strongly monotone and hemicontinuous, then T is one-one and onto, $T(X) = X^*$.

As a way of lemma the following simple statement has been shown to be relevant.

(IV.1.iii) (G. Minty [4]) If K is a convex subset of a Banach space X and T: $K \to X^*$ is monotone and hemicontinuous, then the following propositions are equivalent:

(a) $(Tx_o, s - x_o) \geq 0$ for all $x \epsilon K$,

(b) $(Tx, x - x_o) \geq 0$ for all $x \epsilon K$.

The following two statements illustrate further the concept of monotone operators.

(IV.1.iv) (G. Minty [4]) Let T: $K \to X$ be a continuous monotone operator on a subset K of a Hilbert space X, then $(I + T)^{-1}$ exists, is continuous on its domain, and is monotone. Moreover, if T is maximal over K (that is, T cannot be extended into a subset of X larger than K as a monotone operator; in particular if K = X), then $(I + T)^{-1}$ is defined everywhere on X.

(IV.1.v) (G. Minty [4]) If X is a Hilbert space, K a convex subset of X, T: $K \to X$ a given operator, then a sufficient condition that T be monotone over K is that T possesses a Gateau derivative T'_a at every $a \epsilon K$ (thus, $T'_a: X \to X^* = X$) such that $(y, T'_a y) \geq 0$ for all $a, y \epsilon X$.

2. Fixed Points

Let X, Y be any two metric spaces. We shall denote by d the respective distant functions. A map T: $X \to Y$ is said to be nonexpansive provided

$$d(Tx,Ty) \leq d(x,y) \qquad \text{for all } s,y \epsilon X .$$

that is, T is Lipschitzian with constant one. Obviously, not necessarily a nonexpansive map has fixed points. Nevertheless, under very mild hypotheses, this is the case.

Let X be a Banach space, and K a bounded closed subset of X. A point $x_o \epsilon K$ is said to be a diametral point of K provided

$$\text{Sup}_{x \epsilon K} \|x - x_o\| = \text{diam } K .$$

The set K is said to have normal structure provided every bounded, convex subset of K with more than one point has a point which is not diametral. This concept, due to M. S. Brodskii and D. P. Milman

[6] is important since they proved that every compact convex set K of a Banach space X has normal structure.

(IV.2.i) (W. A. Kirk [3]) If X is a Banach space and K is a weakly compact, convex, subset of X with normal structure, then every nonexpansive map T: $K \to K$ has a fixed point.

The following theorem applies to not necessarily convex sets.

(IV.2.ii) (G. Vidossich [5]) Let X be a Banach space, let K be a weakly compact subset of X, and let T be a nonexpansive map T: $K \to K$. Assume that: (a) for every $\varepsilon > 0$ there is a contraction f_ε: $K \to K$ such that $\|x - f_\varepsilon(x)\| < \varepsilon$ for all $x \in K$; (b) for every sequence $[x_k]$ of elements of K without a strongly convergent subsequence, there is no subset A of K with more than one point such that $\lim_{k\to\infty} \|x - x_k\|$ = constant for $x \in \text{cl}(K \cap \text{co } A)$. Then, T has a fixed point in K.

In connection with statement (IV.2.ii) we note here that if f: $X \to X$ is not expansive, then $f_k = (1 - 1/k)f$ is a contraction $X \to X$, and $\lim_k (I - f_k) = I - f$. Also, if K is a bounded convex subset of a Banach space X and satisfies (b), then K has certainly normal structure.

(IV.2.iii) (F. Browder [1]) If K is a bounded closed convex subset of a Banach space X with interior points, and T: $K \to X$ a nonexpansive map such that $T(\partial K) \subset K$, then there is a $0 \leq \lambda \leq 1$ such that $T_\lambda = \lambda T + (1 - \lambda)I$ is nonexpansive, maps K into K, and has the same nonempty set of fixed points of T.

A corollary of this theorem is as follows:

(IV.2.iv) If K is a closed bounded convex subset of the Banach space X, then every contraction $K \to X$ which maps ∂K into K has a fixed point.

A Banach space X is said to be strictly convex provided $x, y \in X$, $x, y \neq 0$, and $\|x + y\| = \|x\| + \|y\|$ implies $x = \lambda y$ for some real number λ. A Banach space X is said to be uniformly convex if for any $\varepsilon > 0$ there is some $\delta(\varepsilon) > 0$ such that $\|2^{-1}(x+y)\| \geq 1 - \delta(\varepsilon)$, $\|x\| = \|y\| = 1$, $\|x - y\| \leq \varepsilon$ implies $x = y$.

It was proved by Clarkson that any uniformly convex space is strictly convex. Also, every uniformly convex space is reflexive. (See M. Day [2] for these and other statements.)

(IV.2.v) (F. Browder [1]) If X is a strictly convex Banach space, K any convex subset of X, and T: $K \to X$ nonexpansive, then the set of all fixed points of T (if any) is convex.

3. Periodic Solutions of Differential Equations in a Hilbert Space

Let X be a given Hilbert space, and f(t,x) be a given map from $(-\infty,+\infty) \times X$ into X such that $f(t + T, x) = f(t,x)$ for all t and x. We consider here the problem of the periodic solutions of period T of the differential equation

$$dx/dt = f(t,x) .$$

We state here one of Browder's theorems concerning the existence of such solutions. For this theorem it is sufficient to consider f as defined only in $[0,T] \times X$ and to require solutions x(t) such that $x(0) = x(T)$.

(IV.3.i) (F. Browder [1]) Let X be a Hilbert space, f: $[0,T] \times X \to X$ a continuous map, transforming bounded sets into bounded sets, and with the properties:

(a) $(f(t,x) - f(t,y), x - y) \geq 0$ for all t, x, y;

(b) there is a constant $c > 0$ such that $(f(t,x), x) > 0$ for all t and $\|x\| = c$. Then, the differential equation $dx/dt = f(t,x)$ has a solution x(t), or x: $[0,T] \to X$, such that $x(0) = x(T)$.

If the monotonicity condition (a) is replaced by the analogous strongly monotonicity condition, then the solution above is unique.

Lamberto Cesari

References for Part IV

[1] F. E. Browder. (a) Nonlinear operators and nonlinear equations of evolution in Banach spaces. Proc. Symp. on Nonlinear Func. Anal., Part II. Am. Math. Soc. (To appear). (b) Nonexpanisve nonlinear operators in a Banach space. Proc. Nat. Acad. Sci. USA, 54, 1965, 1041-1044. (c) Existenco of periodic solutions for nonlinear equations of evolution. Proc. Nat. Acad. Sci. USA, 53, 1965, 1272-1276. (d) Nonlinear equations of evolution. Annals of Math. 80, 1965, 485-523.

[2] M. Day. Normed Spaces. Springer Verlag.

[3] W. A. Kirk, A fixed point theorem of mappings which do not increase distance. Amer. Math. Monthly 72, 1965, 1004-1006.

[4] G. Minty. (a) Monotone nonlinear operators in Hilbert space, Duke Math. J., 29, 1962, 341-346. (b) On a monoticity method for the solution of nonlinear equations in Banach spaces. Proc. Nat. Acad. Sci., USA, 50, 1963, 1038-1041.

[5] G. Vidossich. Applications of topology to analysis: on the topological properties of the set of fixed points of nonlinear operators. Conferenza Sem. Mat. Univ. Bari 126, 1971, 1-60.

[6] M. S. Brodskii and D. P. Milman. On the center of a convex set. Dokl. Akad. Nauk, USSR, 59, 1948, 837-840.

Lamberto Cesari

V. NOTES ON RECENT WORK BY GUSTAFSON AND SATHER

K. Gustafson and D. Sather [1] have proposed recently to use, in the general line of Cesari's bifurcation process of Part III, monotonicity conditions instead of contraction on the underlying operations. The basic results of Minty and Browder then could be used in conjunction with a process which is similar to the one of Part III above.

With Gustafson and Sather we consider here an equation of the form

$$(L - \lambda)w + T(w) = 0 , \qquad w \in H , \tag{1}$$

where H is a real Hilbert space, and L and T operators, for which the following initial assumptions are made:

(L1) L is a linear self-adjoint operator (in general unbounded) in a real Hilbert space H such that the lower part of the spectrum S(L) consists of a nonempty set of isolated eigenvalues $\lambda_1 < \lambda_2 < \dots < \lambda_m$, each of finite multiplicity. The behavior of the upper part of the spectrum (let γ denote its lower bound, $\gamma_m < \gamma$) is unrestricted, i.e., it can have continuous parts.

(L2) L is of the form $L = A + B$ where A is self-adjoint and positive, B is symmetric, $D(B) \supset D(A)$, and $D(A + B - \lambda_1)^{1/2} = D(A^{1/2})$.

(T1) T (in general, nonlinear and unbounded) is single valued, $D(T) \supset D(A^{1/2})$ and T is a monotone operator on $D(A^{1/2})$, that is,

$$(T(w_1) - T(w_2), w_1 - w_2) \geq 0 \qquad \text{for all } w_1, w_2 \in D(A^{1/2}) .$$

(T2) T satisfies a local Lipschitz condition on $D(A^{1/2})$ of the form $\|T(w_1) - T(w_2)\| \leq Q(\|w_1\|, \|w_2\|, p(w_1), p(w_2)) \|w_1 - w_2\|$, where p is a seminorm defined on $D(A^{1/2})$, and $Q\colon E_4 \to [0, +\infty)$ is a given function which takes bounded sets into bounded sets.

The use here of both a norm $\| \ \|$ and a seminorm p is similar to the use of both the square norm and the sup norm in the process in Part III.

Let $N = \cup_{i=1}^{m} N(\lambda_i)$ where $N(\lambda_i)$ is the null space of $L - \lambda_i I$, and let P be the orthogonal projection of H onto $N^{\perp}$, the orthogonal complement of N. Then $w \in H$ can be written in the form $w = u + v$ with $u \in N$ and $v \in N^{\perp}$, and u and v are uniquely determined. Since N is a reducing subspace of L, equation (1) is equivalent to the system

$$(L - \lambda)v + PT(u + v) = 0 , \tag{2}$$

$$\textstyle\sum_{i=1}^{m} (\lambda_i - \lambda)u^i + (I - P)T(u + v) = 0 , \tag{3}$$

where $u^i = \sum_{j=1}^{ni} c_{ij} u_j^i$ is the projection of $u = (I - P)w$ onto $N(\lambda_i)$. Here $(u_1^i, \ldots, u_{n_i}^i)$ is any orthonormal basis for $N(\lambda_i)$ and then $c_{ij} = (u, u_j^i)$. The process, analogous to the one in Part III, now consists of first solving equation (2) for $v = v(u,\lambda)$ in $N^{\perp}$, and then solving equation (3) for $u = y(\lambda)$ in the finite dimensional space N.

K. Gustafson and D. Sather first establish the existence of a solution $v = v(u,\lambda)$ of equation (2). Then, they establish suitable continuous dependence properties under the additional hypothesis on T:

(T3) There is a constant $c > 0$ such that the seminorm p satisfies

$$p(w) \leq c\|A^{1/2}w\| \qquad \text{for all } w \in D(A) .$$

Finally the same authors discuss the bifurcation equation under the further simplifying assumption (T4) $T(0) = 0$.

Reference for Part V

[1] K. Gustafson and D. Sather, Large nonlinearities and monotonicity, Arch. Ratl. Mech. Anal. To appear.

Lamberto Cesari

VI. NOTES ON WORK BY LANDESMAN AND LAZER

Let D be a bounded domain in E_n, and let

$$L = \sum_{i,j=1}^{n} \frac{\partial}{\partial x_i} a_{ij} \frac{\partial}{\partial x_j}$$

be a second order, self-adjoint uniformly elliptic operator on D, precisely; $a_{ij} = a_{ji}$, $i,j = 1,\dots,n$, all a_{ij} are real bounded measurable functions on D, and there is a constant $c > 0$ such that

$$\sum_{i,j=1}^{n} a_{ij} \zeta_i \zeta_j \geq c \sum_{i=1}^{n} \zeta_i^2 .$$

We consider here, with E. M. Landesman and A. C. Lazer [1] the problem of existence of weak solutions of the nonlinear boundary value problem

$$\begin{aligned} Lu + \alpha u + g(u) &= h(x) \quad \text{in } D , \\ u(x) &= 0 \quad \text{on } \partial D , \end{aligned} \tag{1}$$

Here h is a real function in $L_2(D)$, α is a positive constnat, and g is a real valued function which is bounded and continuous on the real line. We assume that the linear homogeneous problem

$$\begin{aligned} Lu + \alpha u &= 0 \quad \text{in } D , \\ u(x) &= 0 \quad \text{on } \partial D , \end{aligned} \tag{2}$$

has nonzero generalized solutions, but we do not assume that h is orthogonal to the solutions of (2) with respect to the usual inner product (u,v) in $L_2(D)$. We denote as usual by H^1_o the Sobolev space of the functions u(x), $x \in D$, with first order partial derivatives $u_j = \partial u/\partial x_j$ all u, $u_j \in L_2(D)$, j = 1,...,n, and u = 0 on ∂D.

(VI.i) (E. M. Landesman and A. C. Lazer [1]) Let $w \in H^1_o$ be a nontrivial weak solution of (2) and let us assume that every solution of (2) is of the form cw, c real. Let g be a real valued continuous function on the real line, possessing the two finite limits $g(-\infty)$, $g(+\infty)$, and such that $g(-\infty) < g(s) < g(+\infty)$ for all real s without assuming monotonicity. Let h be an element of $L_2(D)$ and let $D^+ = [x \in D | w(x) > 0]$, $D^- = [x \in D || w(x) < 0]$. Then the inequalities

$$g(-\infty) \int_{D^+} |w| dx - g(+\infty) \int_{D^-} |w| dx \leq (h,w) \tag{3}$$

$$\leq g(+\infty) \int_{D^+} |w| dx - g(-\infty) \int_{D^-} |w| dx$$

are necessary and sufficient for the existence of a solution $u \in H^1_o$ to problem (1).

If instead $g(-\infty) \leq g(s) \leq g(+\infty)$ for all s, then the same inequalities (3) are still necessary for existence. The strict inequalities in (3) are then sufficient for existence.

In both cases the proof of the sufficiency in Landesman's and Lazer's paper makes use of a technique similar to the one by Cesari in Part III above.

Reference for Part VI

[1] E. M. Landesman and A. C. Lazer, Nonlinear perturbations of linear elliptic boundary value problems at reasonance. J. Math. Mech. 19, 1970, 609-623.

Lamberto Cesari

VII. NOTES ON RECENT WORK BY NIRENBERG

In the last years the Leray-Schauder degree theory has been extended under various hypotheses to mappings $T: X \to Y$ from a Banach space X into a Banach space Y, in particular from a Euclidean space E_n into a Euclidean space E_m, $n \geq m$.

If we consider a map

$$y = T(x), \quad x \in E_n, \quad y \in E_m, \quad n \geq m,$$

and we ask for a solution of the equation $T(x) = 0$ in a solid sphere B in E_n of center the origin, again the topological degree approach may yield essential information. We shall assume below that $T(x) \neq 0$ on ∂B.

The topological degree technique yields conditions on the boundary values T_o of T on B, which ensures that for every extension T of T_o inside B the equation $T(x) = 0$ has always solutions in the interior of B.

Having assumed $T(x) \neq 0$ on ∂B, we may consider the normalized map $\psi(x) = T_o(x)/\|T_o(x)\|$ mapping from $\partial B = S^{n-1}$ into S^{m-1}.

(VII.i) A necessary and sufficient condition that for every continuous extension T of the (continuous) map T_o the equation

$T(x) = 0$ is always solvable in B is that the homotopy class of ψ be nontrivial.

Note that the homotopy group of all continuous mappings $S^{n-1} \to S^{n-1}$ is the group of integers (and indeed the topological degree is an integer). The homotopy group of all continuous mappings $S^{n-1} \to S^{m-1}$, $n > m$, may have a quite different structure, and may be not trivial. For instance, H. Hopf discovered that there are nontrivial maps $S^3 \to S^2$. We refer here to work of A. S. Svarc [5] K. Geba [3], K. D. Elworthy [1], D. D. Elworthy and A. Tromba [2]. Unfortunately, the homotopy groups of all continuous maps $S^{n-1} \to S^{m-1}$ are very difficult to determine, and there are no known methods to determine if a given map ψ: $S^{n-1} \to S^{m-1}$ is nontrivial. Moreover one of the theorems below requires the use of the concept of stable homotopy class of a given map $S^{n-1} \to S^{m-1}$, concept which is introduced by "suspension" of the spheres S^{n-1} and S^{m-1} into structures of higher dimensions.

Nevertheless the following results are far reaching extensions of Landesman's and Lazer's theorem above.

Let L be a linear elliptic partial differential operator of even order m acting on scalar functions satisfying coercive boundary conditions $Bu = 0$ on ∂D expressed in terms of $m/2$ differential operators of order m. Then, the operator L acting on such functions is of Fredholm type, that is, has finite dimensional null space, ker L, of dimension d, and closed range in a suitable function space of finite codimension d* = dim ker L; the index of L is then ind L = d - d*.

We cosider here with L. Nirenberg [4] the boundary balue problem

$$Lu = g(x,u) \quad \text{in } D, \quad Bu = 0 \quad \text{on } \partial D, \tag{1}$$

with g(x,u) continuous in $D \times E_1$ having limits as $u \to +\infty$ and $u \to -\infty$ which we denote $h_+(x)$ and $h_-(x)$, respectively. We assume that the limits $g(x,u) \to h_+(x)$ as $u \to +\infty$, and $g(x,u) \to h_-(x)$ as $u \to -\infty$ occur uniformly on D.

Concerning the homogeneous problem, the following assumption is made:

(h) The only solution w of

$$Lw = 0 \quad \text{in } D, \quad Bw = 0 \quad \text{on } \partial D \tag{2}$$

which vanishes on a set of positive measure in D is w = 0.

The solutions to problem (1) (if any) are to be understood as functions belonging to H_{mp}, that is, having derivatives up to order m, the order of the operator L, all in L_p for every $p < \infty$. Only the two cases ind L = 0 and ind L > 0 are taken into consideration below.

The conditions below will be expressed in terms of functions $w_1,\dots,w_d$ spanning ker L, that is, satisfying (2), and functions $w'_1,\dots,w'_d$ spanning the L_2-orthogonal complement of the range of L acting on functions satisfying the boundary conditions Bu = 0 on D. We assume that the coefficients of L and of the boundary conditions are smooth; consequently, we may choose the w_i and w'_j as smooth functions. Having chosen such functions we define a map

$$T_o\colon\ S^{d-1} \to E_{d*}$$

as follows. For a unit vector $a = (a_1,\dots,a_d)$ in E_d denote by $a\cdot w$, the inner product $a_1w_1 + \dots + a_dw_d$, and define $T_o(a)$ by taking

$$T_{oj}(a) = \int_{a\cdot w>0} h_+ w'_j dx + \int_{a\cdot w<0} h_- w'_j dx , \quad j = 1,\dots,d* .$$

We assume that $T_o(a)$ never vanishes, that is, $T_o(a) \neq 0$ for all $a \in S^{d-1}$, and that the mapping T_o is continuous. Finally, we define as usual

$$\psi(a) = T_o(a)/\|T_o(a)\| .$$

(VII.ii) Suppose ind L = 0, and condition (h) holds. If the map ψ: $S^{d-1} \to S^{d-1}$ has topological degree different from zero, then problem (1) has a solution.

(VII.iii) Suppose ind L > 0 and condition (h) holds. If the stable homotopy class of the map ψ: $S^{d-1} \to S^{d^*-1}$ is nontrivial, then problem (1) has a solution.

For proofs and details we refer to L. Nirenberg [4].

References for Part VII

[1] K. D. Elworthy, Some problems in algebraic topology. Fredholm maps and GLC(E)-structures. Bull. Am. Math. Soc. 74, 1968, 582-586.

[2] K. D. Elworthy and A. Tromba, Differential structures and Fredholm maps on Banach manifolds. Global analysis. Proc. Symp. Pure Math. 15, Am. Math. Soc., 1970, 45-94.

[3] K. Geba. (a) Algebraic topology methods in the theory of compact fields in Banach spaces. Fund. Math. 54, 1964, 177-177-209. (b) Fredholm σ-proper maps of Banach spaces. Fund. Math. 64, 1969, 341-373.

[4] L. Nirenberg. (a) Generalized degrees and nonlinear problems. Proceedings Symp. on nonlinear Functional Anal., Madison, Wis. 1971, 1-9. (b) An application of generalized degree to a class of nonlinear problems. Colloq. Analyse Fonctionelle, Liège, 1970; Centre Belge de Rech., Vander, 1971, 57-74.

[5] A. S. Svare, The homotopic topology of Banach spaces. Dokl. Akad, Nauk, SSR, 154, 1964, 61-63; Soviet Math. Dokl. 5, 1964, 57-59.

CENTRO INTERNAZIONALE MATEMATICO ESTIVO

(C.I.M.E.)

J.K. HALE

OSCILLATIONS IN NEUTRAL FUNCTIONAL DIFFERENTIAL EQUATIONS

Corso tenuto a Bressanone dal 4 al 13 giugno 1972

These lectures were prepared for a CIME Advanced Summer Institute held in 1972.
This work was partially completed while the author was a guest of CNR at Florence, Italy, and also was partially supported by the Air Force Office of Scientific Research, AF-AFOSR 71-2078, the National Aeronautics and Space Administration, NGL 40-002-015 and United States Army - Durhan, DA-ARO-D-31--124-71-G12S2.

J. K. Hale

OSCILLATIONS IN NEUTRAL FUNCTIONAL DIFFERENTIAL EQUATIONS

Jack K. Hale

Some time ago [1], the author announced a result on the Fredholm alternative for the existence of periodic solutions of a nonhomogeneous linear neutral functional differential equation (NFDE). In this paper, we indicate a proof of this result and, at the same time, use the method of proof to give a brief survey of some recent developments in the theory of NFDE which have applications far beyond the problem of periodic solutions.

Let $R = (-\infty,\infty)$, $R^+ = [0,\infty)$, E^n be any n-dimensional linear vector space with norm $|\cdot|$, $C([a,b],E^n)$ the space of continuous functions from $[a,b]$ to E^n with the topology of uniform convergence. For a fixed $r \geq 0$, let $C = C([-r,0],E^n)$ with norm $|\varphi| = \sup_{-r\leq\theta\leq 0}|\varphi(\theta)|$ for $\varphi \in C$. If $x \in C([\sigma-r,\sigma+A),E^n)$ for some $A > 0$, let $x_t \in C$, $t \in [\sigma,\sigma+A)$ be defined by $x_t(\theta) = x(t+\theta)$, $-r \leq \theta \leq 0$.

Let $D,L: C \to E^n$ be continuous linear operators,

$$(1)\qquad \begin{aligned} L\varphi &= \int_{-r}^{0} [d\eta(\theta)]\varphi(\theta) \\ D &= D_0 + D_1 \\ D_0\varphi &= \varphi(0) - \sum_{k=1}^{\infty} A_k\varphi(-\tau_k), \\ D_1\varphi &= \int_{-r}^{0} A(\theta)\varphi(\theta)d\theta \end{aligned}$$

where η is an $n \times n$ matrix function of bounded variation, $A(\theta)$ is an $n \times n$ matrix integrable on $[-r,0]$, the A_k are $n \times n$ constant matrices with $\sum_{\tau_k<\epsilon} |A_k| \to 0$ as $\epsilon \to 0$ and $0 < \tau_k \leq r$. For notational purposes, there is an $n \times n$ matrix μ of bounded variation on $[-r,0]$ such that

$$D\varphi = \varphi(0) - \int_{-r}^{0} [d\mu(\theta)]\varphi(\theta). \tag{2}$$

A linear homogeneous NFDE is a relation

$$\frac{d}{dt} Dx_t = Lx_t \ . \tag{3}$$

A solution of (3) is a continuous function x on some interval $[-r,A)$, $A > 0$, such that Dx_t is continuously differentiable and satisfies (3) on $(0,A)$. For any $\varphi \in C$, there is a unique solution $x = x(\varphi)$ of (1) on $[-r,\infty)$ such that $x_0 = \varphi$ and this solution is continuous in $(\varphi,t) \in C \times R^+$ (see [2]). If $T(t,D,L)\colon C \to C$, $t \in R^+$, is defined by

$$T(t,D,L)\varphi = x_t(\varphi) \tag{4}$$

then $T(t,D,L)$, $t \in R^+$, is a strongly continuous semigroup of linear transformations.

Let $C_{D_0} = \{\varphi \in C\colon D_0\varphi = 0\}$. This is a closed subspace of the Banach space C and $T(t,D_0,0)\colon C_{D_0} \to C_{D_0}$. Let the spectral radius of $T(t,D_0,0)|\, C_{D_0}$ be $r_{D_0}(t)$ and

The operator D_0 is said to be stable if $a_{D_0} < 0$ (see [8]). Note that $T(t,D_0,0)|\ C_{D_0}$ is nothing but the semigroup of linear transformations corresponding to the solutions of the homogeneous difference equation

$$D_0 y_t = 0. \tag{6}$$

The operator D_0 is stable if the zero solution of (6) is uniformly asymptotically stable. Also, note that $a_{D_0} = -\infty$ if $D_0\varphi = \varphi(0)$; that is, D_0 is the operator corresponding to the usual retarded functional differential equations.

For a fixed $\omega > 0$, let $\mathscr{P}_\omega = \{x \in C((-\infty,\infty),E^n): x(t+\omega) = x(t), t \in R\}$ and $\mathscr{A}_\omega = \{H \in C((-\infty,\infty),E^n): H(0) = 0$ and there is an n-vector α and $h \in P_\omega$ with $H(t) + \alpha t + h(t)\}$. For any $H \in \mathscr{A}_\omega$, $H(t) = \alpha t + h(t)$, $h \in P_\omega$, we let $|H| = |\alpha| + \sup_{t\in[0,\omega]}|h(t)|$. The theorem on the Fredholm alternative for periodic solutions can now be stated as:

<u>Theorem 1</u>. If D_0 is stable, $H \in \mathscr{A}_\omega$, then the equation

$$\frac{d}{dt}[Dx_t - H(t)] = L(x_t) \tag{7}$$

has a solution in $\mathscr{P}_\omega$ if and only if

$$\int_0^\omega y(t)dH(t) = 0 \tag{8}$$

for all ω-periodic row vector solutions y of the "adjoint" equation

$$\frac{d}{dt}\left[y(t) - \int_{-r}^{0} y(t-\theta)d\mu(\theta)\right] = -\int_{-r}^{0} y(t-\theta)d\eta(\theta). \tag{9}$$

Furthermore, there is a continuous projection operator $J: \mathscr{A}_\omega \to \mathscr{A}_\omega$ such that the set of all H satisfying (8) is $(I-J)\mathscr{A}_\omega$ and there is a continuous linear operator $\mathscr{K}: (I-J)\mathscr{A}_\omega \to \mathscr{P}_\omega$ such that $\mathscr{K}H$ is a solution of (7) for each $H \in (I-J)\mathscr{A}_\omega$.

It is part of the conclusion of Theorem 1 that the integral in (8) is well-defined even though H is only continuous.

It is also possible to explicitly describe the operator J and in doing this we will also rephrase the entire problem in terms of the solution of an operator equation in a Banach space. This terminology makes clear the relationship of the above theorem to the general problem of solving functional equations.

Let $A: \mathscr{P}_\omega \to \mathscr{A}_\omega$ be defined by

$$Ax(t) = Dx_t - Dx_0 - \int_0^t Lx_s ds. \tag{10}$$

It is clear that A is continuous, linear and, furthermore, that the null space $\mathscr{N}(A)$ consists of the solutions of the homogeneous equation (3) in $\mathscr{P}_\omega$. It will be shown below that $\mathscr{N}(A)$ is finite dimensional and there is a continuous projection $S: \mathscr{P}_\omega \to \mathscr{P}_\omega$ such that $\mathscr{R}(A) = S\mathscr{P}_\omega$. Theorem 1 implies there is a continuous projection $J: \mathscr{A}_\omega \to \mathscr{A}_\omega$ such that the range $\mathscr{R}(A)$ satisfies $\mathscr{R}(A) = (I-J)\mathscr{A}_\omega$

and that A has a bounded right inverse $\mathscr{K}$. Furthermore, $\mathscr{K}$ will be uniquely specified if we require that $J\mathscr{K} = 0$.

If $U = (\varphi_1,\ldots,\varphi_d)$ is a basis for the ω-periodic solutions of (3), $V = \mathrm{col}(\psi_1,\ldots,\psi_d)$ is a basis for the ω-periodic solutions of (9), and $'$ denotes transpose, then S, J can be defined as

$$
\begin{aligned}
Sh &= U\left[\int_0^\omega U'(s)U(s)ds\right]^{-1}\int_0^\omega U'(s)h(s)ds \\
JH(t) &= \left[\int_0^t V'(s)ds\right]\left[\int_0^\omega V(s)V'(s)ds\right]^{-1}\int_0^\omega V(s)dH(s).
\end{aligned}
\tag{11}
$$

Before proceeding to the proof of the theorem, we remark that Theorem 1 allows one to immediately apply the usual theory for perturbed linear systems to equations of the form

$$
\frac{d}{dt}[Dx_t - G(t,x_t)] = Lx_t + F(t,x_t) \tag{12}
$$

where $G(\cdot,\varphi) \in \mathscr{A}_\omega$, $F(\cdot,\varphi) \in \mathscr{P}_\omega$ for each $\varphi \in C$. In fact, if we define the operator A as before and define $N\colon \mathscr{P}_\omega \to \mathscr{A}_\omega$ by

$$
Nx(t) = G(t,x_t) - G(0,x_0) + \int_0^t F(s,x_s)ds \tag{13}
$$

then equation (12) has a solution x in $\mathscr{P}_\omega$ if and only if

$$
Ax = Nx \tag{14}
$$

which by Theorem 1 and the above remarks is equivalent to

$$(15)\qquad \begin{aligned} x &= Sx + \mathscr{K}(I-J)Nx \\ JNx &= 0. \end{aligned}$$

One can now apply the theory of [9] to obtain sufficient conditions for the existence of ω-periodic solutions. In particular, if $G = \epsilon\tilde{G}$, $F = \epsilon\tilde{F}$, where $\tilde{G}(t,\varphi)$, $\tilde{F}(t,\varphi)$ are continuously differentiable in φ and ϵ is a real parameter, and there is a d-vector b_0 such that

$$\Lambda(b_0) = 0, \quad \det[\partial\Lambda(b_0)/\partial b] \neq 0$$

$$\Lambda(b) = \int_0^\omega V(s)[d\tilde{G}(s,U(s)b) + \tilde{F}(s,U(s)b)ds].$$

then there is an $\epsilon_0 > 0$ such that equation (12) has an ω-periodic solution $x(b_0,\epsilon)$, $0 \leq |\epsilon| \leq \epsilon_0$, continuous in ϵ and $x(b_0,0) = Ub_0$.

We now proceed to give two methods of proving Theorem 1, the first method will have general applicability to the discussion of the local theory of nonlinear equations and the second is applicable to more general boundary value problems. Basic to both approaches is the following:

Lemma 1 [3]. There exists a continuous linear map $\psi: C \to C_{D_0}$ and a family of maps $T_1(t,D,L): C \to C$, completely continuous for each $t \geq 0$, such that

(16) $$T(t,D,L) = T(t,D_0,0)\psi + T_1(t,D,L).$$

From a general result on linear operators (see [4,5]), Lemma 1 implies the following: for any fixed $a > a_{D_0}$, all elements $\mu(t)$ in the spectrum $\sigma(T(t,D,L))$ of $T(t,D,L)$ with $|\mu(t)| \geq e^{at}$ belong to the point spectrum, the number of such $\mu(t)$ is finite, the generalized eigenspace of each $\mu(t)$ is finite dimensional, and there exists subspaces $P_{\mu(t)}$, $\tilde{P}_{\mu(t)}$ invariant under $T(t,D,L)$ with $P_{\mu(t)}$ finite dimensional, $C = P_{\mu(t)} \oplus \tilde{P}_{\mu}(t)$ and the spectrum of $T(t,D,L)$ restricted to $\tilde{P}_{\mu(t)}$ is $\sigma(T(t,D,L))\setminus\{\mu(t)\}$.

If D_0 is stable, then, in particular, there can be only a finite number of elements of the point spectrum of $T(t,D,L)$ with modulii equal to one. Thus, there can be at most a finite number of ω-periodic solutions of (3) and this implies the existence of the projection operator S mentioned above with $\mathcal{K}(A) = S\mathcal{P}_\omega$.

Furthermore, D_0 stable implies only a finite number of elements of the point spectrum of $T(t,D,L)$ with modulii greater than or equal to one. The theory in [2] now implies one can decompose C as $C = P \oplus Q$ where P,Q are invariant under $T(t,D,L)$, $\sigma(T(t,D,L)|Q) = \sigma(T(t,D,L)) \cap \{\lambda\colon |\lambda| < 1\}$, P finite dimensional and P,Q are determined in the following manner. A number λ is said to be a characteristic value of (3) if

Let D_0 be stable, $\Lambda = \{\lambda: \det \Delta(\lambda) = 0, \operatorname{Re} \lambda \geq 0\}$ and $\Phi = (\varphi_1, \ldots, \varphi_p)$ be a basis for the initial values of all solutions of (3) of the form $\sum p_k(t)e^{\lambda_k t}$, $\lambda_k \in \Lambda$, $p_k(t)$ polynomials in t, and $\Psi = \operatorname{col}(\psi_1, \ldots, \psi_p)$ a basis for the corresponding solutions of the adjoint equation (9) of the form $\sum q_k(t)e^{-\lambda_k t}$, $\lambda_k \in \Lambda$, $q_k(t)$ polynomials in t. Let

$$(\alpha,\varphi) = \alpha(0)D\varphi + \int_{-r}^{0}\int_{0}^{\theta} \alpha(\xi-\theta)[d\mu(\theta)]\varphi(\xi)d\xi$$

$$- \int_{-r}^{0}\int_{0}^{\theta} \alpha(\xi-\theta)[d\eta(\theta)]\varphi(\xi)d\xi$$

and $(\Psi,\Phi) = (\psi_j,\varphi_k)$, $j,k = 1,2,\ldots,p$. Then (Ψ,Φ) is nonsingular and may be taken to be the identity. It follows from [2] that

$$\begin{aligned} &C = P \oplus Q \\ (18)\qquad &P = \{\varphi \in C: \varphi = \Phi a \text{ for some } p\text{-vector } a\} \\ &Q = \{\varphi \in C: (\Psi,\varphi) = 0\}. \end{aligned}$$

Thus, any $\varphi \in C$ can be written as $\varphi = \varphi^P + \varphi^Q$, $\varphi^P = \Phi(\Psi,\varphi)$, $\varphi^Q = \varphi - \varphi^P \in Q$.

Since P is invariant under $T(t,D,L)$, there is a $p \times p$ constant matrix E, $\sigma(E) = \Lambda$ such that $T(t,D,L)\Phi = \Phi e^{Et}$. Also, from [2], $\Phi(\theta) = \Phi(0)e^{E\theta}$, $-r \leq \theta \leq 0$.

Another fact that is needed is the variation of constants formula. It is shown in [6] that there is an $n \times n$ matrix $X(t)$, $-\infty < t < \infty$, of bounded variation, continuous from the right, $X(t) = 0$, $t < 0$, $X(0) = I$ satisfying

$$D(X_t) = \int_0^t L(X_s)ds + I, \quad t \geq 0$$

such that, if $X_t \overset{\text{def}}{=} T(t)X_0$, the initial value problem for (7) is equivalent to

$$(19) \qquad x_t = T(t)\varphi + \int_0^t T(t-s)X_0 dH(s).$$

If one now defines $X_0^P = \Phi(\Psi, X_0) = \Phi\Psi(0)$, $X_0^Q = X_0 - X_0^P$, then $x_t = \Phi y(t) + x_t^Q$ implies

$$(20) \qquad \begin{aligned} &\frac{d}{dt}[y(t) - \Psi(0)H(t)] = Ey(t) \\ &x_t^Q = T(t,D,L)\varphi^Q + \int_0^t T(t-s,D,L)X_0^Q dH(s) \end{aligned}$$

where all integrals are to be interpreted as regular integrals in E^n for each θ in $[-r,0]$.

Since the spectrum of $T(t,D,L)|Q$ lies inside the unit circle, there are positive constants K,α such that $|T(t,D,L)|Q| \leq Ke^{-\alpha t}$, $t \geq 0$. Therefore, it follows from [6] that one can also suppose K,α are such that $|T(t,D,L)X_0^Q| \leq Ke^{-\alpha t}$, $t \geq 0$. Thus, there is a unique $\varphi^Q = \varphi^Q(H)$ continuous and linear in H such that the solution x_t^Q of the second equation in (20) is ω-periodic in t. If $H(t) = \alpha t + h(t)$, $\alpha \in E^n$, $h \in \mathscr{P}_\omega$, and $z(t) = y(t) - \Psi(0)h(t)$ in the first equation of (20), then the existence of an ω-periodic solution is equivalent to the existence of an ω-periodic solution of the ordinary differential equation

$$\frac{dz(t)}{dt} = Ez(t) + E\Psi(0)h(t) + \Psi(0)\alpha. \tag{21}$$

A necessary and sufficient condition for the existence of an ω-periodic solution of (21) is well-known from ordinary differential equations. Checking this condition and proceeding as in [10] for retarded functional differential equations, one completes the proof of Theorem 1.

A second proof can be obtained from the general theory of two point boundary-value problems developed in [7]. We summarize the theory for the autonomous case although the nonautonomous case is also treated in [7].

For the statement of the principal results on boundary value problems, some care is needed in the specification of the continuity properties of the functions η,μ in (1), (2). Without loss in generality, one can suppose both η,μ are continuous from the left on $(-r,0)$, vanish on $[0,\infty)$ and are equal to their values at $\theta = -r$ on $(-\infty,-r]$. Let B_0 be the space of functions $\psi\colon [-r,0] \to E^{n*}$ (the space of n-dimensional row vectors) which are of bounded variation on $[-r,0]$, continuous from the left on $(-r,0)$ and $\psi(0) = 0$. We identify B_0 with the conjugate space of C with the pairing

$$\langle\psi,\varphi\rangle = \int_{-r}^{0} [d\psi(\theta)]\varphi(\theta), \qquad \psi \in B_0,\ \varphi \in C.$$

With μ,η normalized as above, the adjoint equation (9) as an equation for functions of bounded variation can be written as

(22) $$y(s) - \int_s^{\infty} [dy(\alpha)]\mu(s-\alpha) + \int_s^{\infty} y(\alpha)\eta(s-\alpha)d\alpha = \text{constant}.$$

It is then not difficult to prove that for any $t \in R$, $\psi \in B_0$, there is a unique $y: R \to E'^{n*}$ of bounded variation on finite intervals, continuous from the left such that $y_t = \psi$, y vanishes on $[t,\infty)$ and (22) holds for $s \leq t - r$. If this solution is denoted by $y(t,\psi)$ and $y_s^0(\theta) = y(s+\theta)$, $-r \leq \theta < 0$, $y_s^0(0) = 0$, then $y_s^0(t,\psi) \in B_0$ for each $s \leq t$.

Let $\Omega: B_0 \to B_0$ be the quasinilpotent operator defined by

(23) $$\Omega\psi(\theta) = -\int_\theta^0 [d\psi(\beta)]\mu(\theta-\beta) + \int_\theta^0 \psi(\beta)\eta(\theta-\beta)d\beta, \quad -r \leq \theta \leq 0, \quad \psi \in B_0.$$

Suppose V is a Banach space, $\sigma < \tau$ are given real numbers $M,N: C \to V$ are linear operators with domain dense in C and $\gamma \in V$ is fixed. Let V^* be the conjugate space of V and M^*,N^* the adjoint operators of M,N, respectively. The boundary value problem (I) is to find a solution of (7) satisfying

(24) $$Mx_\sigma + Nx_\tau = \gamma.$$

<u>Theorem 2</u>. For boundary value problem (I) to be solvable, it is necessary that

(25) $$\int_{\sigma}^{\tau} y(s)dH(s) = -\langle \psi, \gamma \rangle_V$$

for all solutions y, ψ of the adjoint problem: $\psi \in V^*$, y satisfies the adjoint equation (22) on $[\sigma-r, \tau-r]$ and $z_\sigma^0 = (I+\Omega)^{-1}M^*\psi$, $z_\tau^0 = (I+\Omega)^{-1}N^*\psi$.

If $\mathscr{R}(M+NT(\tau-\sigma))$ is closed in V, this condition is both necessary and sufficient.

To apply this result to the proof of Theorem 1, let $V = C$, $M = -N = I$, $\gamma = 0$, $\sigma = 0$, $\tau = \omega$. The boundary value problem (I) is then to find a solution of (7) with $x_0 = x_\omega$. To show $\mathscr{R}(I-T(\omega,D,L))$ is closed observe from Lemma 1, that $I - T(\omega,D_0,0)\psi$ has an inverse so that

$$I - T(\omega,D,L) = [I-T(\omega,D_0,0)\psi]\,[I - (I-T(\omega,D_0,0)\psi)^{-1}T_1(\omega,D,L)].$$

Since $T_1(\omega,D,L)$ is completely continuous, it follows that this range is closed. Thus, (8) is necessary and sufficient for the existence of an ω-periodic solution of (7). This characterizes the range of the operator A in (10). Since it also is shown in [7] that the dimension of the space of ω-periodic solutions of the adjoint equation is the same as the dimension of the space of ω-periodic solutions of (3) and, thus, is finite, there exists a continuous projection operator $J: \mathscr{A}_\omega \to \mathscr{A}_\omega$ such that $\mathscr{R}(A) = (I-J)\mathscr{A}_\omega$. It follows that A has a bounded right inverse $\mathscr{K}$ and Theorem 1 is proved.

Incidentally, the above argument applies equally as well to show that $M + NT(\omega,D_0,0)$ nonsingular implies $\mathscr{R}(M+NT(\omega,D,L))$ is closed.

J. K. Hale

References

1. Hale, J.K., Stability and oscillations in functional differential equations. Proc. Symp. on Information Theory, Princeton, 1971.

2. Hale, J.K. and Meyer, K.R., A class of functional equations of neutral type. Mem. Amer. Math. Soc., 76(1967).

3. Hale, J.K., A class of neutral equations with the fixed point property. Proc. Nat. Acad. Sci. U.S.A., 67(1970), 136-137.

4. Gokhberg, I.C. and Krein, M.G., Introduction to the Theory of Non-selfadjoint Operators. Transl. Math. Monographs Amer. Math. Soc. 18, 1969.

5. Ambrosetti, A., Proprietá spettrali di certi operati lineari non compatti. Rend. Sem. Mat. Padova, 42(1969), 189-200.

6. Hale, J.K. and Cruz, M.A., Asymptotic behavior of neutral functional differential equations. Arch. Rat. Mech. Ana., 34(1969), 331-353.

7. Henry, D., Adjoint theory and boundary value problems for neutral functional differential equations. J. Differential Equations. To appear.

8. Cruz, M.A. and Hale, J.K., Stability of functional differential equations of neutral type, J. Differential Equations, 7(1970), 334-355.

9. Hale, J.K., Ordinary Differential Equations, Wiley-Interscience, 1969.

10. Hale, J.K., Functional Differential Equations, Applied Mathematical Sciences, Vol. 3, Springer-Verlag, 1971.

Added in proof: After this paper was written, the author encountered a paper of B. N. Sadovskii, Limit compact and condensing operators, Usp. Mat. Nauk 27(1972), No. 1, 87-146 (Russian) in which the author has also proved some results on the Fredholm alternative, but Theorem 1 seems to be more general.

CENTRO INTERNAZIONALE MATEMATICO ESTIVO

(C.I.M.E.)

M. JEAN

ELÉMENTS DE LA THÉORIE DES ÉQUATIONS DIFFÉRENTIELLES AVEC COMMANDES

Corso tenuto a Bressanone dal 4 al 13 giugno 1972

M. Jean

(1) Généralités sur les systèmes dépendant du temps.

Etant donné un système physique on en fait un modèle, généralement en procédant comme suit, voir [7], [8] :

On se donne un espace $\mathcal{T}$ dont les points sont censés représenter les temps. Appelons époque tout intervalle de l'espace des temps.

On se donne un espace $\mathcal{R}$ dont les points sont censés représenter les états. Appelons déplacements toute application définie sur une époque, à valeurs dans $\mathcal{R}$.

On se donne opérateur T défini sur l'ensemble des déplacements à valeurs dans cet ensemble. On appelle solution de l'équation

$$\varphi = T\varphi \qquad E$$

un déplacement f vérifiant

$$f = Tf$$

E est appelée équation régissant le système. Une solution f est appelée souvent un mouvement du système.

En général l'espace des temps $\mathcal{T}$ est la droite réelle ou l'ensemble des entiers. La droite réelle est prise comme espace des temps en Mécanique, Electricité etc. L'ensemble des entiers est pris comme espace des temps, dans des domaines où l'état ne peut etre défini qu'en un certain nombre de points discret. On rencontre principalement cet espace des temps en Economie; par exemple l'état du stock d'une entreprise est défini tous les jours à 18 heures, l'état de la Bourse est défini tous les jours à 18 heures, le bilan d'une entreprise est défini tous les ans au 31 janvier. On choisit aussi quelquefois l'ensemble des nombres entiers comme espace des temps dans des systèmes à caractère périodique. Sans entrer dans le détail de ce que nous

entendons par là, ce sont des systèmes pour lesquels il suffit d'examiner l'état à des intervalles réguliers pour pouvoir connaître les états en tous temps. Les systèmes pour lesquels l'espace des temps est la droite réelle sont appelés systèmes continus.
Ceux pour lesquels c'est l'ensemble des entiers sont appelés systèmes discrets.

L'espace des états $\mathcal{R}$ peut être espace de dimension finie ou infinie. Avant de donner quelques exemples, disons que l'état d'un objet matériel dépend essentiellement du point de vue duquel on le regarde. Ainsi en Mécanique si l'on étudie le problème de la chute d'un corps dans le vide sur une terre supposée plate, on pourra prendre comme état son altitude et sa vitesse de chute, c'est à dire un espace des états à deux dimensions. Si l'on étudie ce problème dans l'hypothèse d'une terre en rotation on devra prendre un espace des temps à six dimensions. Si on désire prendre en compte l'échauffement dû à l'air ambiant il faudra ajouter des dimensions supplémentaires pour la température. Nous avons donné des exemples d'espace d'états en Mécanique. Donnons des exemples dans d'autres domaines où l'espace des états sera $\mathbb{R}^2$ ou $\mathbb{R}$. Dans une réaction d'équilibre chimique, A donne B, B donne A, l'état sera le couple (x_1, x_2) où x_1 est la dose de A et x_2 la dose de B. Dans un problème d'équilibre biologique entre deux espèces A et B, où A mange B, (mais si A est rare, B périclite), l'état sera (x_1, x_2) où x_1 est la densité de population de A et x_2 la densité de population de B. En sociologie dans une population comportant une population A de délinquants et une population B d'éducateurs, l'état sera le couple (x_1, x_2) où x_1 est la densité de A, x_2 la densité de B. En économie, l'état d'une entreprise sera la situation de son bilan tous les premiers du mois etc. Les espaces de dimension infinie se rencontrent surtout dans l'étude des milieux continus. Par exemple dans le problème de la vibration d'une corde de longueur L, l'état sera une fonction u définie sur $[o, L]$ à valeurs dans $\mathbb{R}$ qui au point

M. Jean

d'abcisse x fait correspondre l'ordonnée u(x). Un mouvement

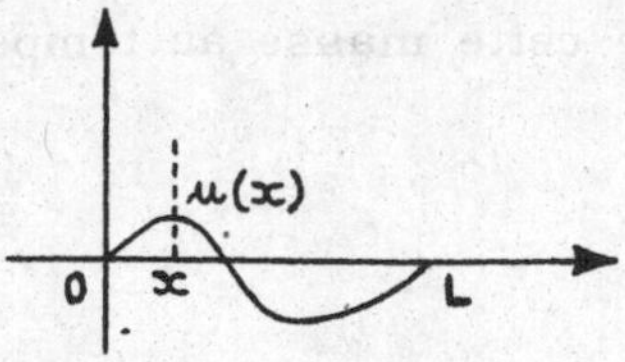

au sens où nous l'avons dit est donc une application φ définie sur une époque et qui à chaque temps t fait correspondre un état u = φ(t). Dans un problème tel que l'étude de la pression acoustique dans une enceinte fermée Ω, l'état pourra être la fonction qui à chaque point de Ω associe la pression acoustique. Dans ces deux exemples on voit que l'état est une fonction. Dans le premier cas l'espace des états est l'espace des applications continues de $[o,L]$ dans $\mathbb{R}$; dans le second c'est l'espace des applications continues de Ω dans $\mathbb{R}$;ce sont des espaces de dimension infinie.

En ci qui concerne l'équation régissant le système, nous n'entrerons pas dans le détail. Nous l'avons écrite pour fixer les idées $\varphi = T\varphi$. On peut toujours mettre sous cette forme très générale une relation entre une ou plusieurs dérivées d'une fonction. Ce sont de telles relations que l'on rencontre dans les problèmes usuels que nous avons en vue: par exemple la loi de Newton ou les équations de Lagrange en Mécanique, les lois de Kirchoff en Electricité, la relation d'Helmhotz en Acoustique etc.

On peut noter encore q'il est possible de faire plusieurs modèles équivalents du point de vue mathématique. Il est possible de simplifier l'espace des états en compliquant l'équation régissant le système et inversement. Par exemple si $\mathcal{R}$ est de dimension finie et si T correspond à une équation différentielle à retard ou d'un type héréditaire ou peut faire un modèle équivalent en rendant $\mathcal{R}$ de dimension infinie et en prenant un T correspondant à un système dynamique. Pour donner un exemple plus simple considérons une masse de valuer 1 soumise à l'action d'un ressort de rappel de dureté 1. Si x(t) est la position du centre de gravité de cette masse au temps t, on a pour tout temps

$$\dot{x}(t) = y(t)$$

$$\dot{y}(t) = -x(t)$$

c'est à dire qu'on prendra un espace des états à deux dimensions et que le système sera régi par une équation différentielle ordinaire. On peut écrire aussi

$$\dot{x}(t) = \dot{x}(t_o) - \int_{t_o}^{t} x(s)\, ds$$

On prendra un espace des états à une dimension et le système sera régi par une équation différentielle fonctionnelle.

Une première étape dans la connaissance d'un système physique consistait donc à en faire un modèle. Cette première étape ne conduit au succès que si l'on sait tirer des conséquences mathématiques en étudiant ce modèle et donner des propriétés des solutions qui sont censées représenter les muovements du système physique.

Une deuxième étape consiste à se demander s'il est possible d'assujettir certains paramètres du système à évoluer selon certaines fonctions que l'on appellera commandes, de telle sorte que les mouvements soient des fonctions données à l'avance. On peut alors faire un modèle de ce système comme suit, modèle que l'on appelle processus.

On se donne un espace $\mathcal{T}$ dont les points sont censés représenter les temps.

On se donne un espace $\mathcal{R}$ dont les points sont censés représenter les états. Appelons réponse (au lieu de déplacement) toute application définie sur une époque à valeurs dans $\mathcal{R}$ L'ensemble des réponses sera dénoté $\mathcal{R}^{ép}$

On se donne un espace Λ dont les points seront appelés ordres. Appelons commande toute application définie sur une époque à valeurs dans Λ. L'ensemble des commandes sera dénoté $\Lambda^{ép}$.

On se donne une application T définie sur $\mathcal{R}^{ép} \times \Lambda^{ép}$ à valeurs dans $\mathcal{R}^{ép}$ On dit qu'une réponse f est une solution pour la commande c de l'équation.

$$\varphi = T(\varphi, u) \qquad E$$

ou plus simplement que f est une réponse donnée par la commande c si

$$f = T(f, c)$$

Dans un tel modèle, les espaces $\mathcal{T}$ et $\mathcal{R}$ sont ceux dont nous avons parlé précédemment.

L'espace des ordres Λ est l'espace dans lequel prennent les valeurs les paramètres du système sur lesquels on agit. En Mécanique, l'ordre pourra être une force exercée sur le système ; en Electricité, l'ordre pourra être une tension appliquée à un élément d'un circuit; en Chimie, l'ordre pourra être une température imposée à un mélange.

En théorie des systèmes commandés, deux types de problèmes se posent, que nous allons exposer brièvement. Parmi les mouvements que l'on demande au système de suivre, il y en a une classe importante : on demande au mouvement d'être tel qu'à un instant initial l'état ait une valeur prescrite et à un instant final il ait une valeur prescrite elle aussi. Le problème qui consiste à trouver une commande permettant de faire passer le système d'un état initial à un état final est le problème de l'accessibilité. En général s'il a une solution elle n'est pas unique. Supposons que l'on se donne une application qui à tout couple réponse-commande fasse correspondre un nombre réel positif que l'on appelle le coût (pour le couple réponse-commande). Le problème qui consiste à choisir parmi les couples réponse-commande permettant de faire passer le système d'un état à un autre celui qui a le coût le plus faible est un problème de commande optimale.

On peut mentionner enfin un dernier problème. Soit un processus et $\mathcal{H}$ une application de l'espace des états $\mathcal{R}$, dans un espace S, appelé espace des états observés. Appelons alors les commandes, entrées, et x étant une réponse donnée par une entrée u, appelons x la sortie donnée par u. On dit que le système est complétement observable si, x et x' étant deux sorties données par une meme entrée.

$$\mathcal{H} \circ x = \mathcal{H} \circ x' \implies x = x'$$

Dans ce cas à chaque entrée u on peut faire correspondre la sortie $\mathcal{H} \circ x$ où x est la réponse donnée par u (vérifiant des conditions initiales données). L'application qui à u fait correspondre $\mathcal{H} \circ x$ est appelée fonction de transfert (généralisée). Un premier problème consiste, étant donné un processus à trouver cette fonction de transfert. Un autre problème consiste, étant donnée une fonction de transfert, à trouver explicitement le processus S admettant cette fonction de transfert, c'est à dire à trouver $\mathcal{R}$ et T. C'est le problème de l'identification, qui est résolu avec succès principalement dans le cas des systèmes linéaires.

Pour limiter le sujet et pour traiter les systèmes qui s'apparentent le plus à ceux de la Mécanique non linéaire, au sens traditionnel, nous traiterons seulement les systémes régis par des équations différentielles ordinaires. Nous délaisserons les systèmes discrets qui sont du ressort des théories de la programmation dynamique; les systèmes régis par des équations différentielles fonctionnelles et par des équations aux dérivées partielles quoique ceux-ci puissent rentrer dans le cadre d'une formulation plus générale que nous adopterons à la fin; les systèmes stochastiques.

2. Processus régi par une équation différentielle ordinaire.

On appellera processus régi par une équation différentielle ordinaire un sextuplet $S = (\mathcal{T}, \mathcal{R}, \Lambda, \mathcal{U}, \mathcal{M}, F)$ où $\mathcal{T}, \mathcal{R}, \Lambda, \mathcal{U}$ sont des espaces, $\mathcal{M}$ un sous ensemble de $\mathcal{T} \times \mathcal{R} \times \Lambda$, F une application définis comme suit

$\mathcal{T}$ est la droite réelle. On l'appelle ici espace des temps. Ses point sont les temps. Nous appelons époque tout intervalle de l'éspace des temps. Si l'époque ne contient qu'un seul point nous disons qu'elle est dégénérée. Dans la suite il ne sera pas utile de considérer ces époques et quand nous lirons "époque" il faudra lire " époque non dégénérée".

$\mathcal{R}$ est un espace de Banach appelé espace des états; ses points sont les états. On appellera réponse toute application définie sur une époque, son époque et prenant ses valeurs dans $\mathcal{R}$. On dénotera $\mathcal{R}^{\text{ép}}$ l'ensemble des réponses.

Λ est un espace de Banach que nous appellerons espace des ordres; ses points sont les ordres. On appellera commande toute application définie sur une époque, son époque, et prenant ses valeurs dans Λ. On dénotera $\Lambda^{\text{ép}}$ l'ensemble des commandes.

Parmi les commandes, par un choix préalable, on en distingue de particulières qu'on appelle commandes admissibles. $\mathcal{U}$ est l'ensemble des commandes admissibles. Par exemple $\mathcal{U}$ peut être l'ensemble des commandes réglées, ou des commandes continues par morceaux, ou des commandes continues, ou des commandes constantes par morceaux.

$\mathcal{M}$ est un sous ensemble de $\mathcal{T} \times \mathcal{R} \times \Lambda$.

F est une application de $\mathcal{M}$ dans $\mathcal{R}$. On lui demande de plus que quelle que soit $c \in \mathcal{U}$, d'époque I, et f réponse continue d'époque I vérifiant $(t, f(t), c(t)) \in \mathcal{M}$ pour tout temps t de I, l'application de I dans $\mathcal{R}$, $t \to F(t, f(t), c(t))$ admette une primitive.

On dit qu'une réponse f est une <u>solution donnée par la commande c de l'équation</u> E,

$$\dot{x}(t) = F(t, x(t), u(t))$$

où encore, est une <u>réponse du processus donnée par la commande</u> c si

i c est une commande admissible ;

ii l'époque de f est égale à l'époque de c;

iii pour tout temps t de l'époque de f , $(t, f(t), c(t)) \in \mathcal{M}$;

iv f est continu ;

v f est différentiable presque partout. $\dot{f}(t)$ dénotera la dérivée de f au point t ;

vi l'égalité suivante est vrai presque partout.

$$\dot{f}(t) = F(t, f(t), c(t))$$

E s'appelle équation régissant le processus.

<u>Définition</u> : On dira qu'une réponse f passe un point (θ, y) de $\mathcal{T} \times \mathcal{R}$ si son époque contient θ et si $f(\theta) = y$. Si θ est le minimum de l'époque on dira que f commence en (θ, y). Si θ est le maximum de l'époque on dira que f se termine en (θ, y). On emploiera des expressions analogues avec les commandes ; c passe par, commence par, se termine en (θ, λ) point de $\mathcal{T} \times \Lambda$.

<u>Définition</u> : On dira qu'une réponse f est une <u>solution donnée par la commande</u> c <u>de l'équation</u> $(JE)_{(\theta, y)}$ si

i c est une commande admissible ;

ii l'époque de c est égale à l'époque de f ;

iii pour tout temps t de l'époque de f , $(t, f(t), c(t)) \in \mathcal{M}$.

De plus f passe par (θ, y) ;

iv f est continu ;

v pour tout temps de l'époque de f

$$f(t) = f(\theta) + \int_{\theta}^{t} F(s, f(s), c(s))\, ds$$

Dans ce problème le point (θ, y) prend le nom de condition initiale. θ est le temps initial, y l'état initial.

Il résulte des définitions précédentes et de la définition d'une primitive que si f est une solution donnée par une commande c de E et si f passe par (θ, y) , f est une solution donnée par c de $(\int E)_{(\theta, y)}$. Inversement si f est une solution donnée par c de $(\int E)_{(\theta, y)}$, f est une solution donnée par c de E.

3. Généralités sur les réponses.

Les propriétés suivantes sont évidentes et découlent des propriétés des primitives .

1°) Si f est une réponse donnée par une commande c et si I est une époque contenue dans l'époque de f , la restriction de f à I, f/I , est une réponse donnée par la restriction de c à I, c/I .

2°) Supposons que f soit une réponse donnée par une commande c et que f' soit une réponse donnée par c'. Supposons que c et c' aient la même époque, soient égales presque partout et que, $(t, f(t), c'(t)) \in \mathcal{M}$ pour tout t de cette époque. Alors f est une réponse donnée par c'.

3°) Propriété de transitivité Soit f une réponse terminée en (θ, y) et g une réponse commencée en (θ, y). Dénotons $f \cup g$ la réponse définie sur èp f $\cup$ èp g et dont le graphe est la réunion des graphes de f et g. Soit c une commande avec èp c = èp f, terminée en (θ, λ) , (c'est à dire que $c(\theta) = \lambda$) ; soit d une commande avec èp d = èp g et commencée en (θ, λ) , $d(\theta) = \lambda$. Dénotons $c \cup d$ la commande définie sur èp c $\cup$ èp d et dont graphe est la réunion des graphes de c et d . Si $c \cup d$ est une commande admissible, $f \cup g$ est une réponse donnée par $c \cup d$.

4) Il n'est pas dans notre propos de nous étendre ici sur les conditions d'existence et d'unicité des solutions de E. Les conditions

les plus classiques sont du type: si F est localement Lipschitzien en y (la variable d'état), quel que soit (θ, y) , il existe un $r > 0$; quel que soit c , commande admissible d'époque de durée r , contenant θ , il existe une réponse donnée par c, passant par (θ, y) , et une seule.

Dans ces conditions, du fait que la clause d'unicité est satisfaite, le 2°) s'écrit en sous entendant le iii du paragraphe (2) : les réponses passant par (θ, y) données par deux commandes c et c' égales presque partout, sont égales.

(4) Accessibilité

On dira qu'un point (z, Z) de $\mathcal{T} \times \mathcal{R}$ est accessible depuis un point (θ, y) de $\mathcal{T} \times \mathcal{R}$, ou que l'état Z est accessible au temps z en partant de l'état y au temps θ , ou que Z est accessible depuis y , s'il existe une commande c d'époque $[\theta, z]$ et une réponse donnée par c , commencée en (θ, y) , terminée en (z, Z).

De même on dira que (θ, y) conduit à (z, Z) , ou que y conduit à Z au temps z en partant au temps θ , ou que y conduit à Z, si Z est accessible depuis y.

Sous réserve que F soit uniformément borné et Lipschitzien l'ensemble des états accessibles au temps t depuis y est borné et varie continuement avec t (avec la distance de Hausdorff).

Il découle de la propriété de transitivité (3) 3° qu'on peut énoncer: si un état Z est accessible depuis un état y et si y est accessible depuis un état X, alors Z est accessible depuis X. Cette propriété, vrai pour les processus régis par des équations différentielles ordinaires, n'est pas forcément vraie pour d'autres processus en particulier ceux qui présentent un caractère héréditaire.

(5) Processus linéaires

On appelle processus linéaire, un processus défini comme

suit :

Soit $\mathcal{T}$ un espace des temps , $\mathcal{R}$ un espace des états, Λ un espace des ordres. $\mathcal{U}$ est l'ensemble des commandes admettant des primitives. Soit

$$\mathbb{A} : \mathcal{T} \to \mathcal{L}(\mathcal{R},\mathcal{R}) \quad , \quad \mathbb{B} : \mathcal{T} \to \mathcal{L}(\Lambda,\mathcal{R})$$
$$t \mapsto \mathbb{A}(t) \qquad\qquad t \to \mathbb{B}(t)$$

deux applications admettant des primitives.†

Soit Ω un sous ensemble de Λ. Soit $\mathcal{M} = \mathcal{T} \times \mathcal{R} \times \Omega$; on n'aura à considérer que les commandes à valeurs dans Ω.

$$\text{Soit } F : \mathcal{T} \times \mathcal{R} \times \Omega \longrightarrow \mathcal{R}$$
$$(t, y, \lambda) \longmapsto \mathbb{A}(t)\, y + \mathbb{B}(t)\, \lambda$$

Conformément à ces notations le processus est régi par l'équation

$$\dot{x}(t) = \mathbb{A}(t)\, x(t) + \mathbb{B}(t)\, u(t)$$

Les processus linéaires se rencontrent chaque fois que l'on désire commander "linéairement" un système linéaire. On peut considérer aussi comme des approximations de processus non linéaires, l'état représentant un écart depuis une variable prescrite , écart que l'on souhaite ramener à zero.

Le succès des processus linéaires vient de ce que l'on sait résoudre explicitement à peu près tous les problèmes de la théorie de la commande.

Une propriété important est la suivante : supposons que Ω soit un ensemble convexe . Soit c_1 , c_2 deux commandes d'époque I.

---

† Si x et y sont deux Banach, $\mathcal{L}(x, y)$ dénote le Banach des applications linéaires continues de x dans y.

Supposons que f_1 soit une réponse donnée par c_1 , f_2 une réponse donnée per c_2 . Alors $\rho_1 f_1 + \rho_2 f_2$ est une réponse donnée par $\rho_1 c_1 + \rho_2 c_2$, (où $\rho_1 + \rho_2 = 1$). Ainsi si Ω est convexe l'ensem-
$\rho_1 \geq 0 \quad \rho_2 \geq 0$

ble des états accesible au temps t depuis l'état 0 est convexe.

Nous allons nous étendre ici seulement sur les processus autonomes de dimension finie. Nous supposerons donc que $\mathcal{R} = \mathbb{R}^n$, $\Lambda = \mathbb{R}^p$, et que $\mathbb{A}$ et $\mathbb{B}$ sont des applications à valeurs constantes.

$$\mathbb{A}(t) = A , \quad \mathbb{B}(t) = B \quad \text{pour tout } t$$

où $$A \in \mathcal{L}(\mathcal{R},\mathcal{R}) \quad , \quad B \in \mathcal{L}(\Lambda,\mathcal{R})$$

Le processus est donc régi par l'équation

$$\dot{x}(t) = A\, x(t) + B\, u(t)$$

Si c est une commande d'époque I , si θ est un temps de I et si y est un état, c donne une réponse f et une seule passant par (θ, y) qui a pour valeurs

$$f(t) = e^{A(t-\theta)} \left(y + \int_\theta^t e^{-A(s-\theta)} Bc(s)ds \right) \qquad (1)$$

(5. 1) Ensemble commandable

Nous supposerons ici que $\Omega = \mathbb{R}^n$. On peut montrer alors qu'il existe un sous espace vectoriel $\mathcal{C}$ de l'espace des états et un seul, possédant la propriété suivante.

Soit y un point de $\mathcal{C}$; Z est accessible depuis y si et seulement si Z est un point de $\mathcal{C}$. Soit Z un point de $\mathcal{C}$; y conduit à Z , si et seulement si y est un point de $\mathcal{C}$. $\mathcal{C}$ est appelé le sous ensemble commandable du système S . On a de plus la propriété : la dimension de $\mathcal{C}$ est égale au rang de la matrice à n x p colonnes et n lignes.

$$[B, AB, A^2B, \ldots, A^{n-1}B]$$

Ce résultat s'établit à partir de l'expression de la réponse (5) (1). On dit que S est complétement commandable si $\mathcal{C} = \mathcal{R}$. On concoit que dans les systèmes non linéaires il existe localement des sous ensembles commandables qui sont des variétés.

(5. 2) Processus observé linéaire.

Nous parlerons des processus observés dans le cas linéaire seulement. Ils donnent cependent une bonne idée de ce qui peut se passer dans le cas non linéaire.

Soit $s = \mathbb{R}^m$ un espace appelé des états observés. Soit H une application linéaire de $\mathcal{R}$ dans s, (qui transforme un état y en un état observé Hy). Si f est réponse , H f est appelée réponse observée. Le triplé S, s, H est appelé processus observé. On peut montrer qu'il existe un sous espace vectoriel $\mathcal{V}$ de l'espace des états $\mathcal{R}$ et un seul possédant la propriété suivante :

Soit f une réponse donnée par une commande à valeur nulle (c(t)=0 pour tout t de l'époque de c) : si f prend une de ses valeurs dans $\mathcal{V}$, elle prend toutes ses valeurs dans $\mathcal{V}$, et la réponse observée est à valeurs nulles , $H \circ f = 0$; si la réponse observée est à valeurs nulles, $H \circ f = 0$, alors f prend ses valeurs dans $\mathcal{V}$.

$\mathcal{V}$ s'appelle le sous espace non observable de $\mathcal{R}$. On a de plus la propriété : la dimension de $\mathcal{V}$ est égale à n - q , (où n est la dimension de $\mathcal{R}$) et où q est le rang de la matrice à n lignes et n x m colonnes.

$$[H', A'H', A'^2 H', \ldots A'^{n-1} H']$$

où A' est la transposée de A , et H' la transposée de H. On dit que S est complétement observable si $\mathcal{V} = \{o\}$. On conçoit que dans les systèmes non linéaires il puisse exister des parties non observables.

(5. 3) Fonction de transfert.

Dans la théorie des processus linéaires observés , une commande (dont l'époque est habituellement $[o, +\mathcal{L}[$) est appelée entrée ; la réponse observée $H \circ f$ de la réponse f donnée par u telle que $f(o)=o$, est appelée sortie. La sortie ω donnée par une entrée u a pour valeurs

$$\omega (t) = H e^{At} \int_o^t e^{-As} B u (s) ds.$$

expression qui découle de (5) (1).

La matrice $W(t) = H e^{At} B$ s'appelle réponse impulsionnelle du système. En effet le terme de la i ème ligne et de la j ème colonne de cette matrice peut être considéré comme la i ème composante de la réponse observée d'une entrée dont toutes les composantes sont nulles, sauf la j ème qui est un dirac. On a

$$\omega (t) = \int_o^t W (t-s) u (s) ds.$$

On appelle fonction de transfert la transformée de Laplace de la réponse impulsionnelle

$$Z (p) = L_p (W) = \int_o^\infty W(s) e^{-ps} ds$$

On peut montrer alors les transformées le Laplace de ω de u , $L_p(\omega)$, L_p (u) vérifient

$$L_p (\omega) = Z (p) L_p (u)$$

On sait d'après la forme de e^{At} que $H e^{At} B$ est une matrice (á m lignes et p colonnes), dont les coefficients sont des combinaisons linéaires de termes de la forme

$$t^{\sigma} e^{\alpha t} \cos \beta t \ , \ t^{\sigma} e^{\alpha t} \sin \beta t$$

où σ est un entier positif, α et β sont des réels. On appellera une matrice qui a de tels coefficients une matrice de "polynomes-exponantielles"

Une matrice à m lignes et p colonnes W(t) est la réponse impulsionnelle d'un processus linéaire autonome observé si et seulement si c'est une matrice de polynomes-exponantielles.

De meme une matrice à m lignes et p colonnes Z(p) est la fonction de transfert d'un processus linéaire observé si et seulement si les termes de Z (p) sont des fonctions rationnelles de p où le degré du numérateur est inférieur au degré du dénominateur.

En effet

$$L_p\,(t^{\sigma} e^{\alpha t} \cos \beta t) = (-1)^{\sigma} \frac{d^{\sigma}}{dp^{\sigma}} \left[\frac{p-\alpha}{(p-\alpha)^2 + \beta^2} \right]$$

$$L_p\,(t^{\sigma} e^{\alpha t} \sin \beta t) = (-1)^{\sigma} \left[\frac{\beta}{(p-\alpha)^2 + \beta^2} \right]$$

$$L_p^{-1}\left(\frac{1}{p}\right) = 1$$

$$L_p^{-1}\left(\frac{p^{\rho}}{(p-a)^{\sigma}}\right) = \frac{d^{\rho}}{dt^{\rho}} \left[\frac{t^{\sigma-1}}{(\sigma-1)} e^{at} \right] \qquad \sigma \geq 1 \quad 0 \leq \rho < \sigma$$

Les calculs de décomposition en fractions rationnelles montrent que W (t) est une matrice de polynomes-exponentielles si et seulement si Z (p) est une matrice de fractions rationnelles dont le numérateur a un degré inférieur au dénominateur. On vérifie qu'une matrice de polynomes-exponentielles W(t) est la réponse impulsionnelle d'un processus linéaire autonome observé en remarquant que les applications

$t \mapsto t^{\sigma} e^{\alpha t} \cos \beta t$, $t \mapsto t^{\sigma} e^{\alpha t} \sin \beta t$ ont pour derivées au point

t des combinaisons linéaires de termes du type $t^{\sigma'} e^{\alpha t} \cos \beta t$,

$t^{\sigma'} e^{\alpha t} \sin\beta t$, $\sigma' \leq \sigma$.

Ainsi chaque terme de W(t) est solution d'un système d'équations différentielles linéaires à coefficients constants. A partir de là on peut construire A et B.

Si Z (p) est une matrice de fractions rationnelles dont le numérateur est de degré inférieur au dénominateur, il existe un processus linéaire autonome observé, complétement commandable et observable qui a Z (p) pour fonction de transfert.

(6) <u>Problèmes de commandes optimales</u>.

(6. 1) Fonction de coût.

Soit S = ($\mathcal{T}, \mathcal{R}, \Lambda, \mathcal{U}, \mathcal{M}$, F) un processus régi par l'équation

$\dot{x}(t) = F(t, x(t), u(t))$

Soit $\mathcal{E}$ le sous ensemble de $\mathcal{R}^{\text{èp}} \times \Lambda^{\text{èp}}$

$$\mathcal{E} = \left\{ (f, c) : \text{ f est une réponse continue , } c \in \mathcal{U}, \text{ f et c ont la même époque qui est un intervalle compact.} \right\}$$

Soit $\mathcal{L}$ une application de $\mathcal{E}$ dans $\mathbb{R}$, que nous appellerons <u>fonction de coût</u>. $\mathcal{L}$(f, c) est le <u>coût pour la commande c et la réponse f</u> .

1° exemple : soit H une application de $\mathcal{R}$ dans $\mathbb{R}$. Soit $\mathcal{L}: \mathcal{E} \to \mathbb{R}$

$$(f, c) \text{ d'époque } [t_1, t_2] \longmapsto \mathcal{L}(f, c) = Hf(t_2)$$

$\mathcal{L}$ est une fonction de coût sur l'état final. Un cas important est celui où H est linéaire.

2° exemple: soit $F^0 : \mathcal{M} \to R$ une application. On lui demande que quel que soit f réponse continue , c commande admissible de meme époque I , avec $(t, f(t), c(t)) \in \mathcal{M}$, l'application de I dans $\mathbb{R}$, $t \to F(t, f(t), c(t))$ admette une primitive. Soit

$$\mathcal{L} : \mathcal{E} \longrightarrow \mathbb{R}$$

$$(f, c) \text{ d'époque } [t_1, t_2] \longrightarrow \mathcal{L}(f, c) = \int_{t_1}^{t_2} F(s, f(s), c(s))ds$$

On dira que $\mathcal{L}$ est une <u>fonction de coût du type intégrale.</u>
Cas particulier :

$$F^{\circ}(t, y, \lambda) = 1 \qquad \text{pour tout } (t, y, \lambda) \in \mathcal{M}$$

Alors $\mathcal{L}(f, c) = t_2 - t_1$. Le coût pour la commande c et la réponse f est la durée de leur époque.

En prenant le cout comme variable supplémentaire il est possible de ramener un problème avec une fonction de coût du type intégrale à un problème avec une fonction de cout linèaire sur l'état final.

(6. 2) Commande minimale.

Soit $\mathcal{A} \subseteq \mathcal{T} \times \mathcal{R}$ (un ensemble de conditions initiales) ; (une cible). Soit $\mathcal{E}_{\mathcal{A},\mathcal{B}}$ sous ensemble de $\mathcal{E}$, l'ensemble des couples (f, c) où c est une commande admissible, d'époque du type $[t_1, t_2]$, f une réponse donnée par c , $(t_1, f(t_1)) \in \mathcal{A}$, $(t_2, f(t_2)) \in \mathcal{B}$, (l'ensemble des couples aptes au transfert de $\mathcal{A}$ en $\mathcal{B}$). On dira qu'un couple (g, d) est <u>minimal</u> pour le transfert de $\mathcal{A}$ en $\mathcal{B}$ et pour la fonction de coût $\mathcal{L}$ si $(g, d) \in \mathcal{E}_{\mathcal{A},\mathcal{B}}$ et si quel que soit $(f, c) \in \mathcal{E}_{\mathcal{A},\mathcal{B}}$

$$\mathcal{L}(f, c) \geq \mathcal{L}(g, d)$$

ou encore

$$\mathcal{L}(g, d) = \min_{(f, c) \in \mathcal{E}_{\mathcal{A},\mathcal{B}}} \mathcal{L}(f, c)$$

Il existe de nombreuses variantes du principe de Pontryagin plus ou moins abstraites et plus moins adaptées à tel ou tel type de problèmes. Nous choisissons ici une forme particulière, facilement exploitable et qui donne naissance à d'autres variantes.

M. Jean

Le principe de Pontryagin dans cette formulation donne une condition nécessaire pour qu'un couple réponse commande soit minimal pour faire passer le système d'un état initial donné à un état final assujetti à appartenir à une intersection de plans, dans le cas où la fonction de coût est une forme linéaire sur l'état final et lorsque le temps initial et le temps final sont fixés. En ajoutant une dimension à l'espace des états , (le temps) , et une dimension à l'espace des ordres il est facile de traiter le problème où le temps final est libre ou fixé. Avant d'énoncer le principe de Pontryagin en détail donnons quelques définition et quelques conditions.

(6. 3)

1°) On suppose que $\mathcal{R}$ est de dimension finie, $\mathcal{R} = \mathbb{R}^n$, et que Λ est de dimension , $\Lambda = \mathbb{R}^p$

2°) Soit Ω un sous ensemble de Λ. On aura $\mathcal{M} = \mathcal{T} \times \mathcal{R} \times \Omega$, c'est à dire qu'on prendra en compte seulement les commandes à valeurs dans Ω.

3°) $\mathcal{U}$ est l'ensemble des commandes mesurables à valeurs dans Ω continues presque partout.

4°) On suppose que F satisfait des conditions suffisantes pour que quel que soit $c \in \mathcal{U}$ et $t_o \in$ èpc et $y_o \in \mathcal{R}$, il existe une réponse et una seule donnée par c, telle que $f(t_o) = y_o$. Par exemple F est localement Lipschitzien et localement borné. Plus particulièrement quels que soient l'époque compacte I , K compact de $\mathcal{R}$, ω compact de Ω , il existe $M > o$ tel que

$$\| F(t,y,\lambda) \| \leq M \qquad \text{pour tout} \quad t \in I,\ y \in k,\ \lambda \in \Omega$$

5°) On suppose que quels que soient $t \in \mathcal{T}$, $\lambda \in \Omega$, l'application $\mathcal{R} \longrightarrow \mathcal{R}$ est différentiable. On dénotera $\partial F(t,y,\lambda)$ sa dérivée en t ; $y \longmapsto F(t,y,\lambda)$.

c'est un élément de $\mathcal{L}(\mathcal{R},\mathcal{R})$. Quel que soit f et c de même époque I, l'application

$$\begin{aligned} I &\longmapsto \mathcal{L}(\mathcal{R},\mathcal{R}) \\ t &\longmapsto \partial F(t, f(t), c(t)) \end{aligned}$$

admettra une primitive

On supposera que ∂F est uniformément continu en y c'est à dire que quelle que soit la commande u, d'époque compacte I, à valeurs dans Ω et la réponse f d'époque I, quel que soit $\varepsilon > o$, il existe $\eta > o$ tel que

$$\| \partial F(t, y, u(t)) - \partial F(t, f(t), u(t)) \| \leq \varepsilon$$

pour tout $t \in I$, pour tout y avec $\| y - f(t) \| \leq \eta$.

De plus on supposera qu'il existe m tel que

$$\| \partial F(t, f(t), u(t)) \| \leq m \text{ pour tout } t \in I$$

(6. 4) Equation aux variations adjointe.

Appelons formes linéaires les éléments de $\mathcal{L}(\mathcal{R}, \mathbb{R})$ Soit f et c, une réponse et une commande de même époque I. On dira qu'une application

$$\begin{aligned} L : I &\longrightarrow \mathcal{L}(\mathcal{R}, \mathbb{R}) \\ t &\longrightarrow L(t) \end{aligned}$$

est une solution de l'équation aux variations adjointe de E prise le long de (f, c) si

L est continue ;

L est différentiable presque partout ; on dénotera $\dot{L}(t)$ sa dérivée au point t ;

On a presque partout

$$\dot{L}(t) = - L(t) \circ \partial F(t, f(t), c(t))$$

La théorie des équations différentielles linéaires dans les espaces de Banach nous permet d'énoncer : soit f, c d'époque $[t_o, t_1]$. Quelle que soit la forme linéaire K il existe une solution et un seule de l'équation aux variations adjointe de E prise le long de (f, c) prenant la valeur K au point t_1

(6.5) Problème de coût minimal, horizon déterminé, état final assujetti à appartenir à une intersection d'hyperplans, fonction de coût linéaire sur l'état final.

Soit le processus S , ($\mathcal{T}$, $\mathcal{R}$, Λ, $\mathcal{U}$, $\mathcal{T} \times \mathcal{R} \times \Omega$, F : $\mathcal{T} \times \mathcal{R} \times \Omega \to \mathcal{R}$).

Soit K_i, i = 1, 2, ... k , des formes linéaires et c_i , i = 1, 2, ... k, des constantes.

Soit les hyperplans $\mathcal{K}_i$ = y: $k_i y = c_i$ et $\mathcal{K} = \bigcap_i \mathcal{K}_i$. Soit $y_o \in \mathcal{R}$ et $[t_o , t_1]$ une époque. Soit $\mathcal{A} = \{(t_o, y_o)\}$, $\mathcal{B} = \{t_1\} \times \mathcal{K}$.

On dénotera $\mathcal{E}_{\mathcal{A}}$ l'ensemble des couples réponses commandes (f, c) où ép f = ép c = $[t_o, t_1]$ où f est une réponse donnée par c et où $f(t_o) = y_o$. Disons que (f, c) est apte au transfert (de $\{(t_o, y_o)\}$ en $\{t_1\} \times \mathcal{K}$ si $(f, c) \in \mathcal{E}_{\mathcal{A}}$ et si $f(t_1) \in \mathcal{K}$

Soit H une application linéaire de $\mathcal{R}$ dans $\mathbb{R}$ (fonction de coût sur l'état final). Disons que ($\tilde{f}$, $\tilde{c}$) apte au transfert est minimal si quel que soit (f, c) apte au transfert

$$H\, f\, (t_1) \geq H\, \tilde{f}(t_1)$$

Principe de Pontryagin

Une condition nécessaire pour que $(\tilde{f}, \tilde{c})$ apte au transfert soit minimal est : il existe une forme linéaire W s'écrivant.

$$W = \sum_{i=1}^{k} \nu_i K_i + \nu_o H \qquad \nu_i \in \mathbb{R} \ , \ \nu_o \leq 0$$

Soit L la solution de l'équation aux variations adjointe prise le long de $(\tilde{f}, \tilde{c})$ telle que $L(t_1) = W$. On a

$$L(t)\; F(t, \tilde{f}(t), \tilde{c}(t)) = \min_{\lambda \in \Omega} \; L(t) F(t, \tilde{f}(t), \lambda) \quad \text{presque partout dans } [t_o, t_1].$$

Nous n'avons pas l'intention de donner ici une démonstration du princice de Pontryagin dans le détail. Cependant nous allons indiquer les lignes de la démonstration en traitant notre processus comme un processus un peu plus général que celui que nous avons défini. Ce nouveau processus peut d'ailleurs servir de modèle à des systèmes régis par des équations différentielles fonctionnelles.

(7) <u>Problème de coût minimal ; formulation générale</u>

Soit $\mathcal{R} = \mathbb{R}^n$ un espace appelé espace des états. Soit $\mathcal{R}^{[t_o, t_1]}$ l'ensemble des applications de $[t_o, t_1]$ dans $\mathcal{R}$; ces applications seront appelées réponses.

Soit $\Lambda = \mathbb{R}^p$ un espace appelé espace des ordres. Soit $\Lambda^{[t_o, t_1]}$ l'ensemble des applications continues de $[t_o, t_1]$ dans Λ ; ces applications seront appelées commandes.

$$\text{Soit } \mathcal{C} \subseteq \mathcal{R}^{[t_o, t_1]}, \qquad \mathcal{U} \subseteq \Lambda^{[t_o, t_1]}$$

$$\text{Soit } \quad \mathcal{F} : \mathcal{C} \times \mathcal{U} \to \mathcal{C}.$$

On dira que x est une réponse donnée par la commande c si $x = \mathcal{F}(x, u)$

Soient les hyperplans de $\mathcal{R}$, $\mathcal{K}_i = \{ y : k_i y = c_i \}$ et $\mathcal{K} = \bigcap_i \mathcal{K}_i$. Soit H une forme linéaire

On dira qu'un couple $(\tilde{x}, \tilde{u})$ où $\tilde{x}$ est une réponse donnée par $\tilde{u}$ est minimal si $\tilde{x}(t_1) \in \mathcal{K}$ et si quel que soit x réponse donnée par u vérifiant

$$x(t_1) \in \mathcal{K}$$

on a

$$H x(t_1) \geq H \tilde{x}(t_1)$$

(7. 1) Les normes dans les différents espaces normés que nous rencontrerons seront dénotées par le même symbole $\| \ \|$. De même les différents éléments neutres seront tous dénotés o , comme pour les réels.

Nous ferons les hypothèses suivantes (on pourrait donner explicitement des conditions pour que ces hypothèses soient vérifiées).

1) $\mathcal{C}$ est le Banach des applications continues de $[t_o, t_1]$ dans $\mathcal{R}$ avec la norme de la convergence uniforme.

2) On suppose que quel que soit $u \in \mathcal{U}$, il existe une réponse et un seule x donnée par u ; on la dénotera q (u) (c'est un élément de $\mathcal{C}$) et sa valeur au point t sera dénotée (q(u)) (t) . L'application

$$q : \mathcal{U} \to \mathcal{C}$$
$$u \to q(u)$$

sera supposée continue, $\mathcal{U}$ étant muni d'une topologie convenable (par exemple la top[illegible]

3) [illegible] suppose que l'application

$$\mathcal{C} \to \mathcal{C}$$
$$x \to \mathcal{F}(x, \tilde{u})$$

admet une dérivée de Fréchet. Nous dénoterons $\mathcal{J}(x, \tilde{u})$ la dérivée de cette application au point x. $\mathcal{J}(x, \tilde{u})$ est un élément de Banach $\mathcal{L}(\mathcal{C}, \mathcal{C})$ On suppose que quel que soit $u \in \mathcal{U}$

$$\mathcal{C} \to \mathcal{L}(\mathcal{C}, \mathcal{C})$$
$$x \to \mathcal{J}(x, u)$$

est continue. (Autrement dit $x \mapsto \mathcal{F}(x, \tilde{u})$ est continuement différentiable).

Une première étape dans la démonstration consiste à établir quel est l'écart qui se produit sur les états finaux lorsqu'au lieu d'appliquer une commande optimale $\tilde{u}$, on applique une commande voisine (voir (7. 2)). En fait si l'on s'intéresse à certaines classes de commandes il est possible d'exhiber un sous ensemble du contingent vectoriel de l'ensemble des états accessibles (voir (7. 3)). La classe des commandes peut être suffisamment riche pour que ce sous ensemble soit un cône (condition exprimée en (7. 4)). Ce cône , Q , et le demi espace $H = \{ y : k_i\ y = 0\ , Hy < 0 \}$ n'ont pas de points internes en commun. Sinon l'ensemble des états accessibles qui est " tangent" à ce cône rencontrerait aussi le demi espace et l'on aurait un couple réponse commande pour lequel le coût serait strictement inférieur au coût pour le couple $(\tilde{x}, \tilde{u})$, voir (voir (7. 5)). On obtient l'énoncé du principe de Pontryagin en exprimant que Q et H_- sont séparés par un hyperplan, (voir (7. 6) , (7. 7) , (7. 8).

On dénotera j l'application identique.

(7. 2) Supposons que $j - \tilde{\mathfrak{I}}$ soit un homéomorphisme linéaire ($j - \tilde{\mathfrak{I}}$ est injective et possède une inverse à droite continue). Dénotons $(j - \tilde{\mathfrak{I}})^{-1}$ son inverse. Alors il existe un voisinage $\tilde{U}$ de $\tilde{u}$ et un voisinage V de o (dans $\mathcal{C}$) et une application dénotée Φ^{-1} de V dans $\mathcal{C}$ Φ^{-1} est différentiable au point 0 et a pour dérivée $(j - \tilde{\mathfrak{I}})^{-1}$ De plus

$$u \in \tilde{U} \implies \mathfrak{F}(q(u), u) - \mathfrak{F}(q(u), \tilde{u}) \in V \quad \text{et}$$

$$q(u) - \tilde{x} = \Phi^{-1}(\mathfrak{F}(q(u), u) - \mathfrak{F}(q(u), \tilde{u}))$$

En effet :

On peut écrire

$$q(u) - \tilde{x} = \mathfrak{F}(q(u), u) - \mathfrak{F}(q(u), u) + \mathfrak{F}(q(u), u) - \mathfrak{F}(x, u)$$

Soit l'application

$$\Phi : \mathcal{C} \to \mathcal{C}$$
$$\varphi \mapsto \varphi - \mathfrak{F}(\varphi + \tilde{x}, \tilde{u}) + \mathfrak{F}(\tilde{x}, \tilde{u})$$

On a

$$\Phi\,(q\,(u) - \tilde{x}\,) = \mathfrak{F}\,(q\,(\omega\,,u) - \mathfrak{F}\,(q\,(u)\,,\tilde{u}\,)$$

Φ est différentiable et sa dérivée au point φ est

$\Phi(\varphi) = j - \mathfrak{J}(\varphi + \tilde{x},\tilde{u})$. L'application $\varphi \longmapsto D\,\Phi\,(\varphi)$ est continue. Enfin $D\,\Phi\,(o) = j - \tilde{\mathfrak{J}}$ admet une inverse à droite $(j - \tilde{\mathfrak{J}})^{-1}$. Alors Φ admet une inverse à droite localement , c'est à dire il existe un voisinage V' de $\Phi\,(o) = o$ et une application continue Φ^{-1} de V' dans $\mathcal{C}$ telle que

$$\Phi\,(\Phi^{-1}(y) = y \quad \text{pour tout} \quad y \in V'$$

De plus Φ^{-1} est différentiable au point o et sa dérivée en ce point est $(j - \tilde{\mathfrak{J}}\,)^{-1}$ Enfin puisque $j - \tilde{\mathfrak{J}}$ est un homéomorphisme linéaire , Φ est injective dans un voisinage U' de o . Soit V un voisinage de $\Phi\,(0) = 0$ inclus dans V' et tel que $\Phi^{-1}\,V \subseteq U'$. Comme q et $\mathfrak{F}$ sont continus il existe un voisinage $\tilde{U}$ de $\tilde{u}$ tel que

$$\mathfrak{F}\,(\,q\,(u)\,,u) - \mathfrak{F}\,(q\,(u),\,\tilde{u}\,) \in V \quad \text{pour tout} \quad u \in \tilde{U}$$

et

$$q\,(u) - \tilde{x} \in U'$$

On a donc

$$q\,(u) - \tilde{x} = \Phi^{-1}\,(\,\mathfrak{F}\,(q\,(u),\,u) - \mathfrak{F}\,(q\,(u),\,\tilde{u}\,)$$

Dans la suite on posera

$$P(u) = \mathcal{J}(q(u), u) - \mathcal{J}(q(u), \tilde{u})$$

(7. 3) Proposition

Soit $\{U_{\varepsilon\pi}\}_{\substack{\varepsilon \in [o,\theta] \\ \pi \in \Pi}}$ une famille de commandes de U indicée sur un ensemble $[o,\theta] \times \Pi$. Supposons que

1°) $u_{o,\pi} = \tilde{u}$ pour tout π

2°) $u_{\varepsilon,\pi} \in U$ pour tout ε, π

3°) $\begin{array}{l} [o,\theta] \longrightarrow \mathcal{U} \\ \varepsilon \longrightarrow u_{\varepsilon,\pi} \end{array}$ est une application continue pour tout π

$\begin{array}{l} \Pi \longrightarrow \mathcal{U} \\ \pi \longrightarrow u_{\varepsilon,\pi} \end{array}$ est une application continue pour tout ε

4°) il existe un $k > o$ tel que pour tout $\varepsilon \in [o,\theta]$ et $\pi \in \Pi$

$\| P(u_{\varepsilon,\pi}) \| \leq k\varepsilon$

5°) Considérons l'élément de $\mathcal{C}$, $\frac{1}{\varepsilon}(j - \tilde{\mathfrak{J}})^{-1} P(u_{\varepsilon,\pi})$, et sa valeur au temps t_1, élément de $\mathcal{R}$, que nous dénotons $(\frac{1}{\varepsilon}(j - \tilde{\mathfrak{J}})^{-1} P(u_{\varepsilon,\pi}))(t_1)$.

Supposons que quel que soit π, $(\frac{1}{\varepsilon}(j - \tilde{\mathfrak{J}})^{-1} P(u_{\varepsilon,\pi}))(t_1)$ admette une limite lorsque $\varepsilon \to o$; dénotons cette limite, élément de $\mathcal{R}$, ℓ_π.

Supposons de plus que quel que soit $\eta > o$, il existe $\alpha > o$ tel que

$$\varepsilon \leq \alpha \Longrightarrow \| (\frac{1}{\varepsilon}(j - \tilde{\mathfrak{J}})^{-1} P(u_{\varepsilon,\pi}))(t_1) - \ell_\pi \| \leq \eta \text{ pour tout } \pi$$

6°) $\begin{array}{l} \Pi \to \mathcal{R} \\ \pi \to \ell_\pi \end{array}$ est continue

Dans ces conditions, il existe une application ψ

$$\psi : \begin{array}{l} [o,\theta] \times \Pi \longrightarrow \mathcal{R} \\ (\varepsilon, \pi) \longmapsto \psi_{\varepsilon,\pi} \end{array} \text{ vérifiant}$$

i $\quad \psi_{o,\pi} = o \quad$ pour tout π

ii $\quad \begin{array}{l} \Pi \to \mathcal{R} \\ \pi \to \psi_{\varepsilon,\pi} \end{array}$ est continue pour tout ε

iii $\quad \begin{array}{l} [o,\theta] \to \mathcal{R} \\ \varepsilon \to \psi_{\varepsilon,\pi} \end{array}$ est uniformément continue, c'est à dire

quel que soit $\eta > o$, il existe $\alpha > o$

$$\varepsilon \leq \Longrightarrow \| \psi_{\varepsilon,\pi} \| \leq \eta \qquad \text{pour tout } \pi$$

iv $\quad (q\,(u_{\varepsilon,\pi}))\,(t_1) - \tilde{x}\,(t_1) = \varepsilon\, \ell_\pi + \varepsilon\, \psi_{\varepsilon,\pi}$

En effet : Posons $P_{\varepsilon,\pi} = P(u_{\varepsilon,\pi})$

Soit l'application $\psi : \begin{array}{l} [o,\theta] \times \Pi \to \mathcal{R} \\ (\varepsilon,\pi) \longrightarrow \psi_{\varepsilon,\pi} \end{array}$ ayant pour valeurs

$$\psi_{\varepsilon,\pi} = (\frac{1}{\varepsilon}\, \Phi^{-1}\,(P_{\varepsilon,\pi})\,(t_1) - \ell_\pi$$

On a

$$(q\,(U_{\varepsilon,\pi}))(t_1) - \tilde{x}\,(t_1) = \varepsilon\,(\frac{1}{\varepsilon}\,\Phi^{-1}(P_{\varepsilon,\pi}))(t_1) = \varepsilon\,\ell_\pi + \varepsilon\,\psi_{\varepsilon,\pi}$$

On peut encore écrire

$$\psi_{\varepsilon,\pi} = f_{\varepsilon,\pi} + h_{\varepsilon,\pi}$$

avec

$$f_{\varepsilon,\pi} = (\frac{1}{\varepsilon}\,\Phi^{-1}(P_{\varepsilon,\pi}))(t_1) - (\frac{1}{\varepsilon}\,(j - \tilde{\mathfrak{J}})^{-1} P_{\varepsilon,\pi})(t_1)$$

$$h_{\varepsilon,\pi} = (\frac{1}{\varepsilon}\,(j - \tilde{\mathfrak{J}})^{-1}\, P_{\varepsilon,\pi})(t_1) - \ell_\pi$$

Soit $\quad \rho : \mathcal{C} \to \mathcal{C} \quad$ l'application ayant pour valeurs

$$\rho\,(x) = \Phi^{-1}\,(x) - (j - \tilde{\mathfrak{J}})^{-1} x$$

Puisque Φ^{-1} est différentiable au point o et a pour dérivée $(j - \tilde{\mathfrak{J}})^{-1}$ on a $\rho\,(o) = o$ et $\displaystyle\lim_{\substack{\|x\| \to 0 \\ x \neq 0}} \frac{\|\rho\,(x)\|}{\|x\|} = 0$. On peut écrire

$$(\frac{1}{\varepsilon}\,\Phi^{-1}(P_{\varepsilon,\pi}))(t_1) - (\frac{1}{\varepsilon}\,(j - \tilde{\mathfrak{J}})^{-1}\, P_{\varepsilon,\pi})(t_1) = \frac{1}{\varepsilon}\,(\rho\,(P_{\varepsilon,\pi}))(t_1)$$

Si $\varepsilon = o$ ou $P_{\varepsilon,\pi} = o$, on a $\rho(P_{\varepsilon,\pi}) = o$. Sinon

$$\frac{1}{\varepsilon}(\rho(P_{\varepsilon,\pi}))(t_1) = \|P_{\varepsilon,\pi}\| \frac{1}{\varepsilon} \frac{(\rho(P_{\varepsilon,\pi}))(t_1)}{\|P_{\varepsilon,\pi}\|} \leq k \frac{(\rho(P_{\varepsilon,\pi}))(t_1)}{\|P_{\varepsilon,\pi}\|}$$

Soit η un nombre positif ; il existe α_1 tel que $\frac{\|\rho(x)\|}{\|x\|} \leq \frac{\eta}{2k}$

pourvu que $\|x\| \leq \alpha_1$. Quel que soit π, $\|P_{\varepsilon,\pi}\| \leq \alpha_1$ pourvu que $\varepsilon \leq \frac{\alpha_1}{k}$, voir (7. 3) 3°.

Donc quel que soit π , si $\varepsilon \leq \frac{\alpha_1}{k}$ on a $f_{\varepsilon,\pi} \leq \frac{\eta}{2}$. D'autre part il découle de (7. 3) 4° qu'il existe α_2 ; on a $h_{\varepsilon,\pi} \leq \frac{\eta}{2}$ pour tout π , si $\varepsilon \leq \alpha_2$. Soit α le plus petit des nombres $\frac{\alpha_1}{k}$, α_2

Si $\varepsilon \leq \alpha$ on a $\psi_{\varepsilon,\pi} \leq \eta$, pour tout π .

L'application $\Pi \to \mathcal{R}$ est continue quel que soit ε , puisque $\pi \to \psi_{\varepsilon,\pi}$

$\pi \to \ell_\pi$ est continue et puisque $\pi \to u_{\varepsilon,\pi}$, P et $(j-\tilde{\mathcal{J}})^{-1}$ sont continues.

(7. 4) Soit un cône convexe Q Soit Σ un simplexe arbitraire contenu dans Q. Supposons qu'il existe une famille de commandes de $\mathcal{U}$, indicée sur $[o,\beta] \times \Sigma$, $\{u_{\varepsilon,v}\}_{\substack{\varepsilon \in [o,\beta] \\ v \in \Sigma}}$, vérifiant (7. 3) 1, 2, 3, 4, 5

et de plus $\ell_v = v$. Alors on a pour tout $v \in \Sigma$ et $\varepsilon \in [o,\beta]$

$$(q(u_{\varepsilon,v}))(t_1) - \tilde{x}(t_1) = \varepsilon v + \varepsilon \psi_{\varepsilon,v}$$

Une telle famille de commandes est dite quasi-convexe au sens de Gamkrelidze [16] .

Dénotons H_- le demi espace d'équation

$K_i y = 0$ pour tout $i = 1, 2, \ldots, k$

$Hy < 0$

(7.5) Q et H_- n'ont aucun point interne en commun

Si N_o était un point interne de Q appartenant à H_- on peut démontrer à l'aide d'un lemme général, voir [5], et de (7.4) que l'ensemble des états accessibles rencontre H_-, c'est à dire, il existe un v de Q et un ε tel que

$$(q(u_{\varepsilon,v}))(t_1) - \tilde{x}(t_1) = \varepsilon v + \varepsilon \psi_{\varepsilon,v} = \varepsilon v_o$$

On aurait donc

$$K_i\left((q(u_{\varepsilon,v}))(t_1)) - \tilde{x}(t_1)\right) = 0$$

$$H\left((q(u_{\varepsilon,v}))(t_1) - \tilde{x}(t_1)\right) < 0$$

ce qui contredit le fait que $(\tilde{x}, \tilde{u})$ est minimal

(7.6) Si Q et H_- n'ont aucun point interne en commun, Q et H_- sont séparés au sens large par un hyperplan, c'est à dire il existe une forme linéaire W telle que

$$Wy \geq 0 \qquad \text{pour tout } y \in Q$$

$$Wy < 0 \qquad \text{pour tout } y \in H_-$$

Il résulte du théorème de Farkas-Minkowsky, que

$$Wy < 0 \qquad \text{pour tout } y \in H_-$$

si et seulement si W est de la forme

$$W = \sum_{i=1}^{k} \nu_i K_i + \nu_o H \qquad \text{où } \nu_i \in \mathbb{R}, \ \nu_o \leq 0$$

(7.7) Une condition nécessaire pour que $(\tilde{x}, \tilde{u})$ soit minimal est qu'il existe une forme linéaire W du type

$$W = \sum_{i=1}^{k} \nu_i K_i + \nu_o H \qquad \text{où } \nu_i \in \mathbb{R}, \nu_o < 0$$

telle que

$$Wy \geq 0 \qquad \text{pour tout } y \in Q$$

(7.8) Dans le cas du processus régi par une équation différentielle ordinaire (6.3) ; les différentes étapes se présentent comme suit

a) $\mathcal{F}$ est l'application ayant pour valeurs

$$\mathcal{F}(x,u) : [t_o, t_1] \to \mathcal{R}$$
$$t \to y_o + \int F(s, x(s), u(s))\, ds$$

b) $\mathfrak{J}(x,u)$ est l'application linéaire continue

$$\mathfrak{J}(x,u) : \mathcal{C} \to \mathcal{C} \qquad \text{où}$$
$$\varphi \to \mathfrak{J}(x,u)\varphi$$
$$\mathfrak{J}(x,u)\varphi : [t_o, t_1] \to \mathcal{R}$$
$$t \to \int_{t_o}^{t} \partial F\ (s, x(s), u(s)) ds$$

et $j - \tilde{\mathfrak{J}}$ est l'application linéaire continue

$$(j - \tilde{\mathfrak{J}}) : \mathcal{C} \to \mathcal{C} \qquad \text{où}$$
$$\varphi \to \varphi - \tilde{\mathfrak{J}}\varphi$$
$$\varphi - \tilde{\mathfrak{J}}\varphi : [t_o, t_1] \to$$
$$t \to \varphi(t) - \int_{t_o}^{t} \partial F\ (s, \tilde{x}(s), \tilde{u}(s)\ \varphi(s)\, ds$$

Appelons solution fondamentale de l'équation aux variations de E, prise le long de $(\tilde{x}, \tilde{u})$ l'application A d'époque $[t_o, t_1]$ à valeurs dans $\mathcal{L}(\mathcal{R}, \mathcal{R})$, $t \to A(t)$, continue, différentiable presque partout ($\dot{A}(t)$ dénotera sa dérivée au point t) et telle que

$$\dot{A}(t) = \partial F\ (t, \tilde{x}(t), \tilde{u}(t)) \circ A(t) \qquad \text{presque partout}$$
$$A(t_o) = j$$

La théorie des équations linéaires nous permet d'affirmer que A existe ; de plus, quel que soit t, A(t) est un homéomorphisme linéaire. Alors on peut voir que $j - \tilde{\mathfrak{J}}$ est une injection et possède une inverse à droite $(j - \tilde{\mathfrak{J}})^{-1} = \mathcal{G}$

$$\mathcal{G} : \mathcal{C} \longrightarrow \mathcal{C} \qquad \text{où}$$

$$\psi \longrightarrow \mathcal{G}(\psi)$$

$$\mathcal{G}(\psi) : [t_o;t_1] \longrightarrow \mathcal{R}$$

$$t \longmapsto \psi(t) + A(t)\int_{t_o}^{t} A(s)^{-1}\, \partial F(s,\tilde{x}(s),\tilde{u}(s))\psi(s)\,ds$$

Si ψ est continument différentiable on a en intégrant par parties

$$\psi(t) + A(t)\int_{t_o}^{t} A(s)^{-1}\, \partial F(s,\tilde{x}(s),\tilde{u}(s))\,\psi(s)ds = A(t)(\psi(t_o)+$$

$$+\int_{t_o}^{t} A(s)^{-1}\,\dot{\psi}(s)\,ds\,)$$

On a

$$P(u) \quad : \quad [t_o,t_1] \longrightarrow \mathcal{R}$$

$$t \longrightarrow \int_{t_o}^{t} (F(s,(q(u))(s),u(s)) - F(s,(q(u))(s),\tilde{u}(s)))ds$$

et $(j - \tilde{\mathfrak{J}})^{-1}(P(u))$ est l'élément de $\mathcal{C}$

$$[t_o,t_1] \longrightarrow \mathcal{R}$$

$$t \longrightarrow A(t)\int_{t_o}^{t} A(s)^{-1}\,(P(u))(s)ds$$

c) construction du cône Q

Soit τ un temps où $\tilde{u}$ est continue, ν un nombre positif, λ un ordre de Ω et $\alpha \leq \frac{\tau - t}{\nu}$. Soit $\varepsilon \in [o,\alpha]$ et u_ε la commande ayant pour valeurs

$$u_\varepsilon(t) = \tilde{u}(t) \qquad t_o \leq t < \tau - \nu\varepsilon$$

$$u_\varepsilon(t) = \lambda \qquad \tau - \nu\varepsilon \leq t < \tau$$

$$u_\varepsilon(t) = \tilde{u}(t) \qquad \tau \leq t < t_1$$

Alors $\frac{1}{\varepsilon}\ (j-\tilde{J})^{-1}\ P(u_{\varepsilon})$ a pour limite lorsque $\varepsilon \to 0$

$$\nu A(t_1)\, A^{-1}(\tau)\quad (F(\tau,\tilde{x}(\tau),\lambda) - F(\tau,\tilde{x}(\tau),\tilde{u}(\tau))$$

Soit Q" l'ensemble des points

$$A(t_1)\, A(\ \ )^{-1}\quad (F(\tau,\tilde{x}(\tau),\lambda) - F(\tau,\tilde{x}(\tau),\tilde{u}(\tau))$$

$\tau \in \left]t_o, t_1\right[$ et τ est un instant de continuité de $\tilde{u}$, $\lambda \in \Omega$, $\nu > 0$

Soit Q' la fermeture convexe de Q'' , et Q le cône engendré par Q'. On peut montrer que Q satisfait (7 4) . Les $u_{\varepsilon,v}$ sont des commandes un peu plus compliquées que les u_{ε} mais de même type. Les valeurs de $\tilde{u}$ sont remplacées par $\lambda_1, \ldots, \lambda_2$ sur des intervalles $[\tau_1 - \nu_1 \varepsilon[, \ldots\ [\tau_2 - \nu_2 \varepsilon[$.

Le théorème (7. 7) a pour conséquence : il existe une forme linéaire W

$$W = \sum_{i=1}^{k} \nu_i\ k_i + \nu_o H \qquad\qquad \nu_i \in \mathbb{R}\ ,\ \nu_o \leq 0$$

quel que soit $\tau \in \left]t_o, t_1\right]$ instant de continuité de $\tilde{u}$ et quel que soit $\lambda \in \Omega$

$$WA(t_1)\, A(\tau)^{-1}\ (F(\tau,\tilde{x}(\tau),\lambda) - F(\tau,\tilde{x}(\tau),\tilde{u}(\tau)) \leq 0$$

ou encore pour tout $\tau \in \left]t_o, t_1\right]$ instant de continuité de $\tilde{u}$

$$\min_{\lambda \in \Omega} WA\ (t_1)\ A(\tau)^{-1}\ F(\tau,\tilde{x}(\tau),\lambda) = WA(t_1)A(\tau)^{-1}F(\tau,\tilde{x}(\tau),\tilde{u}(\tau))$$

Remarquons que $\tau \to WA(t_1)\, A(\tau)^{-1}$ est la solution de l'équation aux variations adjointe prise le long de $(\tilde{x},\tilde{u})$ et valant W au temps t_1.

Terminons par une dernière remarque d'ordre général. Le principe de Pontryagin donne une condition nécessaire pour qu'un couple réponse commande soit minimal. Il ne garantit pas, sauf dans des cas particuliers, qu'il existe un couple minimal. Le problème de l'existence d'un couple minimal peut être traité par différentes techniques. Mentionnons en particulier les méthodes de pénalisation, voir [24].

M. Jean

Bibliographie

La bibliographie que nous proposons n'est évidemment pas exhaustive. Nous proposons les monographies suivantes concernant la théorie de la commande.

[1] ATHANS, M. ; FALB , P. Optimal Control, an introduction to the theory and its applications. Mac Graw Hill 1966.

[2] International Conference on Mathematical Theory of Control 1967. Edit. BALAKRISHNAN, A. V. and NEUSTADT, L. W. New York, Academic Press 1967

[3] LEE, E. B. ; MARKUS, L. Foundations of Optimal Control Theory. John Wiley and Sons 1967.

[4] OGŬZTÖRELI , N. Time-lag Control systems; New York, Academic, Press 1966

[5] PALLU de la BARRIÈRE. R, Cours d'Automatique Théorique. Dunod 1966

[6] PONTRYAGIN, BOLTYANSKII, GAMKRELIDZE, MISHCHENKO. The Mathematical Theory of Optimal Processus. John Wiley and Sons 1962.

Pour la théorie générale des systèmes nous avons cité dans le texte.

[7] JEAN, M. Systèmes évolutifs et semi-flots. (à paraitre)

[8] VOGEL, Th. Théorie des systèmes évolutifs. Gauthier-Villars, Paris,

En ce qui concerne la théorie de la commande optimale dans les systèmes régis par des équations différentielles ordinaires ou des é-

M. Jean

quations différentielles fonctionnelles on pourra lire les articles suivants parmi les plus récents.

[9] BANKS, H. T. A maximum principle for optimal control problems with functional differential systems. Bull. Amer. Math. Soc. 75 (1969)

[10] BANKS, H. T. Variational problems involving functional differential SIAM J. Control 7 (1969) 1. 17

[11] BANKS, H. T. ; JACOBS, Marc Q. The optimization of trajectories of linear functional differential equations. SIAM J. Control (1970), 461-488

[12] CESARI, Lamberto Existence theorems for abstract multidimensional control problems. J. Optimization theory appl. 6 (1970), 210-236.

[13] DAS ; PURNA CHANDRA Pontryagin's maximum principle in the theory of optimal processes with heredity, constant retardation and parameters. Trudy Sem. Teor. Differencial Uravneniis Otklon. Argumentom, Univ. Druzby Narodov Patrisa Lumumby 4 (1967), 235-246.

[14] EGOROV, A. I. Optimal control in a Banach space. Math. Systems theory (1967), 347-352

[15] GABASOV, R. ; CURAKOVA, S. V. On necessary conditions for optimality in systems with lag. Dokl. Akad. Nauk B SSR 12 (1968), 10-12

[16] GAMKRELIDZE, R. V. On some extremal problems in the theory of differential equations with applications to the theory of optimal control J. Soc. Indus Appl. Math. Ser. A. Control 3 (1965), 106-128

[17] HALANAY, A Optimal control for systems with time lag. SIAM J. Control. (1968), 215-234.

[18] HALKIN, Hubert ; NEUSTADT, Lucien W. General necessary conditions for optimization problems. SIAM J. Control 4 (1966), 662-677

[19] KHARATISHVILI, G. L. A maximum principle in extremal problems with delays. Mathematical theory of control (Proc. Conf., Los Angeles, Calif. 1967), 26-34. Academic Press, New York, 1967

[20] NEUSTADT, Lucien W. An abstract variational theory with applications to a broad class of optimization problems. I. General theory. SIAM J. Control 4 (1966), 505-527

[21] NEUSTADT, Lucien W An abstract variational theory with applications to a broad class of optimization problems. II Applications. SIAM J. Control 5 (1967), 90-137

[22] WARGA, J. Functions of relaxed controls. SIAM J. Control 5 (1967), 628-641.

[23] WARGA, J Restricted minima of functions of controls. SIAM J. Control 5 (1967), 642-656

[24] CEA Jean Optimisation. Théorie et Algorithmes. Dunod, Paris 1971.

CENTRO INTERNAZIONALE MATEMATICO ESTIVO

(C.I.M.E.)

J. MAWHIN

UN APERCU DES RECHERCHES BELGES EN THEORIE DES EQUATIONS DIFFERENTIELLES ORDINAIRES DANS LE CHAMP REEL ENTRE 1967 ET 1972

Corso tenuto a Bressanone dal 4 al 13 giugno 1972

J. Mawhin

INTRODUCTION

L'étude des équations différentielles ordinaires dans le champ réel connaît en Belgique, depuis quelques années, un essor remarquable et l'objet de ce travail est d'esquisser rapidement les lignes de force des recherches effectuées et des résultats obtenus dans ce domaine. Cet essor n'est nullement le fruit d'une génération spontanée si l'on veut bien se souvenir de l'inlassable activité exercée en mécanique non linéaire par les regrettés N. Forbat et L. Derwidué, activité qui s'est en particulier traduite par la publication de leurs ouvrages respectifs "Analytische Mechanik der Schwingungen" (VEB Deutscher Verlag Wiss., Berlin, 1966) et "Compléments d'analyse numérique et mathématique pour ingénieurs et physiciens, volume III" (Public. Univ. de Mons, Mons, 1968), et par l'organisation à Mons, en 1969, d'un Colloque du C.B.R.M. sur les équations différentielles non linéaires, leur stabilité et leur périodicité.

Il est bien sûr impossible, dans ce qui suit, d'étudier en profondeur les méthodes utilisées ou introduites et d'exposer en détail les résultats obtenus. On se contentera donc d'un survol rapide, et forcément incomplet, des différents domaines de recherche et les inévitables lacunes d'une telle approche ne pourront être comblées que par une fréquentation assidue des travaux originaux cités dans la bibliographie.

J. Mawhin

I. METHODES QUALITATIVES

a) Méthode directe de Lyapounov en théorie de la stabilité

C'est sans aucun doute à l'impulsion donnée par N. Rouche que l'on doit l'essor actuel des recherches belges sur l'étude de la stabilité des solutions d'une équation différentielle par la méthode directe de Lyapounov. L'idée fondamentale sous-jacente aux travaux de N. Rouche est l'obtention de conditions suffisantes de stabilité ou d'instabilité de l'origine (ou plus généralement d'une partie de R^n) pour une équation différentielle

$$x' = f(t,x), \qquad (I.1)$$

où $f : I \times \Omega \to R^n$ ($I \subset R$ est un intervalle ouvert et $\Omega \subset R^n$ un domaine), à l'aide d'une ou de plusieurs fonctions auxiliaires sur lesquelles les hypothèses généralement imposées sont affaiblies. L'intérêt d'une telle démarche est de rendre plus aisée la construction de ces fonctions auxiliaires en élargissant la classe des fonctions auxquelles on peut recourir. D'une manière plus spécifique, d'intéressants résultats ont été obtenus dans les directions suivantes :

(i) obtention de théorèmes de stabilité asymptotique et d'instabilité à la V.M. Matrosov par l'emploi de deux fonctions auxiliaires dont l'une est vectorielle et application à des systèmes lagrangiens soumis à des forces dissipatives et de type gyroscopique (N. ROUCHE, 1968);

(ii) obtention de conditions suffisantes de stabilité et de stabilité uniforme en faisant appel :

a) à des fonctions auxiliaires définies positives mais avec un relâchement de la condition de semi-définie négativité de la dérivée, dans la mesure où les fonctions elles-mêmes croissent d'une certaine façon avec t;

b) à des fonctions auxiliaires non définies à l'origine, et en particulier y possédant un pôle;

c) à des fonctions non définies positives en ce sens que, tout en étant nulles à l'origine et positives partout ailleurs, elles pourront tendre vers zéro quand t tend vers l'infini (N. ROUCHE, 1969$_1$, 1970);

(iii) généralisation du théorème d'instabilité de Tchétaev en n'exigeant plus de borne uniforme en t sur la fonction auxiliaire, ou en autorisant cette fonction à posséder des pôles en certains points (N. ROUCHE, 1969_2);

(iv) en collaboration avec K. Peiffer, étude de la stabilité partielle de l'origine, c'est-à-dire de la stabilité d'une partie des variables par rapport à une perturbation pouvant porter sur toutes les composantes des conditions initiales; généralisation de résultats dus à V.V. Rumiantzev, H.A. Antosiewicz, J.L. Massera et V.M. Matrosov par l'emploi en théorie de la stabilité partielle, de fonctions auxiliaires scalaires et vectorielles (K. PEIFFER et N. ROUCHE, 1969). Etude du théorème de Lagrange-Dirichlet en mécanique analytique à la lumière de la notion de stabilité partielle et de la méthode directe de Lyapounov (N. ROUCHE et K. PEIFFER, 1967).

(v) en collaboration avec Dang-Chau Phien, extension des considérations du (ii) ci-dessus au cas de la stabilité ou de la stabilité asymptotique d'ensembles fermés de R^n par rapport à (I.1); la méthode utilisée se fonde sur un lemme qui généralise un résultat de A.N. Michel et donne des conditions pour qu'une solution partant d'un ensemble P_1 à l'instant initial demeure ultérieurement dans un ensemble $P_2 \supset P_1$ (Dang-Chau PHIEN et N. ROUCHE, 1970);

(vi) étude de l'attractivité d'ensembles de R^n par rapport à $x' = f(x)$ en utilisant plusieurs fonctions auxiliaires (N. ROUCHE, 1971); en collaboration avec J.L. Corne, étude du même problème en utilisant simultanément une fonction auxiliaire du type de LaSalle et une famille (éventuellement non dénombrable) de fonctions auxiliaires; la méthode utilisée présente l'intérêt de se généraliser sans peine au cas non autonome (J.L. CORNE et N. ROUCHE, 1971).

D'autre part, N. Rouche a dirigé, durant l'année académique 1970-1971, un séminaire consacré à l'emploi de fonctions auxiliaires vectorielles en théorie de la stabilité et le texte de ce séminaire, auquel ont collaboré R.J. Ballieu, K. Peiffer, P. Habets, C. Risito, J.L. Corne, E. Muyldermans, Dang-Chau Phien, M. Laloy et B. Laloux, sera publié prochainement. Enfin, deux chapitres d'un ouvrage commun de N. Rouche et J. Mawhin, intitulé "Equations différentielles ordinaires", et qui paraîtra bientôt, sont consacrés à la deuxième méthode de Lyapounov et exposent, entre autres choses, un certain nombre de résultats obtenus par des mathématiciens belges dans ce domaine.

P. Habets et K. Peiffer ont fait une étude systématique et exhaustive des différents concepts de stabilité, d'attractivité et de caractère borné des solutions d'une équation différentielle de type (I.1). Développant une formulation due à D. Bushaw, ils ont introduit la notion de <u>concept qualitatif</u> qui, intuitivement, constitue l'ossature logique commune des définitions des différents concepts cités plus haut. En imposant à la notion générale de concept qualitatif certaines restrictions "naturelles", ils ont réduit à 3.200 les 184.320 concepts différents contenus dans la définition générale. Ils ont alors classé ces 3.200 concepts restants en quatre familles fondamentales au sein desquelles ils ont introduit une classification plus fine qu'il serait trop long de discuter ici. Dans le cadre de cette formulation, ils ont alors énoncé et démontré un <u>théorème général de comparaison</u> (au sens de Corduneanu) qui leur permet de démontrer, en une fois, des théorèmes pour des classes entières de concepts. Ils définissent pour ce faire la notion de <u>concept de comparaison</u> lié à un concept qualitatif donné. Il ne s'agit pas là uniquement d'une théorie "a posteriori" puisqu'il est possible d'en déduire des généralisations de théorèmes de stabilité et d'attractivité d'ensembles dus à V.M. Matrosov, L. Salvadori, N.P. Bhatia et V. Lakshmikantham (P. HABETS et K. PEIFFER, 1971).

C'est également à la philosophie de la théorie de la stabilité et de la méthode directe de Lyapounov que se rattachent les recherches de P. Habets concernant les <u>perturbations singulières d'équations différentielles,</u> c'est-à-dire l'étude des relations entre les solutions du système complet

$$x' = f(t,x,y,\varepsilon) , \quad \varepsilon y' = g(t,x,y,\varepsilon) \qquad (I.2)$$

pour $\varepsilon > 0$ suffisamment petit et celles du système réduit

$$x' = f(t,x,y,0) \quad , \quad 0 = g(t;x,y,0) \qquad (I.3)$$

où $x \in R^n$ et $y \in R^m$, f et g étant définies dans $I \times \Omega \times [0,E]$, Ω étant un domaine de R^{n+m}. Suivant P. Habets, une solution $z_o = (x_o,y_o) : I \to R^{n+m}$ de (I.3) sera dite <u>consistante en</u> $t_o \in I$ si

$$(\forall \eta > 0)(\exists \varepsilon_o > 0)(\forall \varepsilon \in]0,\varepsilon_o])(\exists \quad z_o^\varepsilon \in \Omega)(\forall t \geq t_o, t \in J) : \|z^\varepsilon(t) - z^o(t)\| < \eta$$

où $z^\varepsilon : J \to \Omega$ est une solution de (I.2) telle que $z^\varepsilon(t_o) = z_o^\varepsilon$. Comme pour la stabilité, différents types d'"uniformité" peuvent être introduits pour cette notion de consistance et si, dans la définition, " $\exists\ z_0^{\varepsilon}$ "est remplacé par "$\forall\ z_0^{\varepsilon}$ ", on parlera de <u>consistance complète en</u> t_0 . Cette dernière notion se prête bien à une étude à partir de fonctions auxiliaires et P. Habets a donné des théorèmes qui "paraphrasent" en quelque sorte certains résultats de stabilité obtenus par la méthode directe de Lyapounov et qui contiennent comme cas particuliers des résultats de A.N. Tihonov et F.C. Hoppensteadt (P. HABETS, 1972).

C. Risito a considéré le problème de la <u>stabilité et</u> de la <u>stabilité asymptotique partielle d'équations différentielles possédant des intégrales premières</u>. Si les équations différentielles et les intégrales premières ne dépendent pas explicitement du temps et si on suppose que les intégrales premières sont résolues par rapport à un nombre de variables égal au nombre des intégrales premières, le problème se ramène à l'étude de la stabilité de l'origine de l'<u>équation réduite</u>

$$\begin{aligned} x' &= X_0(x) + R(x,\beta) \\ \beta' &= 0 \end{aligned} \qquad (I.4)$$

où R est telle que $R(x,0) = 0$; le système correspondant à $\beta = 0$:

$$x' = X_0(x)$$

est appelé <u>système particularisé réduit</u>. Une condition nécessaire pour la stabilité asymptotique partielle en x est qu'il existe un $\lambda > 0$ tel que, pour tout β vérifiant $\|\beta\| < \lambda$, x = 0 soit solution de (I.4). C. Risito a obtenu, en termes d'une fonction auxiliaire, des conditions supplémentaires qui sont suffisantes pour obtenir la stabilité asymptotique partielle en x ainsi que des résultats concernant l'attractivité. Ces résultats trouvent des applications dans la mécanique des systèmes dissipatifs holonomes (C. RISITO, 1967, 1969, 1970).

En utilisant un concept de <u>secteur</u> quelque peu différent de celui introduit par K.P. Persidskii, M. Laloy a reconstruit la plupart des théorèmes connus dans le domaine de l'instabilité et en a généralisé certains d'entre eux. Sa méthode consiste à démontrer <u>séparément</u> des conditions suffisantes pour qu'un ensemble soit un secteur (théorèmes de type I) et des conditions suffisantes pour qu'un ensemble possède une "bonne" propriété d'expulsion des solutions (théorèmes de type II); en associant de manière adéquate les deux types de théorèmes, on obtient des théorèmes d'instabilité. Cette procédure en deux étapes permet en premier lieu d'assouplir les hypothèses des théorèmes de type I, principalement par l'emploi de familles de fonctions auxiliaires obtenues en associant à chaque point de la frontière "latérale" d'un secteur une fonction définie dans un voisinage de ce point; en second lieu, M. Laloy a été à même de considérer le cas de secteurs qui ne sont pas ouverts, ce qui permet en particulier d'admettre comme secteurs des ensembles dont la dimension est inférieure à celle de x dans (I.1) (M. LALOY, 1972_1). Cette dernière caractéristique des résultats de M. Laloy rend tout naturellement possible leur application au cas de secteurs correspondant à des hypersurfaces définies par des intégrales premières de l'équation différentielle. M. Laloy obtient de cette manière, pour l'instabilité, un résultat analogue à un théorème de stabilité de L. Salvadori et il en a déduit une généralisation substantielle d'un critère d'instabilité démontré par A. Huaux. (M. LALOY, 1972_2).

Indépendamment du groupe de recherches, consacrées à la méthode directe de Lyapounov, que nous venons de décrire, il convient de citer également les travaux de A. Huaux sur la construction des fonctions de Lyapounov pour des systèmes d'équations différentielles sous forme normale. A. Huaux a généralisé une méthode de construction due à P.J. Ponzo et a appliqué le procédé ainsi obtenu à un certain nombre d'équations de forme particulière (A. HUAUX, 1970).

b) Méthode de la première approximation en théorie de la stabilité

En s'appuyant sur la méthode de la première approximation, E. Carton a étudié la stabilité de l'origine pour des équations différentielles de la forme

$$x' = A(t)x + f(t,x). \qquad (I.5)$$

Il suppose que $A : I \to \mathcal{L}(R^n, R^n)$ est localement intégrable et que $f : I \times B(0,r) \to R^n$ est continue (resp. mesurable) en x (resp. en t) pour tout t (resp. x) fixé et telle que

$$\|f(t,x)\| \leq \alpha(t)\|x\|^m \quad , \; m \geq 1 \; ,$$

avec $\alpha(t)$ localement intégrable. En outre, l'existence et l'unicité locale des solutions est supposée satisfaite. Les théorèmes de stabilité et d'instabilité obtenus par E. Carton, qui généralisent des résultats de A.M. Lyapounov, I.G. Malkin, J.L. Massera, N.G. Tchetaev, O. Perron, E. Cotton et K.P. Persidsky, se déduisent d'inégalités fondamentales fournissant une borne supérieure pour $\|x(t)\|$ et $\|x(t) - X(t,t_0)x_0\|$ ($x(t)$ étant la solution de (I.5) telle que $x(t_0) = x_0$ et $X(t,t_0)$ la matrice fondamentale de $x' = A(t)x$) en termes d'une majorante $\varphi(t)$ de $\|X(t,t_0)\|$ soumise à certaines conditions supplémentaires. La même méthode permet également d'obtenir des théorèmes d'existence de familles de solutions bornées ou asymptotiques à zéro ainsi que des résultats de stabilité conditionnelle (E. CARTON, 1968 , 1969_1, 1969_2, 1970).

c) Théorie des systèmes dynamiques

Ph. Ronsmans a montré qu'une équation différentielle non linéaire et non autonome, satisfaisant à des conditions d'unicité convenables, est réductible à un système dynamique (défini à partir d'une équation différentielle autonome de même ordre que l'équation de départ) si elle est invariante pour un groupe continu à un paramètre. Il est alors possible d'en déduire des théorèmes de stabilité de la solution nulle d'une équation de type (I.5) qui évitent l'estimation des nombres caractéristiques de Lyapounov de la partie linéaire. Cette approche a été appliquée avec succès à l'équation d'Emden-Fowler (Ph. RONSMANS, 1967 , 1968 , 1969).

En ce qui concerne l'équation d'Emden-Fowler, on peut également signaler une étude, due à M. Lefranc et J. Mawhin, des singularités de cette équation à partir des méthodes qualitatives de la théorie des équations différentielle, étude qui améliore ou corrige des résultats antérieurs de C.W. Jones. (M. LEFRANC et J. MAWHIN, 1969).

Dans le domaine de l'étude des points singuliers d'équations différentielles autonomes du second ordre, il convient encore de signaler les recherches de A. Cardon sur les points singuliers à indice de Poincaré fractionnaire de systèmes dynamiques dans R^2, travaux auxquels il a été conduit par ses recherches en théorie de l'élasticité (A. CARDON, 1969).

Afin d'obtenir une Dynamique topologique intéressante dans l'étude des équations différentielles non autonomes, E. Muyldermans a étudié en détail le concept de système non autonome. Il s'agit d'une application

$$\pi : R \times E \times R \longrightarrow E \ , \ (t,x,\tau) \longmapsto \pi(t,x,\tau)$$

(E est un espace métrique) vérifiant les conditions suivantes :

a) $\pi(0,x,\tau) = x$

b) $\pi(s+t,x,\tau) = \pi(s,\pi(t,x,\tau),t+\tau)$

c) π est continue.

Contrairement au cas des systèmes dynamiques, π n'est plus un groupe mais conserve un certain nombre de propriétés algébriques et topologiques intéressantes. En outre, si π_σ est le translaté de π défini par

$$\pi_\sigma(t,x,\tau) = \pi(t,x,\tau+\sigma) \ ,$$

on peut montrer que l'application

$$(\pi, \sigma) \longmapsto \pi_\sigma$$

est un système dynamique sur l'ensemble des applications π. Si Π est la trajectoire de ce système dynamique passant par π et si $X = E \times \Pi$, on peut construire sur X un système dynamique dont les ensembles limites ne sont pas vides. (E. MUYLDERMANS, 1972).

J. Mawhin

II. METHODES QUANTITATIVES

a) équations différentielles quasi-linéaires

Les travaux dans ce domaine portent principalement sur l'étude des solutions périodiques, ou de problèmes aux limites plus généraux, pour des équations différentielles quasi-linéaires de la forme

$$x' = A(t)x + g(t) + \varepsilon f(t,x,\varepsilon) \qquad (II.1)$$

où $x \in R^n$ et ε est "suffisamment petit". C. Fabry a étendu la méthode de Cesari-Hale de recherche des solutions périodiques de (II.2) au cas où la matrice A, supposée constante, n'est pas nécessairement diagonalisable; il a développé un procédé analogue dans le cas d'une équation différentielle scalaire d'ordre n de la forme

$$z^{(n)} + a_{n-1}z^{(n-1)} + \dots + a_o z = \varepsilon Z(t,z,\dots,z^{(n-1)}, \varepsilon)$$

et a obtenu de la sorte une formulation rigoureuse de certaines méthodes heuristiques utilisées en théorie des circuits (C. FABRY, 1970). Le même problème pour l'équation (II.1) a été considéré par J. Mawhin à partir d'une application directe de la méthode de Cesari, le cas de familles de solutions périodiques étant également examiné (J. MAWHIN, 1967_1, 1967_2, 1967_3). J. Mawhin a également appliqué à ce problème la théorie du degré topologique de Brouwer et a généralisé des résultats de J. Cronin (J. MAWHIN, 1969_1). L'idée fondamentale de la méthode de Cesari-Hale a été adaptée par C. Fabry de manière à s'appliquer à la recherche de solutions de (II.1) vérifiant des conditions aux limites du type

$$Lx(a) + Mx(b) = p + \varepsilon q(x(a),x(b),\varepsilon) \qquad (II.2)$$

($p \in R^n$, L et M sont des (nxn)-matrices) (C. FABRY, 1971_1).

Dans le domaine de la recherche d'algorithmes constructifs et convergents pour l'obtention des solutions périodiques d'équations différentielles quasi-linéaires. J. Mawhin, C. Fabry et M. Strasberg ont obtenu, par des procédés différents, des résultats voisins qui, dans le cas des deux premiers auteurs cités, ont été formulés dans le cadre plus général de l'étude d'équations de la forme

$$Lx = \varepsilon Nx \qquad (II.3)$$

où $L : \text{Dom}\, L \subset X \to Z$ est linéaire, $N : \text{Dom}\, N \subset X \to Z$ non nécessairement linéaire et X, Z sont des espaces de Banach. Les résultats obtenus par J.

Mawhin se fondent sur un théorème de réduction de (II.3) à la recherche des points fixes d'un certain opérateur défini et à valeurs dans X (J. MAWHIN, 1970_5, 1971_2). La méthode utilisée par C. Fabry est une formulation abstraite d'un algorithme introduit par C. Banfi et A.C. Lazer dans le cas particulier de la recherche des solutions périodiques et qui est dans l'esprit de la méthode de Cesari-Hale (C. FABRY, 1971). Enfin, le procédé développé par M. Strasberg fait appel à la notion de matrice de Green généralisée et à la méthode de Newton-Kantorovich (M. STRASBERG, 1971).

Le problème de l'existence de familles de solutions périodiques au voisinage d'une position d'équilibre d'un système différentiel hamiltonien analytique a été considéré par J. Roels qui a étendu un théorème d'existence bien connu de Lyapounov au cas où il existe entre deux valeurs propres λ_i et λ_j de la matrice du système linéarisé une relation du type $\lambda_i = k\lambda_j$ ($k \geqslant 3$ entier), à condition qu'une certaine expression R(k), fonction seulement de k et de coefficients des termes du troisième et du quatrième ordre du Hamiltonien, soit non nulle. Les résultats ainsi obtenus ont d'intéressantes applications dans le problème restreint des trois corps (J. ROELS, 1971_1, 1971_2).

b) équations différentielles fortement non linéaires : théorie générale

Le problème de l'existence des solutions périodiques d'équations différentielles fortement non linéaires a été considéré par J. Mawhin en faisant appel à la théorie du degré topologique. Il a énoncé et démontré un théorème général d'existence, en utilisant tout d'abord la méthode de Cesari (J. MAWHIN, 1969_1) et ensuite la réduction à un problème de points fixes signalée en (a) ci-dessus (J. MAWHIN, 1969_2), avant d'étendre cette dernière approche au cas d'équations différentielles fonctionnelles (J. MAWHIN, 1971_1) et au cas d'équations de la forme

$$Lx = Nx \qquad (II.4)$$

(les notations étant celles de (a)) dans des espaces de Banach (J. MAWHIN, 1971_2). Récemment, ce théorème a trouvé une formulation naturelle au sein d'une généralisation de la théorie du degré de Leray-Schauder fondée sur la notion de degré de coïncidence pour des couples d'applications (L,N) dans des espaces vectoriels topologiques localement convexes (J. MAWHIN, 1972_1).

J. Mawhin

Ce théorème a été utilisé pour donner une démonstration particulièrement simple d'une généralisation au cas des équations fonctionnelles différentielles de la méthode des fonctions directrices de M.A. Krasnosel'skii (J. MAWHIN, 1971_1). Dans le cas d'équations différentielles ordinaires, J. Mawhin et C. Muñoz ont obtenu, au sein de cette approche, des théorèmes concernant le nombre et la stabilité asymptotique locale des solutions périodiques (J. MAWHIN et C. MUNOZ, 1971).

En ce qui concerne l'obtention d'algorithmes constructifs et convergents pour l'obtention des solutions périodiques d'équations différentielles fortement non linéaires, M. Strasberg a montré que la méthode d'Urabe pouvait être formulée en termes de la méthode de Newton-Kantorovich et il a également présenté dans ce cadre une variante due à R. Bouc (M. STRASBERG, 1970). A partir de l'approche générale dont il a été question au paragraphe (a) et ci-dessus, J. Mawhin a introduit, pour l'équation (II.4) un algorithme qui utilise, comme la méthode d'Urabe, les approximations de Galerkin mais qui, dans le cas particulier du problème des solutions périodiques, se rapproche d'un procédé dû à C. Banfi (J. MAWHIN, 1971_2).

c) équations différentielles fortement non linéaires : équations particulières

L. Derwidué et E. Carton ont fait une étude systématique, par différentes méthodes, de l'existence, du nombre et de la stabilité asymptotique locale des solutions périodiques de l'équation de Forbat

$$x'' + cx' + kx(1-x)^{-1} = e(t)$$

où c et k sont des constantes et e(t) une fonction périodique (L. DERWIDUE, 1970 , E. CARTON, 1970).

J.P. Gossez a utilisé la méthode de monotonie pour étudier l'existence, l'unicité et l'approximation des solutions périodiques de l'équation différentielle (du type de Duffing)

$$x'' + ax' + bx - h(x) = e(t)$$

où a et b sont des constantes soumises, ainsi que la période de e(t) et la fonction h(x), à certaines restrictions (J.P. GOSSEZ, 1968).

G. Demarée a étendu au cas non autonome des résultats de P. Sagirow sur la justification de la méthode de linéarisation équivalente pour une équation scalaire du second ordre (G. DEMAREE, 1967).

J. Mawhin

En utilisant systématiquement le théorème général d'existence signalé au paragraphe (b), J. Mawhin a obtenu :

(i) une généralisation de théorèmes de J.O.C. Ezeilo, G. Sedsiwy et G. Villari relatifs à des équations différentielles scalaires d'ordre trois (J. MAWHIN, 1969_1);

(ii) des théorèmes d'existence de solutions périodiques pour des équations différentielles scalaires et vectorielles du type de Liénard et de Rayleigh non autonomes, résultats qui fournissent, entre autres choses, des extensions de théorèmes de R.A. Gomory, J.A. Marlin, A.C. Lazer et R. Faure (J. MAWHIN, 1969_1, 1970_1, 1970_2, 1970_3, 1970_6);

(iii) des théorèmes d'existence pour des équations vectorielles du type

$$x' = f(t,x) \text{ et } x'' = f(t,x,x')$$

non nécessairement dissipatives au sens de Levinson et généralisant des résultats de C. Corduneanu et L. Nirenberg (J. MAWHIN, 1970_1, 1970_4);

(iv) une généralisation au cas d'équations fonctionnelles différentielles de résultats de J. Cronin sur l'existence de solutions périodiques de perturbations non autonomes d'équations autonomes possédant un point critique globalement asymptotiquement instable (J. MAWHIN, 1971_1);

(v) un théorème d'existence de solutions périodiques pour un système d'équations fonctionnelles différentielles du type de Liénard (J. MAWHIN, 1971_1);

(vi) une généralisation de résultats de Ph. Hartman, H.W. Knobloch et K. Schmitt concernant certains problèmes aux limites pour des équations vectorielles du second ordre (J. MAWHIN, 1972_2).

Un certain nombre de résultats que nous venons de signaler seront exposés de manière systématique dans les trois chapitres consacrés aux solutions périodiques de l'ouvrage de N. Rouche et J. Mawhin signalé plus haut.

d) emploi de méthodes approchées et numériques

Les oscillateurs non linéaire du type de Duffing à deux degrés de liberté ont été étudiés par P. Janssens, R. Van Dooren et M. Delchambre à l'aide de différentes méthodes approchées ou numériques et en particulier

(i) par la méthode du premier harmonique (P. JANSSENS, R. VAN DOOREN et . DELCHAMBRE, 1970 , R. VAN DOOREN, 1971_1);

(ii) par une méthode de Krylov-Bogolyoubov modifiée (R. VAN DOOREN, 1970);

(iii) par la méthode de Galerkin-Urabe (R. VAN DOOREN, 1970 , 1971_2);

les recherches de R. Van Dooren ont en particulier porté sur une étude détaillée des oscillations composées de type additif (combination tones).

M. Delchambre a étudié, à l'aide de la méthode du premier harmonique, le couplage de deux oscillateurs non linéaires du type de van der Pol en régime forcé (M. DELCHAMBRE, 1970) et, en collaboration avec H. Bastin, a mis au point un programme de calcul numérique des modes normaux (au sens de R.M. Rosenberg) de systèmes conservatifs autonomes non linéaires à deux degrés de liberté (H. BASTIN et M. DELCHAMBRE, 1970).

J. Mawhin

BIBLIOGRAPHIE

H. BASTIN et M. DELCHAMBRE, 1970, Calcul numérique des modes normaux et des fréquences découplées dans les systèmes non-linéaires à deux degrés de liberté, "Equa-Diff 70", Centre de Recherches Physiques, CNRS, Marseille.

A. CARDON, 1969, Sur les points singuliers à indice de Poincaré fractionnaire de systèmes dynamiques dans R^2, Colloque de Mécanique non linéaire, Louvain, 2-10.

E. CARTON, 1968, Sur la stabilité et l'instabilité des systèmes différentiels non linéaires, Acad. R. Belg. Bull. Cl. Sci. (5) 54, 853-890.

E. CARTON, 1969_1, Généralisation de critères de stabilité et d'instabilité par la méthode de la première approximation, ibid. 55, 85-89.

E. CARTON, 1969_2, Solutions bornées, solutions asymptotiques à zéro et stabilité conditionnelle des systèmes différentiels, ibid., 126-136.

E. CARTON, 1970, Sur les solutions périodiques d'une équation différentielle non linéaire, "Equa-Diff 70", Centre de Recherches Physiques, CNRS, Marseille.

J.L. CORNE et N. ROUCHE, 1971, Attractivity of closed sets proved by using a family of Liapunov functions, Sém. Math. Appl. Méc. Univ. Louvain, Rapport n° 41, Vander, Louvain (soumis pour public. au J. Differential Equations).

M. DELCHAMBRE, 1970, Etude numérique et analogique du couplage de deux oscillateurs non-linéaires du type de van der Pol en régime forcé, "Equa-Diff 70", Centre de Recherches Physiques, CNRS, Marseille.

G. DEMAREE, 1967, Over de afschatting van de fout op periodieke oplossingen van een nietlineaire gedwongen differentiaalvergelijking bij de methode van de eerste harmoniek, Publ. Sém. Méc. Fac. Sci. Appl. ULB, 1966-67, Bruxelles, 82-89.

L. DERWIDUE, 1970, L'équation de Forbat, Equations Différentielles non linéaires, leur stabilité et leur périodicité, Vander, Louvain, 7-24.

C. FABRY, 1970, Existence et stabilité de solutions périodiques pour des équations différentielles quasi-linéaires d'ordre n, Int. J. Non-Linear Mechanics, 5, 447-463.

C. FABRY, 1971_1, Boundary-value problems for weakly nonlinear ordinary differential equations, Ann. Soc. Sci. Bruxelles 85, 221-238.

C. FABRY, 1971_2, Weakly nonlinear equations in Banach spaces, Boll. Un. Mat. Ital. (4) 4 , 687-700.

J.P. GOSSEZ, 1968, Sur les solutions périodiques de certaines équations non linéaires de la mécanique, Acad. R. Belg. Bull. Cl. Sci. (5) 54, 252-257.

P. HABETS, 1972, A consistency theory of singular perturbations of differential equations, Sém. Math. Appl. Méc. Univ. Louvain, Rapport n° 44, Vander, Louvain.

P. HABETS et K. PEIFFER, 1971, Classification of stabilitylike concepts and their study using vector Lyapunov functions, ibid. n° 43.

A. HUAUX, 1970, On the construction of Lyapunov functions, Proc. Fifth Int. Conf. Nonlin. Oscill., vol. II, Kiev, 580-593.

P. JANSSENS, R. VAN DOOREN et M. DELCHAMBRE, 1970, Sur les oscillateurs non linéaires du type de Duffing à deux degrés de liberté, Equations différentielles non linéaires, leur stabilité et leur périodicité, Vander, Louvain, 171-184.

M. LALOY, 1972_1, Aspects nouveaux dans l'étude des problèmes d'instabilité par la seconde méthode de Liapunov, à paraître.

M. LALOY, 1972_2, Utilisation des intégrales premières dans l'étude de problèmes d'instabilité, à paraître.

M. LEFRANC et J. MAWHIN, 1969, Etude qualitative des solutions de l'équation différentielle d'Emden-Fowler, Acad. R. Belg. Bull. Cl. Sci. (5) 55, 763-770.

J. MAWHIN, 1967_1, Application directe de la méthode générale de Cesari à l'étude des solutions périodiques de systèmes différentiels faiblement non linéaires, Bull. Soc. R. Sci. Liège 36, 193-210.

J. MAWHIN, 1967_2, Solutions périodiques de systèmes différentiels faiblement non linéaires lorsque la matrice caractéristique de la partie linéaire possède des diviseurs élémentaires non simples, ibid. 491-499.

J. MAWHIN, 1967_3, Familles de solutions périodiques dans les systèmes différentiels faiblement non linéaires, ibid. 500-509.

J. MAWHIN, 1969_1, Degré topologique et solutions périodiques des systèmes différentiels non linéaires, ibid. 38, 308-398.

J. MAWHIN, 1969_2, Equations intégrales et solutions périodiques des systèmes différentiels non linéaires, Acad. R. Belg. Bull. Cl. Sci. (5) 55, 934-947.

J. MAWHIN, 1970_1, Solutions périodiques de systèmes différentiels fortement non linéaires n'appartenant pas nécessairement à la classe D au sens de Levinson, Coll. Equations différentielles non-linéaires, leur stabilité et leur périodicité, Vander, Louvain, 43-55.

J. MAWHIN, 1970_2, Une généralisation de théorèmes de J.A. Marlin, Int. J. Non-Linear Mechanics 5, 335-339.

J. MAWHIN, 1970_3, Periodic solutions of strongly nonlinear differential systems, Proc. Fifth Int. Conf. Nonlin. Oscill., vol. I, Kiev,

J. MAWHIN, 1970_4, Existence of periodic solutions for higher-order differential systems that are not of class D, J. Differential Equations 8, 523-530.

J. MAWHIN, 1970_5, Equations fonctionnelles non linéaires et solutions périodiques, "Equa-Diff 70", Centre de Recherches Physiques, CNRS, Marseille.

J. MAWHIN, 1970_6, An extension of a theorem of A.C. Lazer on forced nonlinear oscillations, Sem. Math. Appl. Méc. Univ. Louvain, Rapport n° 35, Vander, Louvain (à paraître au J. Math. Anal. Appl. 39 (1972)).

J. MAWHIN, 1971_1, Periodic solutions of nonlinear functional differential equations, J. Differential Equations 10, 240-261.

J. MAWHIN, 1971_2, Equations non linéaires dans les espaces de Banach, Leçons données au Centre de Recherches Physiques (CNRS), Marseille, avril 1971, Sem. Math. Appl. Méc. Univ. Louvain, Rapport n° 39, Vander, Louvain.

J. MAWHIN, 1972_1, Equivalence theorems for nonlinear operator equations and coincidence degree theory for some mappings in locally convex topological vector spaces, soumis pour publ. au J. Differential Equations.

J. MAWHIN, 1972_2, Boundary value problems for nonlinear second order vector differential equations, à paraître.

J. MAWHIN et C. MUNOZ, 1971, Application du degré topologique à l'estimation du nombre des solutions périodiques d'équations différentielles. I. Solutions périodiques quelconques, Sém. Math. Appl. Méc. Univ. Louvain, Rapport n° 40, Vander, Louvain (à paraître aux Ann. Mat. Pura Appl.).

J. Mawhin

E. MUYLDERMANS, 1972, Etude des systèmes différentiels non autonomes à l'aide d'un système dynamique, à paraître.

K. PEIFFER et N. ROUCHE, 1969, Liapunov's second method applied to partial stability, J. de Mécanique 8, 323-334.

Dang-Chau PHIEN et N. ROUCHE, 1970, Stabilité d'ensembles pour des équations différentielles ordinaires, Sém. Math. Appl. Méc. Univ. Louvain, Rapport n° 37, Vander, Louvain (à paraître dans Riv. Mat. Univ. Parma).

C. RISITO, 1967, On the Ljapunov stability of a system with known first integrals, Meccanica 2, 197-200.

C. RISITO, 1969, Sulla stabilità di un insiemi di moti merostatici, Rend. Mat. (VI) 2, 1-12.

C. RISITO, 1970, Sulla stabilità asintotica parziale, Ann. Mat. Pura Appl. (IV) 84, 279-292.

J. ROELS, 1971_1, An extension to resonant cases of Liapunov's theorem concerning the periodic solutions near a Hamiltonian equilibrium, J. Differential Equations 9, 300-324.

J. ROELS, 1971_2, Families of periodic solutions near a Hamiltonian equilibrium when the ratio of two eigenvalues is 3, J. Differential Equations 10, 431-447.

Ph. RONSMANS, 1967, Réduction d'équations différentielles non autonomes à des systèmes dynamiques au sens de Birkhoff, Acad. R. Belg. Bull. Cl. Sci. (5) 53, 74-90.

Ph. RONSMANS, 1968, Groupes continus et stabilité en théorie non linéaire, Publ. Sém. Méc. Fac. Sci. Appl. Univ. Bruxelles, 1967-68, Bruxelles, 143-167.

Ph. RONSMANS, 1969, Sur une extension de la théorie des nombres caractéristiques de Lyapunov, Colloque de Mécanique non linéaire, Louvain, 43-49.

N. ROUCHE, 1968, On the stability of motion, Int. J. Non-Linear Mechanics 3, 295-306.

N. ROUCHE, 1969_1, Nouveaux théorèmes de stabilité utilisant la méthode directe de Liapounov, ibid. 4, 301-309.

N. ROUCHE, 1969_2, Quelques critères d'instabilité à la Liapounov, Ann. Soc. Sci. Bruxelles, 83, 5-17.

N. ROUCHE, 1970, Sufficient stability conditions based on global lemmas, Proc. Fifth Int. Conf. Nonlin. Oscill., vol. II, Kiev, 439-447.

N. ROUCHE, 1971, Attractivity of certain sets proved by using several Liapunov functions, Symposia Mathematica (INAM), vol. VI, Academic Press, New York, 331-343.

N. ROUCHE et K. PEIFFER, 1967, Le théorème de Lagrange-Dirichlet et la deuxième méthode de Liapounov, Ann. Soc. Sci. Bruxelles 81, 19-33.

M. STRASBERG, 1970, La méthode de Newton pour les systèmes périodiques non linéaires, "Equa-Diff 70", Centre de Recherches Physiques, CNRS, Marseille.

M. STRASBERG, 1971, Sur un algorithme pour les équations différentielles périodiques faiblement non linéaires, non autonomes et critiques, Publ. Service Math.-Mécan. anal., Fac. Sci. Appl. Univ. Bruxelles, n° 2, Bruxelles.

R. VAN DOOREN, 1970, Sur les oscillations composées du type additif d'un système vibratoire non-linéaire amorti à deux degrés de liberté, "Equa-Diff 70", Centre de Recherches Physiques, CNRS, Marseille.

R. VAN DOOREN, 1971_1, Combination tones of summed type in a non-linear damped vibratory system with two degrees of freedom, Int. J. Non-Linear Mechanics 6, 237-254.

R. VAN DOOREN, 1971_2, Recherche numérique d'oscillations composées du type additif dans un système oscillant non-linéaire amorti à deux degrés de liberté, Acad. R. Belg. Bull. Cl. Sci. (5) 57, 524-544.

CENTRO INTERNAZIONALE MATEMATICO ESTIVO
(C.I.M.E.)

Y. A. MITROPOLSKY

CERTAINS ASPECTS DES PROGRES DE LA METHODE DE CENTRAGE

Corso tenuto a Bressanone dal 4 al 13 giugno 1973

You. A. Mitropolsky.

CERTAINS ASPECTS DES PROGRES DE LA METHODE DE CENTRAGE.

(Exposé des leçons présentées à professer dans le Centre International Mathématique d'Eté (C.I.M.E.) à Bressanone du 4 au 13 juin 1972).

PREMIERE LEÇON

INTRODUCTION

Au cours des leçons ci-présentes j'ai l'intention de me fixer sur quelques nouveaux résultats incarnant les progrès de la méthode de centrage, une des méthodes analytiques principales dans la théorie des oscillations non-linéaires. Les résultats dont je vais parler ont une grande importance et donnent la possibilité d'étudier de nouvelles classes d'équations différentielles non-linéaires et d'analyser les phénomènes oscillatoires compliqués, mais ils sont encore peu connus aux larges milieux de savants s'occupant des problèmes pratiques.

Comme on sait, la méthode de centrage naquit sous sa forme primaire au sein de la Mécanique céléste, et c'est principalement avec les problèmes de cette dernière que la première étape du développement de la méthode de centrage fut liée. Pour résoudre ces problèmes, on appliqua de divers schémas de centrage, par exemple, ceux de Gauss, de Delaunay-Hill, de Fatou et d'autres, dont l'essentiel consistait en ce que dans les équations différentielles compliquées, décrivant les oscillations ou les rotations, les deuxièmes membres étaient remplacés par leurs valeurs moyennes, c'est-à-dire, par les fonctions "lissées", ne dépendant pas explicitement de temps t et de paramètres rapidement variables. Les équations obtenues s'intégraient exactement ou bien se simplifiaient considérablement, ce qui permettait d'en tirer des conclusions importantes, qualitatives comme quantitatives, sur le mouvement étudié.

Mais la méthode de centrage restait longtemps inconnue dans la théorie des oscillations non-linéaires, et ce ne sont que les travaux de Van der Pol et leur large popularisation par L.I. Mandelstam et N. D. Papalexi qui ont donné la naissance à l'application systématique de la méthode de centrage dans la Radiotechnique, dans l'Electrotechnique et dans les Mécaniques pour étudier des processus oscillatoires non-linéaires, y rencontrés.

Tout de même, il faut remarquer que déjà en 1835, dans sa "Note sur la méthode des approximations successives", M.V. Ostrogradsky étudia une équation non-linéaire à la caractéristique cubique et en première approximation il reçut un résultat pareil à celui que fournirait la méthode de centrage.

Et auparavant, en 1682, Issaak Newton (voir "Philosophiae naturalis principia mathematica", livre V)examina le mouvement du pendule dans un milieu résistant et il obtint une formule de l'amortissement des petites oscillations, valable pour toute loi de la résistance. La formule de Newton coincide entièrement avec celle trouvée en première approximation à l'aide de la méthode de centrage.

Il est à remarquer que dans son exposé de la méthode de centrage Van der Pol déduisait les équations centrées par les raisonnements très éloignés de la rigueur mathématique. Bien que sa méthode fût fructueuse à la première étape du développement de la mécanique non-linéaire, elle ne pouvait satisfaire complétement ni les besoins pratiques, ni les exigences minimales quant à la persuasivité et la généralité des conclusions, ce qui est demandé à la vraie méthode approchée pour se faire quelque idée de sa précision et des limites de sa validité.

Néanmoins, en 1928 P. Fatou et en 1934 L.I. Mandelstam et N.D. Papalexi ont fait de premiers pas à donner la justification mathématique de la méthode de centrage dans un cas particulier, où les seconds membres des équations différentielles sont périodiques.

La méthode de centrage a été considérablement développée par N.M. Krylov et N.N. Bogolioubov. En 1937 ils ont démontré que cette méthode reste valable quand les deuxième membres des équations différentielles à centrer sont les fonctions quasi-périodiques par rapport au temps t .

Et c'est à N.N. Bogolioubov que nous devons la création de la théorie rigoureuse du principe de centrage. N.N. Bogolioubov a montré qu'on ne peut concevoir la méthode de centrage sans existence d'un changement de variables qui permet d'exclure le temps t des seconds membres des équations, avec telle précision que l'on veut par rapport à un petit paramètre ε . Avec cela, à l'aide des raisonnements physiques délicats N.N. Bogolioubov a élaboré le procédé à former non seulement un système centré de la première approximation, mais aussi des systèmes centrés des approximations plus élevées, dont les solutions représentent une solution du système de départ (système exact) avec une précision prescrite d'avance et aussi haute que l'on veut.

Je vais exposer succinctement l'idée de la méthode de centrage d'après N.N. Bogolioubov, mais sans entrer en détails, puisque cette méthode est traitée d'une manière détaillée dans des monographies bien connues.

L'essentiel de la méthode de centrage, que nous devons à N.N. Bogolioubov, peut être exposé de manière suivante.

Soit une équation différentielle sous la forme vectorielle

$$\frac{dx}{dt} = \varepsilon X(t, x), \qquad (1.1)$$

où ε est un petit paramètre positif, t est le temps, les x sont des points de l'espace euclidien à n dimensions E_n

Les équations dont les deuxièmes membres sont proportionnels à un petit paramètre, sont appelées, comme on sait, les équations "sous forme standard". Les variables x dans le système (1.1) sont des quantités lentement variables.

Sous certaines restrictions imposées aux deuxièmes membres de (1.1) changeons de variables d'après les formules

$$x = \xi + \varepsilon F_1(t, \xi) + \varepsilon^2 F_2(t, \xi) + \cdots + \varepsilon^m F_m(t, \xi), \qquad (1.2)$$

l'équation (1.1) se ramène à une équation exacte

$$\frac{d\xi}{dt}=\varepsilon X_0(\xi)+\varepsilon^2 P_2(\xi)+\cdots+\varepsilon^m P_m(\xi)+\varepsilon^{m+1}R(t,\xi). \quad (1.3)$$

Négligeons dans (1.3) le terme $\varepsilon^{m+1}R(t,\xi)$, il vient une équation "centrée" de m -ième approximation

$$\frac{d\xi}{dt}=\varepsilon X_0(\xi)+\varepsilon^2 P_2(\xi)+\cdots+\varepsilon^m P_m(\xi). \quad (1.4)$$

Toutes les fonctions $F_1(t,\xi),\ F_2(t,\xi),\ldots,F_m(t,\xi)$ dans le deuxième membre du changement (1.2) sont calculées élémentairement et les fonctions $X_0(\xi),\ P_2(\xi),\ldots,P_m(\xi)$ résultent du centrage des deuxièmes membres de (1.1) après y avoir substitué l'expression (1.2). Par exemple,

$$X_0(\xi)=\underset{t}{M}\left\{X(t,\xi)\right\},$$

$$P_2(\xi)=\underset{t}{M}\left\{\left(\tilde{X}\frac{\partial}{\partial\xi}\right)X(t,\xi)\right\}.$$

Dans un nombre de ses travaux N.N. Bogolioubov a donné la justification mathématique rigoureuse du principe de centrage, énoncé et développé par lui-même. Cette justification en son essence se ramène à la résolution de deux problèmes suivants.

1) Soit une valeur suffisamment petite du paramètre ε. Trouver les conditions sous lesquelles la solution des équations exactes

$$\frac{dx}{dt}=\varepsilon X(t,x) \quad (1.5)$$

diffère aussi peu que l'on veut de la solution des équations centrées correspondantes

$$\frac{d\xi}{dt}=\varepsilon \underset{t}{M}\left\{X(t,\xi)\right\}=\varepsilon X_0(\xi) \quad (1.6)$$

dans un intervalle de temps aussi long que l'on veut, mais fini.
2) Soient les solutions des équations exactes (1.5) et les solutions des équations centrées (1.6). Etablir la correspondance entre leurs diverses propriétés qui dépendent de leur comportement dans un intervalle infini de temps; particulièrement, faire correspondre les solutions périodiques du système centré aux solutions périodiques du système exact et établir les propriétés de l'attraction par celles-ci des solutions voisines.

Je n'ai pas de possibilité de donner ici l'énoncé complet de ces problèmes, ni de m'attarder sur la démonstration de nombreux théorèmes élégants qui donnent aux problèmes mentionnés la justification mathématique rigoureuse.

Je me borne à remarquer que c'est un théorème classique de N.N. Bogolioubov qui joue un rôle fondamental à la résolution du premier problème pour une assez large classe d'équations différentielles sous forme standard. Ce théorème nous fournit une évalution de la différence $|x(t) - \xi(t)|$ dans un intervalle de temps aussi long que l'on veut, mais fini, sous conditions assez générales imposées aux deuxièmes membres du système (1.5): il n'est exigé que l'existence de la valeur moyenne

$$\lim_{T\to\infty} \frac{1}{T}\int_0^T X(t,\xi)dt \longrightarrow X_0(\xi). \tag{1.7}$$

Ce théorème a donné la possibilité d'élargir essentiellement le domaine où le principe de centrage est valable et il a eu de considérables développements et généralisations dans des travaux de nombreux auteurs.

Y. A. Mitropolsky

Je vais parler brièvement d'un formalisme de la méthode de centrage de N.N. Bogolioubov. Ce formalisme aboutit aux équations centrées qui sont les équations approchées du premier et du deuxième ordre. Dans ce qui suit, pour abréger désignons l'ensemble de n variables $x_1,\dots,x_n$ par une lettre x et considérons dans l'équation (1.1) les grandeurs x et X comme les points d'espace euclidien à n dimensions.

Alors la formule de différentiation des fonctions de plusieurs variables

$$\frac{dF_k(t,x_1,\dots,x_n)}{dt} = \frac{\partial F_k}{\partial t} + \sum_{q=1}^{n} \frac{\partial F_k}{\partial x_q}\frac{dx_q}{dt} \tag{1.8}$$

deviendra avec nos notations

$$\frac{dF}{dt} = \frac{\partial F}{\partial t} + \frac{\partial F}{\partial x}\frac{dx}{dt} = \frac{\partial F}{\partial t} + \left(\frac{dx}{dt}\frac{\partial}{\partial x}\right)F, \tag{1.9}$$

de sorte que $\dfrac{\partial F}{\partial x}$ est considéré comme la matrice $\left\| \dfrac{\partial F_k}{\partial x_q} \right\|$ appliquée au vecteur $\dfrac{dx}{dt}$ et $\left(\dfrac{dx}{dt}\dfrac{\partial}{\partial x}\right)$ comme l'opérateur produit vectoriel

$$\sum_{q=1}^{n} \frac{dx_q}{dt}\frac{\partial}{\partial x_q}. \tag{1.10}$$

Il est évident que l'application du système de notation matrico-vectorielle ne nécessite aucune explication supplémentaire et présente une étape importante dans la simplification des équations.

Supposons de plus que $F(t,x)$ est une somme de la forme

$$F(t,x) = \sum_{\nu} e^{i\nu t} F_\nu(x). \tag{1.11}$$

En introduisant alors les notations

$$\left.\begin{aligned} &\underset{t}{M}\{F(t,x)\} = F_0(x),\\ &\tilde{F}(t,x) = \sum_{\nu\neq 0} \frac{e^{i\nu t}}{i\nu} F_\nu(x),\\ &\tilde{\tilde{F}}(t,x) = \sum_{\nu\neq 0} \frac{e^{i\nu t}}{(i\nu)^2} F_\nu(x) \end{aligned}\right\} \tag{1.12}$$

etc. on a identiquement

$$\frac{\partial \tilde{\tilde{F}}}{\partial t} = \tilde{F}, \qquad \frac{\partial \tilde{F}}{\partial t} = F - \underset{t}{M}\{F\}. \tag{1.13}$$

L'opérateur $\sim$ est l'opérateur d'intégration, $\underset{t}{M}$ est l'opérateur de centrage pour des x constants ou l'opérateur de centrage par rapport au temps.

Examinons maintenant le système d'équation (1.1) où ε est un petit paramètre et où les expressions $X(t,x)$ fonctions du temps sont représentées par les sommes de la forme

$$X(t,x) = \sum e^{i\nu t} X_\nu(x) \tag{1.14}$$

La forme de la solution approchée du système (1.1), peut être trouvée, ou plus exactement devinée, à l'aide de notions tout à fait intuitives, à savoir: étant donné que la dérivée première $\frac{dx}{dt}$ est proportionnelle au petit paramètre il est normal de considérer x comme une superposition d'un terme variable ξ et de la somme de termes oscillants et compte tenu de la faible valeur de ces dernières on posera à l'approximation du premier ordre: $x = \xi$ alors

$$\frac{dx}{dt} = \varepsilon X(t,x) = \varepsilon X(t,\xi) = \varepsilon \sum_{\nu} X_{\nu}(\xi) e^{i\nu t}, \qquad (1.15)$$

c'est-à-dire:

$$\frac{dx}{dt} = \varepsilon X_0(\xi) + \text{plus termes oscillants petits.} \qquad (1.16)$$

En considérant que ces termes sinusoïdaux n'entraînent que de petites oscillations de x par rapport à ξ et n'agissent pas sur la variation systématique de x on obtient en première approximation

$$\frac{d\xi}{dt} = \varepsilon X_0(\xi) = \varepsilon \underset{t}{M}\left\{X(t,\xi)\right\}. \qquad (1.17)$$

Pour obtenir l'approximation du deuxième ordre il faut tenir compte dans l'expression de x des termes oscillants en tenant compte de $\varepsilon e^{i\nu t} X_{\nu}(\xi)$ dans (1 .16) qui entraînent pour x des oscillations du type

$$\frac{\varepsilon e^{i\nu t}}{i\nu} X_{\nu}(\xi)$$

on aboutit alors à l'expression approchée du type

$$x = \xi + \varepsilon \sum_{\nu \neq 0} \frac{e^{i\nu t}}{i\nu} X_{\nu}(\xi) = \xi + \varepsilon \tilde{X}(t,\xi). \qquad (1.18)$$

En portant (1.18) dans l'équation (1.1) nous avons

$$\frac{dx}{dt} = \varepsilon X(t, \xi + \varepsilon \tilde{X}), \qquad (1.19)$$

c.à.d.: $\frac{dx}{dt} = \varepsilon \underset{t}{M}\left\{X(t, \xi + \varepsilon X)\right\}$ plus termes sinusoïdaux petits, d'où, en négligeant l'action des termes sinusoidaux sur la variation systématique de ξ nous obtenons l'équation de l'approximation de second ordre

$$\frac{d\xi}{dt} = \varepsilon \underset{t}{M}\left\{X(t, \xi + \varepsilon \tilde{X}(t,\xi))\right\},$$

ou, aux petites quantités du troisième ordre près,

$$\frac{d\xi}{dt} = \varepsilon \underset{t}{M}\left\{X(t,\xi) + \varepsilon\left(\tilde{X}(t,\xi)\frac{\partial}{\partial \xi}\right)X(t,\xi)\right\} \qquad (1.20)$$

et ainsi de suite.

Les raisonnements exposés, évidemment, ne sauraient prétendre être convaincants; on peut avancer, par exemple, que lorsque l'on porte (1.17) dans (1.1), les termes négligés sont du même ordre que εX_0 qui est conservé.

Il est aisé toutefois de leur donner une forme plus valable. Pour cela effectuons dans (1.1) le changement de variable

$$x = \xi + \varepsilon \tilde{X}(t,\xi), \qquad (1.21)$$

où ξ est prise comme inconnue.

En différentiant (1.21) il vient

$$\frac{dx}{dt} = \frac{d\xi}{dt} + \varepsilon \frac{\partial \tilde{X}(t,\xi)}{\partial \xi}\frac{d\xi}{dt} + \varepsilon \frac{\partial \tilde{X}(t,\xi)}{\partial t}. \qquad (1.22)$$

Mais en vertu de la propriété (1.13) de l'opérateur d'intégration

$$\frac{\partial \tilde{X}(t,\xi)}{\partial t} = X(t,\xi) - X_0(\xi).$$

En portant (1.21) et (1.22) dans (1.1) on obtient

$$\frac{d\xi}{dt} + \varepsilon \frac{\partial \tilde{X}(t,\xi)}{\partial \xi}\frac{d\xi}{dt} + \varepsilon X(t,\xi) - \varepsilon X_0(\xi) = \varepsilon X\left\{t, \xi + \varepsilon \tilde{X}(t,\xi)\right\}$$

soit

$$\left\{E+\varepsilon\frac{\partial\tilde{X}}{\partial\xi}\right\}\frac{d\xi}{dt}=\varepsilon X_0(\xi)+\varepsilon\left\{X(t,\xi+\varepsilon\tilde{X})-X(t,\xi)\right\}, \tag{1.23}$$

où E est une matrice unité.

En multipliant (1.23) à gauche par

$$\left\{E+\varepsilon\frac{\partial\tilde{X}}{\partial\xi}\right\}^{-1}, \tag{1.24}$$

on remarque que les nouvelles inconnues ξ vérifient des équations du type:

$$\begin{aligned}\frac{d\xi}{dt}&=\varepsilon\left\{E+\varepsilon\frac{\partial\tilde{X}}{\partial\xi}\right\}^{-1}X_0(\xi)+\\&+\varepsilon\left\{E+\varepsilon\frac{\partial\tilde{X}}{\partial\xi}\right\}^{-1}\left\{X(t,\xi+\varepsilon\tilde{X})-X(t,\xi)\right\}.\end{aligned} \tag{1.25}$$

D'autre part, en développant (1.24) en serie des puissances de ε il vient

$$\left\{E+\varepsilon\frac{\partial\tilde{X}}{\partial\xi}\right\}^{-1}=E-\varepsilon\frac{\partial\tilde{X}(t,\xi)}{\partial\xi}+\varepsilon^2\cdots, \tag{1.26}$$

où le symbole ε^m représente des grandeurs du meme ordre que ε^m. C'est pourquoi les équations (1.25) donnent

$$\frac{d\xi}{dt}=\varepsilon X_0(\xi)+\varepsilon^2\cdots, \tag{1.27}$$

soit de façon plus précise,

$$\begin{aligned}\frac{d\xi}{dt}&=\varepsilon X_0(\xi)-\varepsilon^2\frac{\partial\tilde{X}(t,\xi)}{\partial\xi}X_0(\xi)+\varepsilon\left\{X(t,\xi+\varepsilon\tilde{X})-X(t,\xi)\right\}+\varepsilon^3\cdots\\&=\varepsilon X_0(\xi)-\varepsilon^2\frac{\partial\tilde{X}(t,\xi)}{\partial\xi}X_0(\xi)+\varepsilon^2\left(\tilde{X}\frac{\partial}{\partial\xi}\right)X(t,\xi)+\varepsilon^3\cdots.\end{aligned} \tag{1.28}$$

Alors, si ξ vérifie les équations (1.27) dont les seconds membres diffèrent de ceux de l'équation

$$\frac{d\xi}{dt} = \varepsilon X_0(\xi) \tag{1.29}$$

à un infiniment petit du deuxième ordre l'expression

$$x = \xi + \varepsilon \tilde{X}(t, \xi) \tag{1.30}$$

est une solution exacte de l'équation considérée (1.1).

C'est pourquoi l'on peut prendre en première approximation

$$x = \xi, \tag{1.31}$$

en prenant pour ξ la solution de l'équation de l'approximation du premier ordre (1.29).

L'expression (1.30), où ξ vérifie les mêmes équations sera appelée approximation du premier ordre améliorée.

En portant l'approximation du premier ordre améliorée dans l'équation exacte (1.1) il est facile de voir que cette approximation la vérifie à un infiniment petit du deuxième ordre près.

En revenant à l'équation (1.29) on remarque qu'en vertu de la définition de l'opérateur de centrage

$$X_0(\xi) = \underset{t}{M}\{X(t, \xi)\}$$

l'équation de l'approximation du premier ordre peut être mise sous la forme

$$\frac{d\xi}{dt} = \varepsilon \underset{t}{M}\{X(t, \xi)\}. \tag{1.32}$$

De sorte que les équations de l'approximation du premier ordre (1.32) s'obtiennent à partir des équations exactes (1.1) par centrage par rapport au temps. Lorsque l'on effectue ce centrage on considère ξ comme une constante.

Passons maintenant à la construction de l'approximation du deuxième ordre.

Remarquons que lors de la construction de l'approximation du premier ordre en effectuant le changement de variable (1.30) nous avons mis l'équation (1.1) sous la forme

$$\frac{d\xi}{dt} = \varepsilon X_0(\xi) + \varepsilon^2 \cdots$$

Pour obtenir l'approximation du deuxième ordre nous trouverons de façon analogue, le changement de variable qui transforme x en ξ qui vérifie une équation du type

$$\frac{d\xi}{dt} = \varepsilon X_0(\xi) + \varepsilon^2 P(\xi) + \varepsilon^3 \cdots \tag{1.33}$$

Pour aboutir à ce changement de variable, la voie la plus simple, à notre avis, consiste à trouver une expression

$$x = \Phi(t, \xi, \varepsilon), \tag{1.34}$$

où ξ vérifie une équation du type

$$\frac{d\xi}{dt} = \varepsilon X_0(\xi) + \varepsilon^2 P(\xi), \tag{1.35}$$

et qui vérifie (1.1) à un infiniment petit de l'ordre de ε^3 près.

Comme pour ξ déterminé à partir de l'approximation du premier ordre

$$\frac{d\xi}{dt} = \varepsilon X_0(\xi),$$

l'expression

$$x = \xi + \varepsilon \sum_{\nu \neq 0} \frac{e^{i\nu t}}{i\nu} X_\nu(\xi) = \xi + \varepsilon \tilde{X}(t, \xi)$$

vérifie l'équation (1.1) à un infiniment petit du deuxième ordre près, nous chercherons la solution de (1.34) sous la forme

$$x = \xi + \varepsilon X(t,\xi) + \varepsilon^2 F(t,\xi), \tag{1.36}$$

où F est représenté par une somme du type

$$F(t,\xi) = \sum_{\mu} e^{i\mu t} F_{\mu}(\xi). \tag{1.37}$$

En portant (1.36) dans le deuxième membre de (1.1) on a

$$\varepsilon X(t,x) = \varepsilon X(t,\xi + \varepsilon\tilde{X}) + \varepsilon^2 \cdots \tag{1.38}$$
$$= \varepsilon X(t,\xi) + \varepsilon^2\left(\tilde{X}\frac{\partial}{\partial\xi}\right)X(t,\xi) + \varepsilon^3 \cdots$$

D'autre part pour ξ défini par l'équation (1.35) si l'on différentie l'expression (1.36) on obtient

$$\frac{dx}{dt} = \frac{d\xi}{dt} + \varepsilon\frac{\partial\tilde{X}(t,\xi)}{\partial\xi}\frac{d\xi}{dt} + \varepsilon^2\frac{\partial F(t,\xi)}{\partial\xi}\frac{d\xi}{dt} + \varepsilon\frac{\partial\tilde{X}(t,\xi)}{\partial t} + \varepsilon^2\frac{\partial F(t,\xi)}{\partial t} =$$

$$= \varepsilon X_0(\xi) + \varepsilon^2 P(\xi) + \varepsilon^2\frac{\partial\tilde{X}(t,\xi)}{\partial\xi}X_0(\xi) + \varepsilon\frac{\partial\tilde{X}(t,\xi)}{\partial t} + \varepsilon^2\frac{\partial F(t,\xi)}{\partial t} + \varepsilon^3\cdots,$$

d'où

$$\frac{dx}{dt} = \varepsilon X(t,\xi) + \varepsilon^2 P(\xi) + \varepsilon^2\frac{\partial\tilde{X}(t,\xi)}{\partial\xi}X_0(\xi) + \varepsilon^2\frac{\partial F(t,\xi)}{\partial t} + \varepsilon^3\cdots, \tag{1.39}$$

car

$$\frac{\partial\tilde{X}(t,\xi)}{\partial t} = X(t,\xi) - X_0(\xi).$$

De sorte que l'expression (1.38) sera égale à (1.39) à un infiniment petit de l'ordre de ε^3 près, si l'on choisit $P(\xi)$ et $F(t,\xi)$ tels qu'on ait

$$\frac{\partial F(t,\xi)}{\partial t} = \left(\tilde{X}\frac{\partial}{\partial\xi}\right)X(t,\xi) - \frac{\partial\tilde{X}(t,\xi)}{\partial\xi}X_0(\xi) - P(\xi). \tag{1.40}$$

Mais étant donné que

$$\tilde{X}(t,\xi) = \sum_{\nu\neq 0}\frac{e^{i\nu t}}{i\nu}X_{\nu}(\xi); \quad X(t,\xi) = \sum_{\nu} e^{i\nu t}X_{\nu}(\xi), \tag{1.41}$$

on peut écrire

$$\left(\tilde{X}\frac{\partial}{\partial\xi}\right)X(t,\xi)-\frac{\partial\tilde{X}(t,\xi)}{\partial\xi}X_0(\xi)= \tag{1.42}$$

$$=\sum_{\nu',\nu''(\nu'\neq 0)} e^{i(\nu'+\nu'')t}\frac{1}{i\nu'}\left(X_{\nu'}\frac{\partial}{\partial\xi}\right)X_{\nu''}(\xi)-\sum_{\nu\neq 0}\frac{e^{i\nu t}}{i\nu}\frac{\partial X_\nu(\xi)}{\partial\xi}X_0(\xi)$$

où dans la somme

$$\sum_{\substack{\nu',\nu''\\(\nu'\neq 0)}}$$

on effectue la sommation sur tous les couples (ν',ν'') de fréquences qui figurent dans les sommes (1.41).

Par suite, on peut représenter l'expression (1.42) par la somme:

$$\left(\tilde{X}\frac{\partial}{\partial\xi}\right)X(t,\xi)-\frac{\partial\tilde{X}(t,\xi)}{\partial\xi}X_0(\xi)=\sum_{\substack{\mu\\(\mu=\nu,\,\nu'+\nu'')}} e^{i\mu t}\varphi_\mu(\xi),$$

et la relation (1.40) sera vérifiée si l'on prend

$$P(\xi)=\varphi_0(\xi)=\underset{t}{M}\left\{\left(\tilde{X}\frac{\partial}{\partial\xi}\right)X(t,\xi)-\frac{\partial\tilde{X}(t,\xi)}{\partial\xi}X_0(\xi)\right\}=\underset{t}{M}\left\{\left(\tilde{X}\frac{\partial}{\partial\xi}\right)X(t,\xi)\right\}$$

et

$$F(t,\xi)=\sum_{\mu\neq 0}\frac{e^{i\mu t}}{i\mu}\varphi_\mu(\xi)=\widetilde{\left(\tilde{X}\frac{\partial}{\partial\xi}\right)X(t,\xi)}-\frac{\partial\tilde{\tilde{X}}(t,\xi)}{\partial\xi}X_0(\xi). \tag{1.43}$$

En résumé on peut affirmer que pour ξ défini par l'équation

$$\frac{d\xi}{dt}=\varepsilon\underset{t}{M}\left\{X(t,\xi)\right\}+\varepsilon^2\underset{t}{M}\left\{\left(\tilde{X}\frac{\partial}{\partial\xi}\right)X(t,\xi)\right\}, \tag{1.44}$$

l'expression

$$x=\xi+\varepsilon\tilde{X}(t,\xi)+\varepsilon^2\widetilde{\left(\tilde{X}\frac{\partial}{\partial\xi}\right)X(t,\xi)}-\varepsilon^2\frac{\partial\tilde{\tilde{X}}(t,\xi)}{\partial\xi}X_0(\xi) \tag{1.45}$$

vérifie l'équation (1.1) à un infiniment petit de l'ordre de ε^3 près.

Montrons maintenant que si l'on considère l'expression obtenue comme un changement de variable transformant l'inconnue x définie par l'équation exacte (1.1) en une nouvelle inconnue

ξ qui vérifie alors une équation du type

$$\frac{d\xi}{dt} = \varepsilon \underset{t}{M}\{X(t,\xi)\} + \varepsilon^2 \underset{t}{M}\left\{\left(X\frac{\partial}{\partial\xi}\right)X(t,\xi)\right\} + \varepsilon^3\cdots, \qquad (1.46)$$

qui diffère de (1.44) par les quantités d'ordre ε^3

Dans ce but différentions (1.45) et pour abreger utilisons les notations (1.43).

On obtient alors

$$\frac{dx}{dt} = \frac{d\xi}{dt} + \varepsilon\frac{\partial\tilde{X}(t,\xi)}{\partial\xi}\frac{d\xi}{dt} + \varepsilon^2\frac{\partial F(t,\xi)}{\partial\xi}\frac{\partial\xi}{\partial t} + \varepsilon\frac{\partial\tilde{X}(t,\xi)}{\partial t} + \varepsilon^2\frac{\partial F(t,\xi)}{\partial t} =$$

$$= \left(E + \varepsilon\frac{\partial\tilde{X}}{\partial\xi} + \varepsilon^2\frac{\partial F}{\partial\xi}\right)\frac{d\xi}{dt} + \varepsilon\frac{\partial\tilde{X}(t,\xi)}{\partial t} + \varepsilon^2\frac{\partial F(t,\xi)}{\partial t}, \qquad (1.47)$$

où E est une matrice unité.

Mais d'après la définition même de l'opérateur d'intégration nous avons

$$\varepsilon\frac{\partial\tilde{X}(t,\xi)}{\partial t} + \varepsilon^2\frac{\partial F(t,\xi)}{\partial t} = \varepsilon X(t,\xi) - \varepsilon\underset{t}{M}\{X(t,\xi)\} + \varepsilon^2\left(\tilde{X}\frac{\partial}{\partial\xi}\right)X(t,\xi) -$$

$$-\varepsilon^2\frac{\partial\tilde{X}(t,\xi)}{\partial\xi}X_0(\xi) - \varepsilon^2\underset{t}{M}\left\{\left(\tilde{X}\frac{\partial}{\partial\xi}\right)X(t,\xi)\right\}.$$

et c'est pourquoi il résulte de (1.47) que

$$\frac{dx}{dt} = \left(E + \varepsilon\frac{\partial\tilde{X}}{\partial\xi} + \varepsilon^2\frac{\partial F}{\partial\xi}\right)\frac{d\xi}{dt} + \varepsilon X(t,\xi) +$$

$$+ \varepsilon^2\left(\tilde{X}\frac{\partial}{\partial\xi}\right)X(t,\xi) - \varepsilon^2\frac{\partial\tilde{X}(t,\xi)}{\partial\xi}X_0(\xi) -$$

$$-\varepsilon X_0(\xi) - \varepsilon^2\underset{t}{M}\left\{\left(\tilde{X}\frac{\partial}{\partial\xi}\right)X(t,\xi)\right\}.$$

Remarquons maintenant qu'en vertu de (1.1) cette expression doit être égale à

$$\varepsilon X(t,x) = \varepsilon X(t,\xi + \varepsilon\tilde{X} + \varepsilon^2 F) = \varepsilon X(t,\xi) + \varepsilon^2\left(\tilde{X}\frac{\partial}{\partial\xi}\right)X(t,\xi) + \varepsilon^3\cdots.$$

De la sorte nous voyons que la variable ξ vérifie l'équation

$$\frac{d\xi}{dt} = \left(E + \varepsilon \frac{\partial \tilde{X}}{\partial \xi} + \varepsilon^2 \frac{\partial F}{\partial \xi}\right)^{-1} \left[\varepsilon X_0(\xi) + \varepsilon^2 \frac{\partial \tilde{X}(t,\xi)}{\partial \xi} X_0(\xi) + \varepsilon^2 M_t\left\{\left(\tilde{X} \frac{\partial}{\partial \xi}\right) X(t,\xi)\right\} + \varepsilon^3 \cdots\right]. \tag{1.48}$$

Mais il est évident que

$$\left(E + \varepsilon \frac{\partial \tilde{X}}{\partial \xi} + \varepsilon^2 \frac{\partial F}{\partial \xi}\right)^{-1} = E - \varepsilon \frac{\partial \tilde{X}(t,\xi)}{\partial \xi} + \varepsilon^2 \cdots,$$

et c'est pourquoi l'équation (1.48) peut être mise sous la forme

$$\frac{d\xi}{dt} = \varepsilon X_0(\xi) + \varepsilon^2 M_t\left\{\left(\tilde{X} \frac{\partial}{\partial \xi}\right) X(t,\xi)\right\} + \varepsilon^3 \cdots,$$

qui coïncide avec (1.46).

Ainsi lorsque ξ vérifie l'équation (1.46) dont le second membre ne diffère de celui de (1.44) que par un infiniment petit de l'ordre de ε^3, l'expression (1.45) est une solution exacte de l'équation (1.1).

Prenons alors pour approximation du deuxième ordre

$$x = \xi + \varepsilon \tilde{X}(t,\xi), \tag{1.49}$$

où ξ est défini par l'équation (1.44). Autrement dit, nous avons pris comme approximation du deuxième ordre la forme de l'approximation du premier ordre améliorée dans laquelle ξ vérifie l'équation de l'approximation du deuxième ordre.

L'expression (1.45), où ξ est défini à partir de l'équation (1.44) sera l'approximation du deuxième ordre améliorée.

Comme nous l'avons déjà vu, l'approximation améliorée du deuxième ordre vérifie l'équation exacte (1.1) avec une erreur de l'ordre de ε^3 .

Tout ce qui a été déjà dit se généralise aux équations du type

$$\frac{dx}{dt} = \varepsilon X(t,x) + \varepsilon^2 Y(t,x), \qquad (1.50)$$

où interviennent des infiniments petits du deuxième ordre.

Y. A. Mitropolsky

DEUXIEME LEÇON

CENTRAGE DES EQUATIONS DIFFERENTIELLES AUX PARAMETRES LENTEMENT VARIABLES.

1. **E q u a t i o n s a u x p a r a m è t r e s l e n t e m e n t v a r i a b l e s .** Comme on sait, l'étude des processus oscillatoires non stationnaires conduit dans de nombreux cas au système d'équations différentielles dont les paramètres (masse, rigidité, fréquences et amplitudes des forces extérieures, etc.) varient avec le temps. Supposons que ces paramètres varient lentement en comparaison de l'unité de temps dite "naturelle" qui est la période des oscillations propres. Dans ce cas, pour obtenir les solutions approchées on peut appliquer avec succès la méthode de centrage. Je ne peux pas m'arrêter ici sur l'analyse détaillée des équations à coefficients lentement variables et sur de nombreux résultats connus pour ces équations, en adressant les intéressés à la littérature spéciale. Je me borne à remarquer que dans certains nos travaux la méthode de centrage a été développée profondément, que, d'une part, elle a été appliquée à l'étude des systèmes mentionnés pour créer des algorithmes et des schémas de calcul, et que, d'autre part, elle y a reçu la justification mathématique rigoureuse.

Etudions d'abord le cas le plus simple. Soit une équation différentielle non linéaire aux paramètres lentement variables

$$\frac{d}{dt}\left[m(y)\frac{dx}{dt}\right]+c(y)x=\varepsilon F\left(y,\theta,x,\frac{dx}{dt}\right), \qquad (2.1)$$

où ε est un petit paramètre, $\frac{d\theta}{dt} = \nu(y) > 0$, $m(y)$ et $c(y)$ sont les fonctions positives pour toutes les valeurs des y ,la fonction $\mathcal{F}\left(y,\theta,x,\frac{dx}{dt}\right)$ est périodique de période 2π par rapport à θ , et cette fonction peut être mise sous la forme d'une somme

$$\mathcal{F}\left(y,\theta,x,\frac{dx}{dt}\right) = \sum_{n=-N}^{n=N} e^{in\theta} \mathcal{F}_n\left(y,x,\frac{dx}{dt}\right) \tag{2.2}$$

dont les coefficients $\mathcal{F}_n\left(y,x,\frac{dx}{dt}\right)$ sont des polynômes en x et $\frac{dx}{dt}$.

Supposons que dans l'équation (2.1) le paramètre y varie lentement avec le temps et que le caractère de cette variation dépende du mouvement du système (2.1).

Soit une équation

$$\frac{dy}{dt} = \varepsilon f\left(y,\theta,x,\frac{dx}{dt}\right) \tag{2.3}$$

qui détermine la quantité lentement variable y , où $f\left(y,\theta,x,\frac{dx}{dt}\right)$ est une fonction périodique en θ de période 2π . Cette fonction peut à son tour être dévelopée en somme du type (2.2).

2. Réduction sous forme standard. Pour appliquer le principe de centrage au système d'équations (2.1)-(2.3), il est utile avant tout de le réduire sous forme standard. Supposons pour cela que le système considéré ne présente pas de cas résonnant, autrement dit, que $\nu(y) \neq \omega(y)$ pour tous les y , où $\omega(y) = \sqrt{\frac{c(y)}{m(y)}}$

Sous cette hypothèse introduisons dans les équations (2.1),(2.3) de nouvelles variables a, φ et y par les formules

$$x = a\cos\psi,$$

$$\frac{dx}{dt} = -a\omega(y)\sin\Psi,$$

$$y = y, \quad \Psi = \int^{t} \omega(y)dt + \varphi, \tag{2.4}$$

alors, au lieu du système (2.1)-(2.3), il résulte un système d'équations sous forme standard

$$\frac{da}{dt} = -\frac{\varepsilon}{m(y)\omega(y)}\left\{ a\frac{d[m(y)\omega(y)]}{dy} f(y,\theta,a\cos\Psi,-a\omega(y)\sin\Psi)\sin^2\Psi + \right.$$

$$\left. + \mathcal{F}(y,\theta,a\cos\Psi,-a\omega(y)\sin\Psi)\sin\Psi \right\},$$

$$\frac{d\varphi}{dt} = -\frac{\varepsilon}{m(y)\omega(y)}\left\{ \frac{d[m(y)\omega(y)]}{dy} f(y,\theta,a\cos\Psi,-a\omega(y)\sin\Psi)\sin\Psi\cos\Psi + \right. \tag{2.5}$$

$$\left. + \frac{1}{a}\mathcal{F}(y,\theta,a\cos\Psi,-a\omega(y)\sin\Psi)\cos\Psi \right\},$$

$$\frac{dy}{dt} = \varepsilon f(y,\theta,a\cos\Psi,-a\omega(y)\sin\Psi)$$

$$\left(\Psi = \int \omega(y)dt + \varphi\right).$$

Si nous étudions le comportement du système (2.1)-(2.3) dans une zone de résonance (pour fixer les idées, dans une zone de résonance principale), $\omega(y) \approx \nu(y)$, et il est nécessaire d'introduire de nouvelles variables a, Ψ et y par les formules

$$x = a\cos(\theta+\Psi),$$

$$\frac{dx}{dt} = -a\omega(y)\sin(\theta+\Psi), \tag{2.6}$$

$$y = y.$$

Après des transformations simples il vient un système d'équation sous forme standard

$$\frac{da}{dt} = -\frac{\varepsilon}{m(y)\omega(y)}\left\{a\frac{d[m(y)\omega(y)]}{dy} f\left(y,\theta,a\cos(\theta+\psi),-a\omega(y)\sin(\theta+\psi)\right)\sin^2(\theta+\psi)+\right.$$

$$\left. + \mathcal{F}\left(y,\theta,a\cos(\theta+\psi),-a\omega(y)\sin(\theta+\psi)\right)\sin(\theta+\psi)\right\},$$

$$\frac{d\psi}{dt} = \varepsilon\Delta(y) - \frac{\varepsilon}{m(y)\omega(y)}\left\{\frac{d[m(y)\omega(y)]}{dy}\times\right.$$

$$\times f\left(y,\theta,a\cos(\theta+\psi),-a\omega(y)\sin(\theta+\psi)\right)\sin(\theta+\psi)\cos(\theta+\psi)+ \qquad (2.\ 7)$$

$$\left. + \frac{1}{a}\mathcal{F}\left(y,\theta,a\cos(\theta+\psi),-a\omega(y)\sin(\theta+\psi)\right)\cos(\theta+\psi)\right\},$$

$$\frac{dy}{dt} = \varepsilon f\left(y,\theta,a\cos(\theta+\psi),-a\omega(y)\sin(\theta+\psi)\right)$$

$$\left(\varepsilon\Delta(y) = \omega(y) - \nu(y)\right).$$

3. Formation d'équations centrées de la première approximation. Supposons que nous ayons réduit le système d'équations (2.1)-(2.3) sous forme standard. Alors pour obtenir les équations centrées de la première, de la deuxième, etc. approximations on peut appliquer le schème de centrage dont l'idée a été déjà exposée lors de la dernière leçon. Par exemple, pour obtenir les équations centrées de la première approximation dans le cas de résonance, effectuons le centrage des deuxièmes membres du système (2.7) par rapport à θ . On obtient les équations différentielles

$$\frac{da}{dt} = \varepsilon A_1(y,a,\psi),$$

$$\frac{d\psi}{dt} = \omega(y) - \nu(y) + \varepsilon B_1(y,a,\psi), \qquad (2.8)$$

$$\frac{dy}{dt} = \varepsilon \mathcal{D}_1 (y, a, \psi),$$

où $\omega(y) = \sqrt{\dfrac{c(y)}{m(y)}}$, $\dfrac{d\theta}{dt} = \nu(y)$ et où on a posé

$$A_1(y,a,\psi) = \frac{-1}{2\pi m(y)\omega(y)} \left\{ \int_0^{2\pi} F\big(y,\theta, a\cos(\psi+\theta), -a\omega(y)\sin(\theta+\psi)\big) \times \right.$$
$$\times \sin(\theta+\psi)\,d\theta +$$
$$\left. + \frac{d[m(y)\omega(y)]}{dy} a \int_0^{2\pi} f\big(y,\theta,a\cos(\theta+\psi), -a\omega(y)\sin(\theta+\psi)\big)\sin^2(\theta+\psi)\,d\theta \right\},$$

$$B_1(y,a,\psi) = -\frac{1}{2\pi m(y)\omega(y)} \left\{ \frac{1}{a}\int_0^{2\pi} F\big(y,\theta,a\cos(\theta+\psi), -a\omega(y)\sin(\theta+\psi)\big) \times \right. \tag{2.9}$$
$$\times \cos(\theta+\psi)\,d\theta +$$
$$\left. + \frac{d[m(y)\omega(y)]}{dy} \int_0^{2\pi} f\big(y,\theta,a\cos(\theta+\psi), -a\omega(y)\sin(\theta+\psi)\big)\cos(\theta+\psi)\sin(\theta+\psi)\,d\theta \right\},$$

$$\mathcal{D}_1(y,a,\psi) = \frac{1}{2\pi}\int_0^{2\pi} f\big(y,\theta,a\cos(\theta+\psi), -a\omega(y)\sin(\theta+\psi)\big)\,d\theta.$$

4. C a s p a r t i c u l i e r s d e s y s t è m e (2.1)-(2.3). Examinons les cas particuliers de système (2.1)-(2.3) où l'intégration d'un système centré peut être considérablement simplifiée ou même être menée à la fin.

Tout d'abord examinons le cas où le deuxième membre d'équation (2.3) est une constante. Pour fixer les idées posons $f\left(y,\theta,x,\dfrac{dx}{dt}\right) = 1$. Alors l'équation (2.1) prend la forme

$$\frac{d}{dt}\left[m(\tau)\frac{dx}{dt}\right] + c(\tau)x = \varepsilon \mathcal{F}\left(\tau, \theta, x, \frac{dx}{dt}\right), \tag{2.10}$$

où $\tau = \varepsilon t$ est un "temps lent".

Introduisons (dans le cas de résonance principale, $\omega(\tau) \approx \nu(\tau)$) de nouvelles variables a et ψ à l'aide des formules

$$\begin{aligned} x &= a\cos(\theta+\psi), \\ \frac{dx}{dt} &= -a\omega(\tau)\sin(\theta+\psi), \end{aligned} \tag{2.11}$$

il résulte une équation sous forme standard

$$\begin{aligned} \frac{da}{dt} &= -\frac{\varepsilon}{m(\tau)\omega(\tau)}\left\{a\frac{d[m(\tau)\omega(\tau)]}{d\tau}\sin^2(\theta+\psi) + \right. \\ &\left. + \mathcal{F}\left(\tau, \theta, a\cos(\theta+\psi), -a\omega(\tau)\sin(\theta+\psi)\right)\sin(\theta+\psi)\right\}, \\ \frac{d\psi}{dt} &= \varepsilon\Delta(\tau) - \frac{\varepsilon}{m(\tau)\omega(\tau)}\left\{\frac{d[m(\tau)\omega(\tau)]}{d\tau}\sin(\theta+\psi)\cos(\theta+\psi) + \right. \\ &\left. + \frac{1}{a}\mathcal{F}\left(\tau, \theta, a\cos(\theta+\psi), -a\omega(\tau)\sin(\theta+\psi)\right)\cos(\theta+\psi)\right\}, \end{aligned} \tag{2.12}$$

où $\varepsilon\Delta(\tau) = \omega(\tau) - \nu(\tau)$

Centrons les deuxièmes membres par rapport à θ , il vient

$$\begin{aligned} \frac{da}{dt} &= \varepsilon A_1(\tau, a, \psi), \\ \frac{d\psi}{dt} &= \varepsilon\Delta(\tau) + \varepsilon B_1(\tau, a, \psi), \end{aligned} \tag{2.13}$$

où $A_1(\tau, a, \psi)$ et $B_1(\tau, a, \psi)$ sont déterminés par les formules (2.9).

Si le deuxième membre de l'équation (2.10) remplit la condition

$$\mathcal{F}\left(\tau, \theta, x, \frac{dx}{dt}\right) = \mathcal{F}(\tau, x), \tag{2.14}$$

les équations centrées (2.13) se présentent sous la forme

$$\frac{da}{dt} = -\frac{\varepsilon a}{2m(\tau)\omega(\tau)} \frac{d[m(\tau)\omega(\tau)]}{d\tau},$$

$$\frac{d\psi}{dt} = \omega(\tau) - \frac{\varepsilon}{2\pi m(\tau)\omega(\tau)a} \int_0^{2\pi} \mathcal{F}(\tau, a\cos\psi)\cos\psi d\psi. \tag{2.15}$$

Le système (2.15) peut être intégré complétement. En effet, de la première équation on tire

$$a(\tau) = a_0 \sqrt{\frac{m(0)\omega(0)}{m(\tau)\omega(\tau)}}, \tag{2.16}$$

où a_0 est une valeur initiale de l'amplitude pour $t = 0$.

Substituons la valeur trouvée de l'amplitude dans la deuxième équation du système (2.15), il vient

$$\psi = \int_0^t \omega_e[a(\tau), \tau] dt, \tag{2.17}$$

où on à posé

$$\omega_e[a(\tau), \tau] =$$

$$= \omega(\tau) - \frac{\varepsilon[m(0)\omega(0)]^{-\frac{1}{2}}}{2\pi[m(\tau)\omega(\tau)]^{1/2} a_0} \int_0^{2\pi} \mathcal{F}\left(\tau, a_0\sqrt{\frac{m(0)\omega(0)}{m(\tau)\omega(\tau)}}\cos\psi\right)\cos\psi d\psi. \tag{2.18}$$

Or, les oscillations décrites par l'équation (2.10) sous condition (2.14) sont sinusoïdales, la variation lente de leur amplitude est inversement proportionnelle à la valeur $\sqrt{m(\tau)\omega(\tau)}$ et leur phase varie selon la formule (2.17).

A titre du deuxième cas particulier, prenons

$$\mathcal{F}\left(\tau, \theta, x, \frac{dx}{dt}\right) = \mathcal{F}\left(\tau, \frac{dx}{dt}\right). \tag{2.19}$$

Les équations centrées sont de la forme

$$\frac{da}{dt} = -\frac{\varepsilon a}{2m(\tau)\omega(\tau)} \cdot \frac{d[m(\tau)\omega(\tau)]}{d\tau} - \frac{\varepsilon}{2\pi m(\tau)\omega(\tau)} \int_0^{2\pi} \mathcal{F}(\tau, -a\omega(\tau)\sin\psi)\sin\psi \, d\psi,$$
$$\frac{d\psi}{dt} = \omega(\tau). \tag{2.20}$$

La deuxième équation nous fournit immédiatement la loi de variation de la phase totale

$$\psi = \int_0^t \omega(\tau) dt. \tag{2.21}$$

Evidemment, en première approximation la fréquence des oscillations décrites par l'équation (2.10), à condition (2.19), ne dépend que du caractère du changement lent de la masse et de la rigidité du système et ne dépend nullement de l'amplitude des oscillations. Si la masse et la rigidité étaient constantes, nous obtiendrions les oscillations dites quasiisochrones dont la fréquence en première approximation serait constante et ne dépendrait pas de l'amplitude, à l'opposé de la plupart des systèmes oscillatoires non linéaires.

Examinons de plus un cas particulier oú le deuxième membre de l'équation (2.3) ne dépend pas du choix d'un trajectoire (2.4) le long duquel nous effectuons le centrage (c'est-à-dire, ne dépend pas du choix de la solution du système non perturbé). Alors le troisième équation du système (2.8) se met sous la forme

$$\frac{dy}{dt} = \varepsilon \bar{f}(y), \tag{2.22}$$

avec

$$\bar{f}(y) = \frac{1}{2\pi}\int_0^{2\pi} f(y,\theta)d\theta. \qquad (2.23)$$

De l'équation (2.22) on tire $y = y(\tau)$, après quoi on est ramené de nouveau à l'équation (2.10).

5. Systèmes d'équations aux paramètres lentement variables. Il n'est pas difficile de généraliser la méthode ci-dessus pour les systèmes d'équations différentielles aux paramètres lentement variables. Pour simplifier, bornons nous à examiner le cas où dans un système étudié les paramètres lentement variables ne dépendent pas du choix de trajectoire du système non perturbé.

Soit le système oscillatoire à N degrès de liberté, qui est caractérisé par les expressions de l'énergie cinétique et de l'énergie potentielle

$$T = \frac{1}{2}\sum_{i,j=1}^{N} a_{ij}(\tau)\dot{q}_i\dot{q}_j, \qquad V = \frac{1}{2}\sum_{i,j=1}^{N} b_{ij}(\tau)q_i q_j, \qquad (2.24)$$

où $a_{ij}(\tau) = a_{ji}(\tau)$, $b_{ij}(\tau) = b_{ji}(\tau)$, $\tau = \varepsilon t$ et par les forces généralisées

$$\varepsilon Q_j\left(\tau,\theta,q_1,\dots,q_N,\dot{q}_1,\dots,\dot{q}_N,\varepsilon\right) \quad (j = 1,2,\dots,N), \qquad (2.25)$$

Alors, pour étudier le processus oscillatoire, on obtient un système d'équations différentielles

$$\frac{d}{dt}\left\{\sum_{i=1}^{N} a_{ij}(\tau)\dot{q}_i\right\} + \sum_{i=1}^{N} b_{ij}(\tau)q_i = \varepsilon Q_j\left(\tau,\theta,q_1,\dots,q_N,\dot{q}_1,\dots\dot{q}_N,\varepsilon\right) \quad (j = 1,2,\dots,N), \qquad (2.26)$$

Introduisons de nouvelles variables quasinormales $x_1, x_2, \ldots, x_N$ d'après les formules

$$q_i = \sum_{k=1}^{N} \varphi_i^{(k)}(\tau) x_k \qquad (k = 1, 2, \ldots, N), \tag{2.27}$$

où $\varphi_i^{(k)}(\tau) \quad (i, k = 1, 2, \ldots, N)$ sont les fonctions normales dépendant du paramètre τ et satisfaisant une condition d'orthogonalité; le système (2.26) se réduit à celui des équations aux paramètres lentement variables

$$\frac{d^2 x_k}{dt^2} + \omega_k^2(\tau) x_k = \frac{\varepsilon}{m_k(\tau)} X_k(\tau, \theta, x_1, \ldots, x_N, \dot{x}_1, \ldots, \dot{x}_N, \varepsilon) \qquad (k = 1, 2, \ldots, N). \tag{2.28}$$

A l'aide du changement de variables que nous faisons pour éviter la singularité à l'origine (changement pareil à celui de Van der Pol)

$$x_k = z_k e^{i\omega_k t} + z_{-k} e^{-i\omega_k t},$$

$$\dot{x}_k = i\omega_k \dot{z} e^{i\omega_k t} - i\omega_k z_{-k} e^{-i\omega_k t},$$

où z_k, z_{-k} sont les fonctions inconnues du temps complexes conjugées, le système (2.28) peut être mis sous forme standard

$$\frac{dx}{dt} = \varepsilon X(\tau, \theta, x), \tag{2.29}$$

où $x = (z_1, \ldots, z_N, z_{-1}, \ldots, z_{-N})$, x, X sont des points de l'espace euclidien à n dimensions, $n = 2N$.

En appliquant la méthode de centrage, on peut former les systèmes d'équations centrées, correspondants au système (2.29), en approximations d'ordre un, deux et plus élevé.

6. Théorème, évaluant l'erreur de l'approximation d'ordre m. Nous ne formulons que l'énoncé d'un théorème évaluant l'erreur de l'approximation d'ordre m dans un intervalle fini de temps.

Soit un système centré de la m -ième approximation,

formé à partir du système (2.29),

$$\frac{dx^{(m)}}{dt} = \varepsilon X^{(m)}(\tau, x^{(m)}), \tag{2.30}$$

alors est juste le théorème suivant:

Théorème. Soient effectuées les conditions ci-dessous:

1) les formes quadratiques (2.24) sont définies positives sur segment fini $0 \leq \tau \leq L$;

2) les fonctions $a_{ij}(\tau)$, $b_{ij}(\tau)$, $\nu(\tau)$, $X_\kappa(\tau, \theta, x_1, \ldots, x_N, \dot{x}_1, \ldots, \dot{x}_N, \varepsilon)$ $(i, j, \kappa = 1, 2, \ldots, N)$ sont indéfiniment différentiables pour toutes les valeurs finies de leurs arguments et pour ε assez petit;

3) les expressions de $\frac{\partial^m X_\kappa}{\partial \varepsilon^m}$ sont des polynômes trigonométriques en angle θ d'ordres finis;

4) sur tout le segment $0 \leq \tau \leq L$ est remplie l'inégalité

$$A_1(\tau, a, \Psi) \leq Ca + C_1, \tag{2.31}$$

où C et C_1 sont des constantes et

$$A_1(\tau, a, \Psi) = \underset{\theta}{M}\left\{X(\tau, \theta, a\cos(\theta + \Psi))\right\}. \tag{2.32}$$

Alors à tout L aussi grand que l'on veut et à toute valeur des constantes M, S on peut attacher les constantes positives ε_0, K_m telles que pour tous les ε $(0 < \varepsilon < \varepsilon_0)$ sur le segment $0 \leq t \leq \frac{L}{\varepsilon}$ aura lieu l'inégalité

$$|x^{(m)}(t) - x(t)| < K_m \varepsilon^m, \tag{2.33}$$

où $x^{(m)}(t)$ est une solution du système centré (2.30) et $x(t)$ est celle du système de départ (2.29) déterminées par les conditions initiales

$$x^{(m)}(0) = x(0), \qquad |x(0)| \leq \mathcal{M}.$$

Nous n'allons pas nous attarder à la démonstration de ce théorème. Nous nous bornons à indiquer qu'il peut être sensiblement amélioré et élargi sur les systèmes plus générales, ceux aux paramètres lentement variables.

7. Pendule à la longueur qui varie lentement. A titre d'exemple typique étudierons les oscillations d'un pendule simple, dont la masse reste constante, en présence d'un petit amortissement et d'un changement lent de sa longueur(dans le cas d'une masse variable des difficultés supplémentaires n'apparaîssent pas).

Désignons par x un angle d'écart compté à partir de la verticale, par g une accélération de gravitation, par m la masse du pendule, par $l = l(\tau)$ sa longueur lentement variable et par $2n$ un coéfficient de frottement, il découle une équation differetielle

$$\frac{d}{dt}\left[ml^2(\tau)\,\frac{dx}{dt}\right] + 2n\,\frac{d}{dt}\left[l(\tau)x\right] + mgl(\tau)\sin x = 0. \qquad (2.34)$$

Si les écarts sont petits, $\sin x$ peut être remplacé par deux premiers termes de son développement suivant les puissances de x, après quoi l'équation (2.34) peut être mise sous la forme

$$\frac{d}{dt}\left[ml^2(\tau)\,\frac{dx}{dt}\right] + mgl(\tau)x = \varepsilon F\left(\tau, x, \frac{dx}{dt}\right), \qquad (2.35)$$

où on a posé formellement

$$\varepsilon F\left(\tau, x, \frac{dx}{dt}\right) = \frac{mgl(\tau)}{6}\,x^3 - 2nl(\tau)\frac{dx}{dt} - 2\varepsilon n\,\frac{dl(\tau)}{d\tau}\,x. \qquad (2.36)$$

Pour qu'on puisse plus facilement tenir compte de petites termes en formant les équations de la première et de la deuxième approximations, introduisons les notations

$$x = \sqrt{\varepsilon}\, x_1 , \qquad n = \varepsilon n_1 , \tag{2.37}$$

qui élucident la petitesse de l'amplitude d'oscillations et du frottement.

Maintenant l'équaton (2.35) peut être écrite sous la forme

$$\frac{d}{dt}\left[m l^2(\tau) \frac{dx_1}{dt} \right] + mgl(\tau) x_1 = \varepsilon F_1\left(\tau, x_1, \frac{dx_1}{dt}, \varepsilon\right), \tag{2.38}$$

avec

$$F_1\left(\tau, x_1, \frac{dx_1}{dt}, \varepsilon\right) = \frac{mgl(\tau)}{6} x_1^3 - 2n_1 l(\tau) \frac{dx_1}{dt} - 2\varepsilon n_1 \frac{dl(\tau)}{d\tau} x_1 . \tag{2.39}$$

A l'aide du changement de variables

$$x_1 = a \cos \psi , \qquad \frac{dx_1}{dt} = -a\omega(\tau) \sin \psi \tag{2.40}$$

mettons l'équation (2.38) sous forme standard et centrons le système obtenu, après cela on aura les équations

$$\frac{da}{dt} = -\varepsilon \left[\frac{n_1}{m l(\tau)} + \frac{3 l'(\tau)}{4 l(\tau)} \right] a , \qquad \frac{d\psi}{dt} = \omega(\tau)\left(1 - \frac{\varepsilon a^2}{16} \right); \tag{2.41}$$

où $\omega(\tau) = \sqrt{\frac{g}{l(\tau)}}$

Intégrons la première équation du système (2.41) sous conditions initiales $t = 0,\ a = a_0$, il vient une expression de a :

$$a = a_0 e^{-\frac{\varepsilon n_1}{m} \int_0^t \frac{dt}{l(\tau)}} \cdot \left[\frac{l(0)}{l(\tau)} \right]^{\frac{3}{4}} \tag{2.42}$$

En la portant dans la deuxième équation du système (2.41), on trouve

$$\psi = \int_0^t \omega(\tau)\left[1 - \frac{\varepsilon a_0^2 e^{-\frac{\varepsilon n_1}{m}\int_0^t \frac{dt}{l(\tau)}} \cdot \left[\frac{l(0)}{l(\tau)}\right]^{\frac{3}{2}}}{16}\right] dt \qquad (2.43)$$

Les formules (2.42) et (2.43) donnent la possibilité d'analiser complétement les oscillations du pendule quand sa longueur varie lentement. Si nous portons dans (2.42) et (2.43) $\tau = \varepsilon t$ et l'expression de $l(\tau)$,donnée d'avance, et si nous calculons ensuite les intégrales y intervenant, nous pourrons obtenir pour l'amplitude et la phase d'oscillations des formules simples qu'on pourra traiter aisément. Nous ne nous attarderons pas à leur analyse, tout comme à l'analyse des équations centrées de la deuxième approximation, en adressant les intéressés à la littérature spéciale.

8. Invariant adiabatique. En examinant les systèmes aux paramètres lentement variables nous rencontrons les grandeurs dites les invariants adiabatiques. Ce sont les grandeurs qui, tout en obéissant aux lois de la Mécanique classique,restent invariantes quand les paramètres varient lentement. Pour interpréter la notion de l'invariant adiabotique, étudions, suivant M. Borne, un exemple du pendule simple à la masse m et à la longueur l qui varie lentement (s'accroît ou diminue). Ce changement de la longueur provoque les changement de l'énergie W et de la fréquence ω des oscillations du pendule. Mais on peut montrer que la valeur $\frac{W}{\omega}$ reste constante pour les petites oscillations.

Une force qui tends le fil du pendule se compose d'une

partie de la force de gravité $mg\cos\varphi$ et d'une force centrifuge $ml\dot{\varphi}^2$. Le travail résultant d'un seul raccourcissement du pendule (ou d'un seul allongement, dans ce cas il faut prendre un signe contraire) est égal à

$$A = -\int mg\cos\varphi\, dl - \int ml\dot{\varphi}^2 dl. \qquad (2.44)$$

Si ce raccourcissement s'effectue assez lentement, en sorte que sa durée ne dépend nullement de la période d'oscillation, pour qu'on puisse parler de l'amplitude d'oscillations, on peut écrire

$$dA = -mg\overline{\cos\varphi}\, dl - ml\overline{\dot{\varphi}^2}\, dl, \qquad (2.45)$$

où les traits au-dessus des symboles signifient le centrage dans une période. Nous supposons ici que la variation des paramètres soit lente, ce qui est semblable à nos restrictions habituelles.

Si les oscillations sont petites, nous pouvons poser $\cos\varphi = 1 - \frac{\varphi^2}{2}$ dans la formule (2.45), après cela la quantité dA se divise en deux parties: $-mg\,dl$, qui représente le travail de l'ascension du pendule, et

$$dW = \left(\frac{mg}{2}\overline{\varphi^2} - ml\overline{\dot{\varphi}^2}\right) dl, \qquad (2.46)$$

qui représente l'énergie acquérie au cours d'une oscillation. Les valeurs moyennes de l'énergie potentielle et de l'énergie cynétique au cours d'une oscillation sont égales à la moitié de l'énergie totale, c'est-à-dire, à

$$\frac{W}{2} = \frac{m}{2} l^2 \overline{\dot{\varphi}^2} = \frac{m}{2} g l \overline{\varphi^2} \tag{2.47}$$

Comparons les deuxièmes membres de (2.46) et de (2.47), il résulte

$$dW = -\frac{W}{2l} dl. \tag{2.48}$$

Puisque $\omega = \sqrt{\frac{g}{l}}$, on a

$$\frac{d\omega}{\omega} = -\frac{dl}{2l} \tag{2.49}$$

Comparons les équations (2.48) et (2.49), il suit

$$\frac{dW}{W} = \frac{d\omega}{\omega}. \tag{2.50}$$

d'où il découle définitivement

$$\frac{W}{\omega} = \text{const}. \tag{2.51}$$

A l'aide de la méthode de centrage, dans l'exemple du pendule simple à la longueur variable, formons la première approximation et montrons qu'en première approximation, si, de plus, le frottement est absent, l'invariant adiabatique (2.51) est conservé. En effet, dans le cas de l'absence du frottement, on obtient une équation qui décrit les oscillations du pendule

$$\frac{d}{dt}\left[ml^2(\tau)\frac{dx}{dt}\right] + mgl(\tau)\sin x = 0, \tag{2.52}$$

où $l(\tau)$ est la longueur lentement variable. En première approximation la solution de cette équation est

$$x = a\cos\psi, \tag{2.53}$$

où a et ψ sont déterminés par le système centré

$$\begin{aligned} \frac{da}{dt} &= -\varepsilon a \frac{3l'(\tau)}{4l(\tau)}, \\ \frac{d\psi}{dt} &= \omega(\tau)\left(1 - \frac{\varepsilon a^2}{16}\right); \end{aligned} \tag{2.54}$$

et où

$$\omega(\tau) = \sqrt{\frac{g}{l(\tau)}}.$$

En intégrant la première équation du système (2.54), nous trouvons

$$a = a_0\left[\frac{l(0)}{l(\tau)}\right]^{\frac{3}{4}}. \tag{2.55}$$

Trouvons maintenant une valeur d'énergie totale, d'après la formule (2.47), dans laquelle il faut porter la valeur a selon (2.55) et la valeur x selon (2.53), il vient

$$\begin{aligned} W &= mgl(\tau)\overline{\varphi^2} = mgl(\tau)a^2\overline{\cos^2\varphi} = \\ &= mgl(\tau)a_0\left[\frac{l(0)}{l(\tau)}\right]^{\frac{3}{2}}\cdot\frac{1}{2}. \end{aligned} \tag{2.56}$$

Substituons cette valeur de W et la valeur de $\omega(\tau)$ dans (2.51), il résulte

$$\frac{W}{\omega(\tau)} = \frac{mgl(\tau)a_0\left[\frac{l(0)}{l(\tau)}\right]^{\frac{3}{2}}}{2\sqrt{\frac{g}{l(\tau)}}} = \frac{mga_0}{2\sqrt{g}}\,l(0)^{3/2} = const,$$

ce qu'il fallait démontrer.

Y. A. Mitropolsky

TROISIEME LEÇON

SYSTEMES PEU DIFFERENTS DE CEUX EXACTEMENT INTEGRABLES.

1. Enoncé du problème. De nombreux problèmes pratiques de la théorie des oscillations nous astreignent à considérer les équations différentielles non-linéaires aux paramètres lentement variables qui sont essentiellement distincts des équations différentielles linéaires. Il n'existe pas de procédé efficace, d'une portée plus ou moins large, qui permettrait de construire les solutions approchées de ces équations, même dans le cas des oscillations d'un système comportant un seul degré de liberté.

Mais en mainte occasion les équations différentielles non-linéaires, que nous rencontrons, comprennent les paramètres lentement variables et dépendent d'un petit paramètre ε de telle sorte que la valeur nulle de ce dernier met les équations sous une forme particulière. Sous cette forme, tout en restant non linéaires, les équations possèdent de certaines propriétés qui facilitent la création et l'application des méthodes spéciales destinées à construire les solutions approchées des équations primaires (avec $\varepsilon \neq 0$ et $\tau = \varepsilon t$). Parmi ces méthodes, en premier lieu se présente la méthode de centrage.

Soit donc une équation différentielle essentiellement non-linéaire aux paramètres lentement variables comprenant un petit paramètre ε de la manière que pour $\varepsilon = 0$ et $\tau = const$

elle peut être intégrée exactement. Soit une forme de cette équation

$$\frac{d^2x}{dt^2} + f(\tau, x) = \varepsilon F\left(\tau, x, \frac{dx}{dt}, \varepsilon\right), \qquad (3.1)$$

où, comme d'habitude, ε est le petit paramètre positif, $\tau = \varepsilon t$ est un temps lent et $F\left(\tau, x, \frac{dx}{dt}, \varepsilon\right)$ est une fonction analytique de ε. Nous supposons que cette fonction puisse être développée suivant les puissances entières de ε pour les petites valeurs de ce dernier

$$F\left(\tau, x, \frac{dx}{dt}, \varepsilon\right) = \sum_{n=0}^{\infty} \varepsilon^n F_n\left(\tau, x, \frac{dx}{dt}\right), \qquad (3.2)$$

et que les coéfficients de ce développement aient un nombre suffisant des dérivées bornées pour toutes les valeurs finies de leurs arguments τ, x, $\frac{dx}{dt}$

L'égalité à l'unité du coéfficient de la seconde dérivée dans l'équation (3.1) ne diminue point la généralité du raisonnement. En effet, au lieu de l'équation (3.1) nous pourrions avoir une équation

$$\frac{d}{dt}\left[m(\tau)\frac{dx}{dt}\right] + f_1(\tau, x) = \varepsilon F_1\left(\tau, x, \frac{dx}{dt}, \varepsilon\right). \qquad (3.3)$$

En supposant que $m(\tau) \neq 0$ pour tous les τ et en désignant

$$\frac{1}{m(\tau)} f_1(\tau, x) = f(\tau, x);$$

$$\frac{1}{m(\tau)} F_1\left(\tau, x, \frac{dx}{dt}, \varepsilon\right) - \frac{dx}{dt}\frac{dm(\tau)}{d\tau} = F\left(\tau, x, \frac{dx}{dt}, \varepsilon\right) \qquad (3.4)$$

on pourrait réduire cette équation à une équation de la forme (3.1).

2. M i s e d e l' é q u a t i o n (3.1) s o u s f o r m e s t a n d a r d . En même temps que l'équation (3.1), considérons une équation "non-troublée"

$$\frac{d^2x}{dt^2} + f(\tau, x) = 0 \tag{3.5}$$

et supposons que pour toutes les valeurs de τ de l'intervalle $0 \leq \tau \leq L$ on connaisse une solution périodique

$$x = z(\tau, \psi, a)$$
$$\left(z(\tau, \psi + 2\pi, a) = z(\tau, \psi, a)\right), \tag{3.6}$$

où

$$\psi = \omega(\tau, a)t + \varphi,$$

a et φ sont deux constantes arbitraires dont le sens physique est tout à fait clair. Le paramètre a détermine la configuration et l'amplitude des oscillations, φ est leur phase initiale.

Mettons l'équation (3.1) sous forme-standard. Pour cela, introduisons de nouvelles variables a et ψ conformement aux formules

$$x = z(\tau, \psi, a),$$
$$\frac{dx}{dt} = \omega(\tau, a) z'_{\psi}(\tau, \psi, a), \tag{3.7}$$

où $\tau = \varepsilon t$.

Différentions les expressions (3.7) et portons le résultat

dans l'équation (3.1). Compte tenu de l'identité

$$\omega^2(\tau,a)z''_{\psi^2} + f(\tau,z) = 0, \tag{3.8}$$

il vient un système

$$z'_a \frac{da}{dt} + z'_\psi \frac{d\psi}{dt} = \omega(\tau,a)z_\psi - \varepsilon z_\tau,$$

$$(\omega z'_\psi)'_a \frac{da}{dt} + \omega z''_{\psi^2}\frac{d\psi}{dt} = -\omega^2(\tau,a)z''_{\psi^2} + \varepsilon\left\{F(\tau,z,\omega z'_\psi,\varepsilon) - (\omega z'_\psi)'_\tau\right\}. \tag{3.9}$$

Résolvons ce système (3.9) en $\frac{da}{dt}$ et $\frac{d\psi}{dt}$; on obtient le système des équations différentielles qui équivaut à l'équation (3.1):

$$\frac{da}{dt} = \frac{\varepsilon\left\{-F(\tau,z,\omega z'_\psi,\varepsilon)z'_\psi + (\omega z'_\psi)'_\tau z'_\psi - \omega z''_{\psi^2} z'_\tau\right\}}{\omega z'_a z''_{\psi^2} - z'_\psi(\omega z'_\psi)'_a},$$

$$\frac{d\psi}{dt} = \omega(\tau,a) + \frac{\varepsilon\left\{F(\tau,z,\omega z'_\psi,\varepsilon)z'_a - (\omega z'_\psi)'_\tau z'_a + (\omega z'_\psi)'_a z'_\tau\right\}}{\omega z'_a z''_{\psi^2} - z'_\psi(\omega z'_\psi)'_a} \tag{3.10}$$

Il est facile de montrer que le dénominateur des deuxièmes membres de ces équations ne dépend pas de ψ . En effet, différentions l'identité (3.8) par rapport à ψ et a ; il vient

$$\omega^2 z'''_{\psi^3} + f'_z(\tau,z)z'_\psi \equiv 0$$
$$2\omega\omega'_a z''_{\psi^2} + \omega^2 z'''_{\psi^2 a} + f'_z(\tau,z)z'_a \equiv 0. \tag{3.11}$$

Multiplions la première des identités (3.11) par z''_a et la seconde par z'_ψ et soustrayons le deuxième résultat du premier; on aura

$$\omega^2 z'''_{\psi^3} z'_a - \omega^2 z'''_{\psi^2 a} z'_\psi - 2\omega\omega'_a z''_{\psi^2} z'_\psi = 0, \qquad (3.12)$$

c'est-à-dire,

$$\frac{d}{d\psi}\left[\omega z'_a z''_{\psi^2} - z'_\psi (\omega z'_\psi)'_a\right] = 0. \qquad (3.13)$$

Donc, l'expression $\omega z'_a z''_{\psi^2} - z'_\psi (\omega z'_\psi)'_a$ ne dépend que de τ et a, et non pas de ψ. Désignons cette expression par $D_0(\tau, a)$:

$$\omega z'_a z''_{\psi^2} - z'_\psi (\omega z'_\psi)'_a = D_0(\tau, a). \qquad (3.14)$$

si nous posons

$$\frac{1}{D_0}\left\{-F(\tau, z, \omega z'_\psi, \varepsilon) z'_\psi + (\omega z'_\psi)'_\tau z'_\psi - \omega z''_{\psi^2} z'_\tau\right\} = \Phi_1(\tau, \psi, a, \varepsilon),$$

$$\frac{1}{D_0}\left\{F(\tau, z, \omega z'_\psi, \varepsilon) z'_a - (\omega z'_\psi)'_\tau z'_a + (\omega z'_\psi)'_a z'_\tau\right\} = \Phi_2(\tau, \psi, a, \varepsilon), \qquad (3.15)$$

le système (3.10) se présente sous forme-standard

$$\frac{da}{dt} = \varepsilon \Phi_1(\tau, \psi, a, \varepsilon),$$

$$\frac{d\psi}{dt} = \omega(\tau, a) + \varepsilon \Phi_2(\tau, \psi, a, \varepsilon). \qquad (3.16)$$

Compte tenu des développements (3.2) et de la périodicité de la fonction (3.6) par rapport à ψ, on obtient les développements

$$\Phi_j(\tau,\psi,a,\varepsilon)=\sum_{m=0}^{\infty}\varepsilon^m \Phi_j^{(m)}(\tau,\psi,a), \tag{3.17}$$

$$\Phi_j^{(m)}(\tau,\psi,a)=\sum_{n=-\infty}^{\infty}\Phi_{j,n}^{(m)}(\tau,a)e^{in\psi} \quad (j=1,2), \tag{3.18}$$

où

$$\Phi_{j,n}^{(m)}(\tau,a)=\frac{1}{2\pi}\int_0^{2\pi}\Phi_{j,n}^{(m)}(\tau,\psi,a)e^{-in\psi}d\psi \tag{3.19}$$

3. F o r m a t i o n d e s é q u a t i o n s c e n t r é e s . Nous allons nous occuper d'une méthode à former les équations "centrées" pour le système (3.16). Cette méthode est fondée sur un changement de variables qui nous fournit des équations bien simples grâce à ce que les petits termes des ordres supérieurs sont négligés. De plus, ce changement mène à la séparation des variables. Ce procédé équivaut à la méthode de centrage, comme nous le verrons dans la suite.

Changeons de variables dans le système (3.16) suivant les formules

$$\begin{aligned} a &= a_1+\varepsilon u_1(\tau,\psi_1,a_1),\\ \psi &= \psi_1+\varepsilon v_1(\tau,\psi_1,a_1), \end{aligned} \tag{3.20}$$

où $u_1(\tau,\psi,a)$ et $v_1(\tau,\psi,a)$ sont déterminées par les expressions

$$u_1(\tau,\psi,a)=\sum_{n\neq 0}\frac{\Phi_{1,n}^{(0)}(\tau,a)}{in\omega(\tau,a)}e^{in\psi}+u_{10}(\tau,a), \tag{3.21}$$

$$v_1(\tau,\psi,a)=\sum_{n\neq 0}\left\{\frac{\Phi_{2,n}^{(0)}(\tau,a)}{in\omega(\tau,a)}-\frac{\omega_a'\Phi_{1,n}^{(0)}(\tau,a)}{n^2\omega^2(\tau,a)}\right\}e^{in\psi}+v_{10}(\tau,a).$$

Les fonctions $u_{10}(\tau,a)$ et $v_{10}(\tau,a)$ sont pour le moment inconnues et leurs expressions seront déterminées plus loin en tenant compte de la forme de la solution (3.6) et de certaines conditions supplémentaires imposées à la grandeur a.

Il est aisé de voir que les fonctions (3.21) vérifient les relations

$$\begin{aligned}\omega(\tau,a)\frac{\partial u_1}{\partial\psi}&=\Phi_1^{(0)}(\tau,\psi,a)-\Phi_{1,0}^{(0)}(\tau,a),\\ \omega(\tau,a)\frac{\partial v_1}{\partial\psi}&=\Phi_2^{(0)}(\tau,\psi,a)-\Phi_{2,0}^{(0)}(\tau,a)+\\&\quad+\omega_a'(\tau,a)\left[u_1(\tau,\psi,a)-u_{10}(\tau,a)\right].\end{aligned}\tag{3.22}$$

Portons les expressions (3.20) dans les équations (3,16), résolvons les équations obtenues en $\frac{da_1}{dt}$ et $\frac{d\psi_1}{dt}$ et, compte tenu de (3.22), au bout d'une suite de calculs il vient

$$\begin{aligned}\frac{da_1}{dt}&=\varepsilon\Phi_{1,0}^{(0)}(\tau,a_1)+\varepsilon^2R_1(\tau,\psi_1,a_1,\varepsilon),\\ \frac{d\psi_1}{dt}&=\omega(\tau,a_1)+\varepsilon\left[\omega_a'(\tau,a_1)u_{10}(\tau,a_1)+\Phi_{2,0}^{(0)}(\tau,a_1)\right]+\varepsilon R_2(\tau,\psi_1,a_1,\varepsilon).\end{aligned}\tag{3.23}$$

Nous ne donnons pas d'expressions explicites des fonctions $R_1(\tau,\psi,a,\varepsilon)$ et $R_2(\tau,\psi,a,\varepsilon)$, en nous bornant à noter qu'elles ont les mêmes propriétés que les fonctions (3.17).

Avant de passer à la formation et à l'analyse des équations centrées, fixons notre attention sur la détermination des fonctions $u_{10}(\tau, a)$, $v_{10}(\tau, a)$ qui interviennent dans les formules (3.21). Les grandeurs $u_{10}(\tau, a)$ et $v_{10}(\tau, a)$ étant encore inconnues, les formules (3.21) pour le moment ne déterminent pas uniformement les fonctions $u_1(\tau, \psi, a)$ et $v_1(\tau, \psi, a)$. Pour que ces fonctions soient déterminées univalentes, on a besoin de quelques conditions complémentaires qui nous permettraient de trouver les fonctions $u_{10}(\tau, a)$ et $v_{10}(\tau, a)$ d'une façon unique. Ces conditions peuvent être très variées, et leur choix dépend essentiellement de la forme de solution (3.6) et de ce que nous entendons par la grandeur a.

A titre d'exemple, considérons le choix des conditions complémentaires et la détermination des fonctions $u_{10}(\tau, a)$ et $v_{10}(\tau, a)$ dans un cas concret.

Soient pour l'équation "non-troublée" (3.6) les valeurs de la solution

$$z(t) = z[t, \omega(\tau, a)t + \varphi, a]$$

$(\tau = const)$, comprises entre sa valeur minimum z_{min} et sa valeur maximum z_{max}. Supposons qu'au cours de la demi-période d'oscillations toute valeur $z(t)$ soit atteinte deux fois - au moment t et au moment $T - t$, où $T = \frac{2\pi}{\omega(\tau, a)}$. On a

$$z(t) = z(T - t)$$

ce qui exprime une symétrie des oscillations par rapport au moment de la demi-période. Dans ce cas le développement de Fourier de la fonction $z(t)$ ne contiendra que les cossinus.

Si, de plus, le maximum z_{max} et le minimum z_{min} sont égaux en valeur absolue, c'est-à-dire

$$z_{min} = - z_{max}, \tag{3.24}$$

les oscillations, outre la symétrie par rapport à la demi-période présenteront une symétrie par rapport à un quart de période, et le développement de Fourier de $z(t)$ ne contiendra que les cossinus des arguments impaires.

Supposons que a est une amplitude totale de l'harmonique principal de l'oscillation. Dans ce cas la solution de l'équation "non-troublé" aura son développement de Fourier sous forme

$$z(\tau, \psi, a) = a \cos\psi + \sum_{n=\pm 3, \pm 5, \dots} z_n(\tau, a) e^{in\psi}, \tag{3.25}$$

où

$$z_n(\tau, a) = \frac{1}{2\pi} \int_0^{2\pi} z(\tau, \psi, a) e^{-in\psi} d\psi.$$

Faisons entrer dans la discussion les conditions supplémentaires qui nous autorisent à trouver les fonctions $u_{10}(\tau, a)$ et $v_{10}(\tau, a)$ de manière unique. Exigeons qu'après le changement de variables (3.20) la nouvelle variable a_1 soit, elle aussi, l'amplitude totale de l'harmonique principal de l'oscillation, aux petites quantités de premier ordre près. C'est bien cette condition qui nous permet de déterminer uniformement les fonctions inconnues $u_{10}(\tau, a)$ et $v_{10}(\tau, a)$. En effet, substituons les valeurs de a et de ψ d'après les formules

(3.20) dans l'expression (3.25); il vient

$$z(\tau,\psi,a)=(a_1+\varepsilon u_1)\cos(\psi_1+\varepsilon v_1)+\sum_{n=\pm3,\pm5,\dots} z_n(\tau,a_1+\varepsilon u_1)e^{in(\psi_1+\varepsilon v_1)}=$$

$$=a_1\cos\psi_1+\sum_{n=\pm3,\pm5,\dots} z_n(\tau,a_1)e^{in\psi_1}+\varepsilon\Big\{u_1\cos\psi_1-a_1v_1\sin\psi_1+ \tag{3.26}$$

$$+\sum_{n=\pm3,\pm5,\dots}\Big[z'_{na}(\tau,a_1)u_1+z_n(\tau,a_1)inv_1\Big]e^{in\psi_1}\Big\}+\varepsilon^2\dots$$

Le second terme du deuxième membre de (3.26) ne comprend pas de premier harmonique. Donc, pour que a_1 soit l'amplitude totale du premier harmonique dont l'argument est variable angulaire ψ, au petits termes de premier ordre près, il suffit que le premier harmonique n'intervienne pas dans l'expression

$$u_1\cos\psi_1-a_1v_1\sin\psi_1+\sum_{n=\pm3,\pm5,\dots}\Big[z'_{na}(\tau,a_1)u_1+z_n(\tau,a_1)inv_1\Big]e^{in\psi_1}.$$

Cette condition équivaut à la validité des égalités

$$\int_0^{2\pi}\Big\{u_1\cos\psi_1-a_1v_1\sin\psi_1+\sum_{n=\pm3,\pm5,\dots}\Big[z'_{na}(\tau,a_1)u_1+z_n(\tau,a_1)inv_1\Big]e^{in\psi_1}\Big\}\begin{matrix}\cos\psi_1\\ \sin\psi_1\end{matrix}\,d\psi_1=0. \tag{3.27}$$

Portons dans (3.27) les quantités $u_1(\tau,\psi_1,a_1)$ et $v_1(\tau,\psi_1,a_1)$ données par les formules (3.21) et faisons des transformations élémentaires, il vient les valeurs de $u_{10}(\tau,a_1)$ et $v_{10}(\tau,a_1)$. Nous ne citons qu'une expression explicite de $u_{10}(\tau,a_1)$:

$$u_{10}(\tau,a_1)=-\frac{1}{\omega(\tau,a_1)}\Big\{\frac{1}{4i}\Big[\Phi^{(0)}_{1,2}(\tau,a_1)-\Phi^{(0)}_{1,-2}(\tau,a_1)\Big]-$$

$$- \frac{a_1}{4}\left[\Phi^{(0)}_{2,2}(\tau,a_1) - \Phi^{(0)}_{2,-2}(\tau,a_1)\right] + \frac{a_1 \omega_a'(\tau,a_1)}{8 i\omega(\tau,a_1)}\left[\Phi^{(0)}_{1,-2}(\tau,a_1) - \Phi^{(0)}_{1,2}(\tau,a_1)\right] +$$

$$+ 2\sum_{\substack{n=-\infty \\ n\neq \pm 1}}^{\infty}\left[\frac{1}{in}\Phi^{(0)}_{1,n}(\tau,a_1)\left(z'_{1-n,a}(\tau,a_1) + z'_{-1-n,a}(\tau,a_1)\right) + \right.$$

$$+ \frac{1}{n}\Phi^{(0)}_{2,n}(\tau,a_1)\Big((1-n)z_{1-n}(\tau,a_1) - (1+n)z_{-1-n}(\tau,a_1)\Big) - \tag{3.28}$$

$$\left.\left. - \frac{i\omega_a'(\tau,a_1)\Phi^{(0)}_{2,n}(\tau,a_1)}{n^2\omega(\tau,a_1)}\Big((1-n)z_{1-n}(\tau,a_1) - (1+n)z_{-1-n}(\tau,a_1)\Big)\right]\right\}.$$

Pour construire la deuxième approximation, faisons subir au système (3.23) un nouveau changement de variables du type (3.20), et introduisons de nouvelles variables a_2 , ψ_2 ,selon les formules

$$a_1 = a_2 + \varepsilon^2 u_2(\tau,\psi_2,a_2),$$
$$\psi_1 = \psi_2 + \varepsilon^2 v_2(\tau,\psi_2,a_2), \tag{3.29}$$

où $u_2(\tau,\psi_2,a_2)$ et $v_2(\tau,\psi_2,a_2)$ sont déterminées par les expressions (3.21), dans lesquelles il faut substituer

$$R_1(\tau,\psi,a,\varepsilon) \quad , \quad R_2(\tau,\psi,a,\varepsilon), \; u_{20}(\tau,a) \text{ et } v_{20}(\tau,a)$$

au lieu de $\Phi_1(\tau,\psi,a,\varepsilon)$, $\Phi_2(\tau,\psi,a,\varepsilon)$, $u_{10}(\tau,a)$, $u_{20}(\tau,a)$. Avec cela, pour que le changement de variables (3.29) soit uniforme, nous avons recours de nouveau à un raisonnement pareil au précédent, qui nous permet de déterminer $u_{20}(\tau,a)$ et $v_{20}(\tau,a)$.

De manière analogue, nous pouvons étudier les cas où les systèmes essentiellement non-linéaires sont influés par des forces extérieures périodiques.

4. E q u a t i o n s d e l a p r e m i è r e a p p r o x i m a t i o n . L' o r d r e d e l' e r r e u r . Exami-

nons l'intégration du système d'équations (3.23) et l'ordre de l'erreur que nous commettons en négligeant des termes dans les deuxièmes membres du système.

Omettons dans (3.23) les petits termes de second ordre, on aura

$$\frac{da_1}{dt} = \varepsilon \Phi_{1,0}^{(0)}(\tau, a_1),$$
$$\frac{d\psi_1}{dt} = \omega(\tau, a_1) + \varepsilon\left[\omega_a'(\tau, a_1) u_{10}(\tau, a_1) + \Phi_{2,0}^{(0)}(\tau, a_1)\right]. \tag{3.30}$$

Le système (3.30), comme les équations de première (de deuxième) approximation mentionnées ci-dessus, dans le cas général ne se laisse pas intégrer exactement, aussi on est astreint à s'adresser aux procédés numériques.

En général, nous ne pouvons étudier le système que sur un segment fini, puisque $\tau \in [0, L]$. Or, intégrons la première équation du système (3.30) sur un segment $0 \leq t \leq \frac{L}{\varepsilon}$. On obtient une valeur de a_1 avec l'erreur d'ordre ε. Portons cette valeur de a_1 dans la deuxième équation du système (3.30) et l'intégrons sur le segment $0 \leq t \leq \frac{L}{\varepsilon}$. Puisque le deuxième membre de l'équation contient le terme non-petit $\omega(\tau, a_1)$, il vient l'erreur finie dans la détermination de la phase ψ. Si nous substituons dans (3.6) les quantités $a = a_1(\psi)$ et $\psi = \psi_1(t)$ obtenues de cette manière, l'expression qui en résulte

$$x_1 = z(\varepsilon t, \psi_1(t), a_1(t)),$$

généralement, différera de la valeur exacte x par des quantités finies.

Mais dans la plupart des cas importants du point de vue pratique il suffit de ne déterminer que l'amplitude a_1 et la fréquence d'oscillation $\omega(\tau, a_1)$, et souvent la phase d'oscillation ne nous intéresse pas. (La phase d'oscillation joue un rôle essentiel en présence des forces périodiques exterieures, dans les cas "résonnants", ce que nous examinerons en détails plus loin). Aussi, en traitant de nombreux problèmes pratiques, il suffit bien de se borner à l'intégration numérique du système (3.30).

Néanmoins, si nous voulons calculer non seulement l'amplitude a_1 et la fréquence d'oscillation $\omega(\tau, a_1)$, mais aussi les grandeurs x eux-mêmes, en tenant les quantités de premier ordre, nous devons considérer le système

$$\begin{aligned} \frac{da_1}{dt} &= \varepsilon \Phi_{1,0}^{(1)}(\tau, a_1) + \varepsilon^2 R_{1,0}^{(0)}(\tau, a_1), \\ \frac{d\psi_1}{dt} &= \omega(\tau, a_1) + \varepsilon\left[\omega_a'(\tau, a_1) u_{10}(\tau, a_1) + \Phi_{2,0}^{(0)}(\tau, a_1)\right], \end{aligned} \qquad (3.31)$$

obtenu en conservant dans la première équation les petits termes de deuxième ordre centrés.

Pour construire les équations centrées on a supposé que l'équation (3.5) du mouvement "non-troublé" admît la solution périodique (3.6) à deux constantes arbitraires a et ψ . En connaissance de cette solution périodique on a mis l'équation (3.1) sous forme standard (3.16). Ensuite, pour obtenir les équations centrées, on a admis que a fût l'amplitude et, de plus, que les oscillations fussent symétriques.

Ci-dessous nous montrons que beaucoup de restrictions

mentionnées peuvent être omises et qu'on peut construire les équations du type (3.30) non en amplitude d'harmonique principal, mais en maximum et en minimum de la grandeur oscillante, en partant directement de la forme des fonctions $f(\tau, x)$ et $F\left(\tau, x, \frac{dx}{dt}, \varepsilon\right)$ qui interviennent dans l'équation (3.1).

Tout d'abord, prenons le cas où la quantité a est un écart maximum, $a = x_{max}$, et, de plus, que les oscillations déterminées par l'équation "non-troublée" sont symétriques, c'est-à-dire, $x_{max} = -x_{min}$.

Montrons que les équations de première approximation (3.30) peuvent être mises sous la forme où le deuxième membre ne dépend nullement de la solution de l'équation non-perturbée (3.5) et s'exprime directement en fonctions $f(\tau, x)$ et $F\left(\tau, x, \frac{dx}{dt}, \varepsilon\right)$ qui caractérisent l'équation (3.1).

En effet, la première équation du système (3.30), d'après la désignation (3.15), peut être écrite sous forme

$$\frac{da}{dt} = \frac{1}{2\pi D_0(\tau, a)} \int_0^{2\pi} \left\{ -F\left(\tau, z, \omega z'_\psi, 0\right) z'_\psi + (\omega z'_\psi)'_\tau z'_\psi - \omega z''_{\psi^2} z'_\tau \right\} d\psi, \tag{3.32}$$

où

$$D_0(\tau, a) = \left[\omega z'_a z''_{\psi^2} - z'_\psi (\omega z'_\psi)'_a\right]_{\psi = 0}.$$

Soit l'équation du mouvement "non-troublé" (3.5)

$$\frac{d^2x}{dt^2} + f(\tau, x) = 0,$$

où τ est constant.

Désignons par $V(\tau, x)$ l'énergie potentielle du système "non-perturbé" (3.5),

$$V(\tau, x) = \int^{x} f(\tau, x)\,dx. \tag{3.33}$$

L'équation des forces vives pourra se mettre sous la forme

$$\frac{1}{2}\left(\frac{dx}{dt}\right)^2 + V(\tau, x) = V(\tau, x_{max}) = E, \tag{3.34}$$

où l'énergie totale E est une constante d'intégration. De (3.34) il résulte

$$\left(\frac{dx}{dt}\right)^2 = 2\left[V(\tau, x_{max}) - V(\tau, x)\right]. \tag{3.35}$$

Cela posé, on trouve

$$\frac{dx}{dt} = \omega z'_{\psi} = \sqrt{2\left[V(\tau, x_{max}) - V(\tau, x)\right]}. \tag{3.36}$$

D'après (3.34)

$$\omega^2 \frac{1}{2}\left(\frac{dz}{d\psi}\right)^2 + V(\tau, z) = V(\tau, x_{max}). \tag{3.37}$$

Différentions par rapport à τ l'expression (3.37), il vient

$$\omega'_{\tau}\omega(z'_{\psi})^2 + \omega^2 z''_{\psi\tau} z'_{\psi} + V'_{z}(\tau, z) z'_{\tau} + V'_{\tau}(\tau, z) = V'_{\tau}(\tau, x_{max}).$$

Selon l'égalité

$$V'_{z}(\tau, z) = f(\tau, z) = -\omega^2 z''_{\psi^2},$$

on obtient finalement

$$(\omega z'_{\psi})'_{\tau} z'_{\psi} - \omega z''_{\psi^2} z'_{\tau} = \frac{V'_{\tau}(\tau, x_{max}) - V'_{\tau}(\tau, z)}{\omega}. \tag{3.38}$$

En vertu de (3.36) et (3.38) la quadrature dans le deuxième membre de l'équation (3.32) se met sous la forme

$$\int_0^{2\pi}\left\{-F(\tau,z,\omega z'_{\psi},0)z'_{\psi}+(\omega z'_{\psi})'_{\tau}z'_{\psi}-\omega z''_{\psi^2}z'_{\tau}\right\}d\psi=$$
$$=\int_{-x_{max}}^{x_{max}}\left\{F\left(\tau,z,\sqrt{2[V(\tau,x_{max})-V(\tau,z)]},\varepsilon\right)-\right. \tag{3.39}$$
$$\left.-F\left(\tau,z,-\sqrt{2[V(\tau,x_{max})-V(\tau,z)]},0\right)+2\frac{V'_{\tau}(\tau,x_{max})-V'_{\tau}(\tau,z)}{\sqrt{2[V(\tau,x_{max})-V(\tau,z)]}}\right\}dz.$$

Transformons maintenant l'expression de $D_0(\tau,a)$. Supposons que x admette sa valeur maximum pour $\psi=0$, ce qui ne diminue pas la généralité du raisonnement. En effet, si x atteignait son maximum pour une valeur $\psi=\bar{\psi}$, on calculerait l'expression de $D_0(\tau,a)$ en substituant la valeur $\psi=\bar{\psi}$.

Or, soit

$$z(\tau,0,a)=x_{max}=a. \tag{3.40}$$

Compte tenu des relations (3.5), (3.39) et (3.36), on aura

$$z''_{\psi^2}\Big|_{\psi=0}=-\frac{1}{\omega^2}V'_z(\tau,x_{max}),\; z'_{\psi}\Big|_{\psi=0}=0,\quad z'_a\Big|_{\psi=0}=1,$$

et, par conséquent,

$$D_0(\tau,x_{max})=-\frac{1}{\omega}V'_z(\tau,x_{max}). \tag{3.41}$$

Portons les quantités (3.41) et (3.39) dans le deuxième membre de l'équation (3.32), il résulte une équation transformée sous la forme

$$\frac{da}{dt}=\frac{\omega}{2\pi V_z'(\tau,a)}\int_{-a}^{a}\Big\{F\Big(\tau,z,-\sqrt{2[V(\tau,a)-V(\tau,z)]},0\Big)-$$

$$-F\Big(\tau,z,\sqrt{2[V(\tau,a)-V(\tau,z)]},0\Big)-2\frac{V_z'(\tau,a)-V_z'(\tau,z)}{\sqrt{2[V(\tau,a)-V(\tau,z)]}}\Big\}dz \quad (3.42)$$

Evidemment, le deuxième membre de cette équation (3.42) ne comprend que les fonctions connues $f(\tau,x)$, $F(\tau,x,\frac{dx}{dt},0)$, et pour la former, il n'est pas nécessaire, comme dans le cas ci-dessus, de supposer connue la solution de l'équation "non-troublée" (3.5).

A l'aide d'un raisonnement pareil, mais un peu plus compliqué, on peut aussi transformer de la manière la deuxième équation du système (3.30), déterminant la phase d'oscillations, tout comme les équations d'approximations plus élevées.

5. Exemple de l'équation proche de celle intégrable exactement. A titre d'exemple, considérons les oscillations de torsion d'un arbre portant aux bouts les masses qui varient avec le temps (fig.1) Admettons que le moment d'inertie de l'arbre soit bien petit en comparaison des moments d'inertie des masses tournantes. Dans ce cas, en formant les équations, la masse de l'arbre peut être négligee.

Désignons par $J_1(\tau)$ et $J_2(\tau)$ les moments d'inertie des masses tournantes, et par φ_1 et φ_2 leurs angles de rotation. Soient $x=\varphi_1-\varphi_2$ et $M(x)$ un moment de tor-

Fig.1

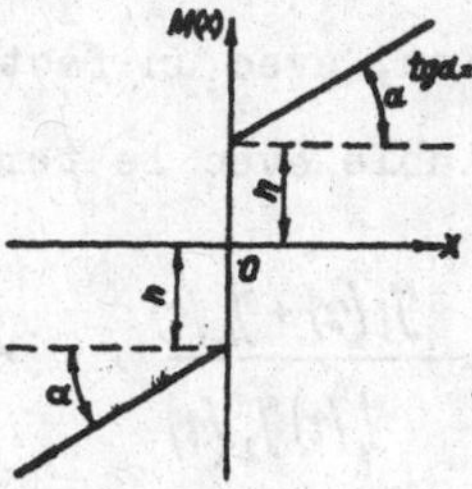

Fig.2

sion d'un lien (d'un manchon élastique, par exemple) qui dépend de l'angle de rotation. Pour fixer les idées, supposons que la fonction $M(x)$ soit une ligne brisée représentée sur la fig.2, c.à d.

$$
\begin{aligned}
M(x) &= h + hx, \quad \text{si} \quad x > 0, \\
M(x) &= -h + kx, \quad \text{si} \quad x < 0,
\end{aligned}
\tag{3.48}
$$

où h et k sont des constantes.

Cela posé, on peut écrire les équations

$$
\begin{aligned}
&J_1(\tau) \frac{d^2\varphi}{dt^2} + M(\varphi_1 - \varphi_2) = 0, \\
&J_2(\tau) \frac{d^2\varphi_2}{dt^2} - M(\varphi_1 - \varphi_2) = 0,
\end{aligned}
\tag{3.49}
$$

dont il suit immédiatement une équation décrivant les oscillations de torsion

$$
J_1(\tau) J_2(\tau) \frac{d^2 x}{dt^2} + \left[J_1(\tau) + J_2(\tau)\right] M(x) = 0. \tag{3.50}
$$

Admettons que le système oscillatoire considéré soit soumis à l'action d'une force de friction, proportionnelle à la vitesse de torsion, avec un facteur de proportionnalité $2\lambda(\tau)$ lentement variable avec le temps. En posant

$$\nu(\tau) = \frac{J_1(\tau) + J_2(\tau)}{J_1(\tau) J_2(\tau)}, \quad \nu(\tau) M(x) = f(\tau, x), \tag{3.51}$$

il vient une équation différentielle de la forme (3.1)

$$\frac{d^2x}{dt^2} + 2\lambda(\tau)\frac{dx}{dt} + f(\tau, x) = 0. \tag{3.52}$$

Avec cela on a

$$\varepsilon F\left(\tau, x, \frac{dx}{dt}, \varepsilon\right) = -2\lambda(\tau)\frac{dx}{dt}.$$

Dans ce cas pour l'équation du mouvement "non-troublé"

$$\begin{aligned} &\frac{d^2x}{dt^2} + \nu(\tau)(h + kx) = 0, \quad \text{si} \quad x > 0, \\ &\frac{d^2x}{dt^2} + \nu(\tau)(-h + kx) = 0, \quad \text{si} \quad x < 0, \end{aligned} \tag{3.53}$$

$(\tau = \text{const})$ on peut trouver facilement une solution périodique

$$x = z(\tau, \psi, a) = a \sin\psi + \frac{4h}{\pi} \sum_{n=3,5,7,\dots} \frac{\sin n\psi}{n\left[\frac{\omega^2(\tau, a)}{\nu(\tau)} n^2 - k\right]}, \tag{3.54}$$

où

$$\psi = \omega(\tau, a)t + \varphi, \omega^2(\tau, a) = \nu(\tau) k \left[1 + \frac{4h}{\pi k a}\right] \tag{3.55}$$

Profitons des formules ci-dessus pour obtenir les équations qui définissent a et ψ, aux petites quantités de premier ordre près; il résulte

$$\frac{da_1}{dt} = \frac{\varepsilon a_1\left[1+\frac{4h}{\pi k a_1}\right]\left[\nu(\tau)-\frac{\nu'(\tau)}{2\nu(\tau)}\right]}{2\left\{1+\frac{4h}{\pi k a_1}\sum_{n=3,5,7,\dots}\frac{1}{\left[n^2\left(1+\frac{4h}{\pi k a_1}\right)-1\right]}\right\}},$$

$$\frac{d\psi_1}{dt} = \nu^{\frac{1}{2}}(\tau)k^{\frac{1}{2}}\left(1+\frac{4h}{\pi k a_1}\right)^{\frac{1}{2}} - \frac{2\varepsilon h u_{10}(\tau,a_1)\left[\nu(\tau)+\frac{\nu'(\tau)}{2\nu(\tau)}\right]}{\pi k^{\frac{3}{2}}\nu^{\frac{1}{2}}(\tau)\left[1-\frac{4h}{\pi k a_1}\right]^{1/2}}, \tag{3.56}$$

où $u_{10}(\tau, a_1)$ doit être déterminé de la condition que a_1 soit une amplitude totale du premier harmonique à l'argument angulaire ψ_1, i.e. à l'aide de la formule (3.28).

Les équations en a_1 et ψ_1 (3.56) se laissent intégrer assez aisement. Par exemple, supposons, pour faciliter notre discussion, que J_1 et J_2 ne dépendent pas de τ, de sorte que $\nu = const$, $\lambda = const$. Dans ce cas on obtient une relation entre a_1 et t

$$\frac{a_1\left(1+\frac{4h}{\pi k a_1}\right)^2}{a_0\left(1+\frac{4h}{\pi k a_0}\right)^2}\prod_{n=3,5,7,\dots}\frac{\left(1+\frac{4h}{\pi k a_0}\right)-\frac{1}{n^2}}{\left(1+\frac{4h}{\pi k a_1}\right)-\frac{1}{n^2}} = e^{-\lambda t} \tag{3.57}$$

où on a admis les valeurs initiales : pour $t = 0$, $a = a_0$.

Si $h = 0$, i.e., si l'équation (3.52) devient linéaire la formule (3.57) nous amène à une expression connue de l'amplitude d'oscillations,

$$a_1 = a_0 e^{-\lambda t},$$

comme on pourrait le prévoir.

Et si les moments d'inertie varient avec le temps et vérifient la condition

$$J_1(\tau) = C J_2(\tau),$$

la première équation du système (3.56) nous donne

$$A_1(a_1) = \left[\frac{J_1(\tau)}{J_1(0)}\right]^{\frac{\varepsilon}{4}} e^{-\frac{\varepsilon}{2}\int_0^t \frac{1+C}{J_1(\tau)}dt},$$

où $A(a_1)$ est le premier membre de (3.57).

6. I n t é g r a l e d' a c t i o n . Nous allons étudier la question d'existence d'un invariant adiabatique pour un système oscillatoire à coefficients lentement variables, décrit par l'équation (3.5). Il est aisé de voir que pour cette équation l'invariant adiabatique est représenté par une fonction

$$J(\tau, a) = \frac{1}{2\pi}\int_0^{2\pi} \omega(\tau, a) z_\psi'^2(\tau, \psi, a)\, d\psi, \qquad (3.58)$$

où $z(\tau, \psi, a)$ est une solution périodique, de période 2π, de l'équation "non-troublée" (3.5).

La fonction (3.58)est dite l'intégrale d'action.

Si $\tau = const$, la grandeur a est constante, et, par conséquent, $J(\tau, a)$ est aussi constante.

Montrons que si τ et a varient lentement, la quantité $J(\tau, a)$ reste toujours constante. Pour cela, trouvons la dérivée totale de $J(\tau, a)$ par rapport au temps:

$$\frac{dJ(\tau,a)}{dt} = J'_a(\tau,a)\dot{a} + \varepsilon J'_\tau(\tau,a). \tag{3.59}$$

Calculons les valeurs des dérivées partielles $J'_a(\tau,a)$, $J'_\tau(\tau,a)$, les portons dans (3.59), il vient

$$\frac{dJ(\tau,a)}{dt} = \frac{\dot{a}}{2\pi}\int_0^{2\pi}\left(\omega'_a z'^2_\psi + 2\omega z'_\psi z''_{\psi a}\right)d\psi + \frac{\varepsilon}{2\pi}\int_0^{2\pi}\left(\omega'_\tau z'^2_\psi + 2\omega z'_\psi z''_{\psi a}\right)d\psi. \tag{3.60}$$

Transformons dans (3.60) le second terme sous le premier signe d'intégration. Intégrons par parties, il résulte

$$\int_0^{2\pi} z'_\psi z''_{a\psi}\,d\psi = z'_\psi z'_a \Big|_{\psi=0}^{\psi=2\pi} - \int_0^{2\pi} z''_{\psi^2} z'_a\,d\psi.$$

Mais, selon (3.6), $z'_\psi z'_a \Big|_{\psi=0}^{\psi=2\pi} = 0$, donc,

$$\int_0^{2\pi} z'_\psi z'_{a\psi}\,d\psi = -\int_0^{2\pi} z''_{\psi^2} z'_a\,d\psi,$$

et la première intégrale du deuxième membre de (3.60) peut être présentée sous la forme

$$J_1(\tau,a) = \frac{\dot{a}}{2\pi}\int_0^{2\pi}\left(\omega'_a z'^2_{\psi^2} + 2\omega z'_\psi z''_{a\psi}\right)d\psi =$$

$$= \frac{\dot{a}}{2\pi}\int_0^{2\pi}\left\{\omega'_a z'^2_{\psi^2} - \omega\left(z''_{\psi^2} z'_a - z'_\psi z''_{a\psi}\right)\right\}d\psi.$$

Compte tenu de la désignation (3.14), on a

$$J_1(\tau,a) = -\frac{\dot{a}}{2\pi}\int_0^{2\pi} D_0(\tau,a)\,d\psi = -\dot{a}\,D(\tau,a). \tag{3.61}$$

De manière analogue nous calculons la seconde intégrale dans l'expression (3.60). Il vient

$$J_2(\tau,a)=\frac{\varepsilon}{2\pi}\int_0^{2\pi}\left(\omega'_\tau z'^2_\psi+2\omega z'_\psi z''_{\psi a}\right)d\psi=$$

$$=\frac{\varepsilon}{2\pi}\int_0^{2\pi}\left(\omega'_\tau z'^2_\psi-\omega z''_{\psi^2} z'_\tau+\omega z'_\psi z''_{\psi\tau}\right)d\psi. \tag{3.62}$$

Comparons le deuxième membre de (3.62) à la première èquation du système (3.10), il découle

$$J_2(\tau,a)=\dot{a}D(\tau,a)+\frac{\varepsilon}{2\pi D(\tau,a)}\int_0^{2\pi}F(\tau,z,\omega z'_\psi,\varepsilon)z'_\psi\,d\psi. \tag{3.63}$$

Portons les valeurs (3.61) et (3.63) de $J_1(\tau,a)$ et $J_2(\tau,a)$ dans le deuxième membre de (3.60). Compte tenu de ce que dans le cas actuel $F(\tau,z,\omega z'_\psi,\varepsilon)=0$ on trouve

$$\frac{dJ(\tau,a)}{dt}=0,$$

d'où

$$J(\tau,a)=\mathrm{const}, \tag{3.64}$$

c.q.f.d.

Sous titre d'un exemple simple, illustrant l'emploi d'un invariant adiabatique, discutons une équation qui détermine les oscillations d'un système à un seul degré de liberté et à l'élasticité lentement variable:

$$\frac{d^2x}{dt^2}+c(\tau)x=0, \tag{3.65}$$

où $\tau=\varepsilon t$, $\varepsilon>0$ est un petit paramètre.
On a $\omega(\tau)=\sqrt{c(\tau)}$, $z(\tau,\psi,a)=a\cos\psi$, $z'_\psi(\tau,\psi,a)=-a\sin\psi$

Substituons ces quantités dans le deuxième membre de (3.58), il résulte

$$J(\tau,a)=\frac{1}{2\pi}\int_0^{2\pi}\omega z_\psi'^2\,d\psi=\frac{1}{2\pi}\int_0^{2\pi}\sqrt{c(\varepsilon t)}\,a^2\sin^2\psi\,d\psi=\frac{\sqrt{c(\varepsilon t)}\,a^2}{2}. \tag{3.66}$$

En vertu de ce qui précède, $J(\tau,a) = const$, donc

$$a=\frac{const}{\sqrt[4]{c(\varepsilon t)}} \tag{3.67}$$

La formule (3.67) caractérise la manière dont la loi de variation de l'amplitude a dépend de la loi selon laquelle varie lentement l'élasticité du système. La variation lente de l'amplitude a est inversement proportionnelle à la racine quatrième de $c(\varepsilon t)$.

Nous avons obtenu le même résultat en étudiant l'équation (2.10) où nous avons posé $m(\tau) = 1$ et $F_1(\tau,x) \equiv 0$ (voir (2.16)):

$$a=\frac{a_0}{\sqrt{\omega(\varepsilon t)}},$$

où $\omega(\varepsilon t)=\sqrt{c(\varepsilon t)}$.

Y. A. Mitropolsky

QUATRIEME LEÇON

CENTRAGE DANS LES SYSTEMES COMPRENANT LES MOUVEMENTS LENTS ET RAPIDES .

1. Enoncé général du problème.

En résolvant de nombreux problèmes liés avec l'étude des processus oscillatoires nous sommes astreints à considérer des systèmes où ne peuvent être mises sous forme standard qu'une partie d'équations. Nous obtenons les systèmes d'équations mentionnés, par exemple, dans le cas d'un système oscillatoire dont certains éléments effectuent les mouvements rapides, et les autres, les mouvements lents.

Les idées du centrage des équations sous forme standard et leur développement pour les équations aux paramètres lentement variables que nous avons éxposé au cours des leçons précédentes ont servi de base pour V.M.Volossov à élaborer un schéma général de centrage. Ce schéma porte sur les systèmes d'équations différentielles comprenants les mouvements lents et rapides qui peuvent être écrits sous la forme

$$\begin{aligned} \frac{dx}{dt} &= X(t,x,y,\varepsilon), \\ \frac{dy}{dt} &= \varepsilon Y(t,x,y,\varepsilon), \end{aligned} \tag{4.1}$$

où x , y sont des vecteurs, respectivement, à k et à m dimensions dans l'éspace euclidien E_n $(k+m=n)$ à n dimensions; $X(t,x,y,\varepsilon)$ et $Y(t,x,y,\varepsilon)$ sont des fonctions vectorielles à k et à m dimensions, respectivement; ε est un petit paramètre positif, les y sont des variables lentes et les x sont des variables rapides.

En développant les deuxièmes membres du système (4.1) en séries suivant les puissances du petit paramètre ε nous les présentons sous la forme suivante

$$\begin{aligned} \frac{dx}{dt} &= X_0(t,x,y) + \varepsilon X_1(t,x,y) + \varepsilon^2 \dots, \\ \frac{dy}{dt} &= \varepsilon Y_1(t,x,y) + \varepsilon^2 Y_2(t,x,y) + \varepsilon^3 \dots \end{aligned} \tag{4.2}$$

En même temps que le système (4.2), nous examinerons le système d'équations dégénerées, dites non perturbées, correspondantes à (4.2),

$$\begin{aligned} \frac{dx}{dt} &= X_0(t,x,y), \\ \frac{dy}{dt} &= 0, \quad y = const, \end{aligned} \tag{4.3}$$

que nous obtenons en portant $\varepsilon = 0$ dans les équations (4.2).

Dans le système (4.2) les quantités y changent lentement avec la vitesse εY. L'influence de la variation des x se réduit à ce que les grandeurs rapides x se superposent à la vitesse lente de la variation des variables y et εY, puisque $y = y(t,x,y,\varepsilon)$. Admettons que cette influence des mouvements rapides sur la vitesse des mouvements lents puisse être centrée dans un long intervalle de temps; en d'autres termes, supposons qu'il existe les valeurs moyennes des vitesses εY prises le long des courbes intégrales des mouvements rapides. Alors, naturellement, nous sommes placés devant une question si les solutions du système (4.2) sont proches des solutions du système centré.

Or, supposons que le long de chaque courbe intégrale $x = x(t, y)$ $(y = const)$ du système (4.3)il existe une limite

$$\overline{Y}_1(y) = \lim_{T \to \infty} \frac{1}{T} \int_0^T Y[t, x(t, y), 0] dt. \qquad (4.4)$$

Remarquons que d'habitude le centrage le long d'une courbe intégrale n'est autre chose que le centrage par rapport au temps qui intervient explicetement. En nous occupant au cours de la troisième leçon du système (2.1)-(2.3) nous avons centré la deuxième équation du système (2.3) le long de la courbe intégrale de l'équation (2.1), c'est à dire le long de la courbe $x = a \cos(\theta + \psi)$.

En ce qui concerne le système (4.2), il existe deux approches à résoudre le problème de centrage.

La première approche. Puisque dans le système (4.2) les variables y varient lentement et les variables x varient rapidement, l'influence des x sur les y se réduit à ce que les actions rapides des x se superposent aux vitesses lentes εY des variables y, parce que $Y = Y(t, x, y, \varepsilon)$ comme il a été indiqué plus haut. Centrons l'influence des mouvements rapides dans un long intervalle de temps, on arrive à l'examination de l'équation centrée

$$\frac{d\overline{y}}{dt} = \varepsilon Y_1 . \qquad (4.5)$$

au lieu de la seconde équation du système (4.1).

Si les deuxièmes membres de l'équation (4.5) ne dépendent que des y et, donc, ne dépendent pas du choix d'une trajectoire $x = x(t, y)$ du système non perturbé (4.3), le centrage mentionné simplifie essentiellement le problème, car le système (4.2) se dissocie en deux systèmes indépendants à k et à m dimensions respectivement.

La question de l'approximation asymptotique pour les solutions du système (4.2) se réduit au problème de l'approximation à l'aide des solutions du système centré (4.5). Dans ce cas les solutions du système centré (4.5) représent les premières approximation pour les solutions du système de départ (4.2). Mais une restriction essentielle est inhérente à la première approche: les deuxièmes membres de l'équation (4.5) doivent ne pas dépendre du choix d'une trajectoire du système non troublé (4.3). Remarquons quand même qu'on peut élaborer les méthodes qui utilisent le changement spécial de variables, à l'aide duquel le cas général (où la moyenne (4.4) dépend d'une trajectoire du système (4.3) non perturbé) se réduit à celui exposé plus haut.

Cette première approche est fondée sur l'application des idées habituelles de la méthode de centrage et elle est plus simple que la deuxième.

La deuxième approche, qui est plus générale, consiste dans la construction des approximations d'ordres supérieurs pour les y et pour les mouvements rapides x . Elle se fonde entièrement sur les idées de centrage de N.N.Bogolioubov et elle réside en formation d'un système centré

$$\frac{d\bar{x}}{dt} = X_0(t,\bar{x},\bar{y}) + \varepsilon A_1(\bar{y}) + \varepsilon^2 A_2(\bar{y}) + \cdots,$$

$$\frac{d\bar{y}}{dt} = \varepsilon \overline{Y}_1(\bar{y}) + \varepsilon^2 B_2(\bar{y}) + \cdots \qquad (4.6)$$

pour le système complet d'équations. Les solutions de (4.6) doivent approximer les solutions de (4.2) dans un intervalle de temps d'ordre $\frac{1}{\varepsilon}$ aussi exactement que l'on veut, et les fonctions $A_1(\bar{y})$, $A_2(\bar{y}),\ldots, B_2(y),\ldots$, inconnues pour le moment, doivent être trouvées à l'aide du centrage le long d'une trajectoire du système non perturbé (4.3). Comme ci-dessus, $Y_1(\bar{y})$ est défini par expression (4.4).

Le système d'équations (4.6), si nous nous restreignons à un nombre fini de termes dans ses deuxièmes membres, s'intègre plus aisement que le système de départ (4.2), puisque les variables lentes y et les variables rapides x y sont séparées.

2. Transformation séparant les variables. Maintenant nous allons exposer les résultats principaux liés avec la construction de la transformation qui réduit le système de départ (4.2) au système centré où les variables sont déjà séparées.

Soit un domaine qui sera déterminé dans la suite en rapport avec une démonstration du théorème d'évaluation. Puisque le centrage le long des courbes intégrales $x = x(t,y)$ du système non perturbé (4.3) est le point principal du raisonnement, dans ce qui suit nous supposerons connue la solution générale

$$x = \varphi(t, y, x_0, t_0) \qquad (4.7)$$

du système non perturbé (4.3), où x_0 est un vecteur constant à k dimensions et où $\varphi(t_0, y, x_0, t_0) = x_0$. Supposons que la fonction vectorielle (4.7) ait un nombre suffisant de dérivées et que par tout point du domaine considéré de variables x, y, t passe une et une seule courbe intégrale (4.7). Puisque dans le domaine considéré la fonction $\varphi(t, y, x_0, t_0)$ représente la solution générale du système (4.2), le rang de la matrice $\left\| \frac{\partial \varphi}{\partial x_0}, \frac{\partial \varphi}{\partial t_0} \right\|$ est évidemment égale au nombre de variables x. En outre supposons que pour les fonctions (4.7) et pour celles formant les deuxièmes membres d'équations (4.2) soient réalisées toutes les conditions nécessaires pour les transformations qui suivent.

A ces conditions cherchons un changement de variables du type

$$\begin{aligned} x &= \bar{x} + \varepsilon u_1(t, \bar{x}, \bar{y}) + \varepsilon^2 u_2(t, \bar{x}, \bar{y}) + \cdots, \\ y &= \bar{y} + \varepsilon v_1(t, \bar{x}, \bar{y}) + \varepsilon^2 v_2(t, \bar{x}, \bar{y}) + \cdots, \end{aligned} \qquad (4.8)$$

où $u_1(t, \bar{x}, \bar{y})$ et $u_2(t, \bar{x}, \bar{y})$ sont des fonctions vectorielles à k dimensions, $v_1(t, \bar{x}, \bar{y})$ et $v_2(t, \bar{x}, \bar{y})$ sont des fonctions vectorielles à m dimensions qui doivent être déterminées de manière que le changement (4.8) réduise le système (4.2) au système d'équations centrées (4.6). Il est évident que pour $\varepsilon = 0$ les systèmes (4.2) et (4.6) dégénèrent en système non perturbé (4.3). En même temps le changement (4.8) entraîne les égalités $x = \bar{x}$, $y = \bar{y}$, c'est à dire, entraîne la coïncidence des solutions du système (4.2) et du système (4.6), déterminées par les mêmes conditions initiales.

Pour résoudre ce problème, il faut trouver les fonctions vectorielles

$$u_1(t,\bar{x},\bar{y}),\ u_2(t,\bar{x},\bar{y}),\ldots;\ v_1(t,\bar{x},\bar{y}),\ v_2(t,\bar{x},\bar{y}),\ldots,$$
$$A_1(\bar{y}),\ A_2(\bar{y}),\ldots;\ B_2(\bar{y}),\ldots. \tag{4.9}$$

Passons à leur détermination. Pour cela différentions les dévellopements (4.8) et portons les expressions trouvées dans le système (4.2), en exprimant toutes les grandeurs en nouvelles variables $\bar{x}$ et $\bar{y}$, selon les formules (4.8).

Dans les expressions obtenues égalons les termes en puissances de ε. Il résulte un système à un nombre infini de relations

$$\frac{\partial u_1}{\partial t}+\frac{\partial u_1}{\partial x}X_0(t,\bar{x},\bar{y})=X_1(t,\bar{x},\bar{y})+\frac{\partial X_0}{\partial x}u_1+\frac{\partial X_0}{\partial y}v_1-A_1(\bar{y}), \tag{4.10}$$

$$\frac{\partial u_2}{\partial t}+\frac{\partial u_2}{\partial x}X_0(t,\bar{x},\bar{y})=X_2(t,\bar{x},\bar{y})+\frac{1}{2}\left\{\frac{\partial^2 X_0}{\partial x^2}u_1^2+\frac{\partial^2 X_0}{\partial y^2}v_1^2+2\frac{\partial^2 X_0}{\partial x\partial y}u_1v_1\right\}+$$
$$+\frac{\partial X_0}{\partial x}u_2+\frac{\partial X_0}{\partial y}v_2+\frac{\partial X_1}{\partial x}u_1+\frac{\partial X_1}{\partial y}v_1-\frac{\partial u_1}{\partial x}A_1(\bar{y})-\frac{\partial u_1}{\partial y}Y_1(t,\bar{x},\bar{y})-A_2(\bar{y}) \tag{4.11}$$

. . . .

$$\frac{\partial v_1}{\partial t}+\frac{\partial v_1}{\partial x}X_0(t,\bar{x},\bar{y})=Y_1(t,\bar{x},\bar{y})-\overline{Y}_1(y), \tag{4.12}$$

$$\frac{\partial v_2}{\partial t}+\frac{\partial v_2}{\partial x}X_0(t,\bar{x},\bar{y})=Y_2(t,\bar{x},\bar{y})-B_2(\bar{y})+$$
$$+\frac{\partial Y_1}{\partial x}u_1+\frac{\partial Y_1}{\partial y}v_1-\frac{\partial v_1}{\partial x}A_1(\bar{y})-\frac{\partial v_1}{\partial y}\overline{Y}_1(\bar{y}), \tag{4.13}$$

. . . .

qui détermine les fonctions inconnues (4.9).

En effet, supposons qu'un certain nombre de fonctions

$$u_i(t,\bar{x},\bar{y}),\ v_i(t,\bar{x},\bar{y}),\ A_i(\bar{y}),\ B_i(\bar{y}) \qquad (i=1,2,\ldots,s-1)$$

soient déjà trouvées. Dans ce cas l'équation déterminant la fonction suivante, par exemple $v_s(t,\bar{x},\bar{y})$, se mettra sous la forme

$$\frac{\partial v}{\partial t} + \frac{\partial v}{\partial x} X_0(t,\bar{x},\bar{y}) = S(t,\bar{x},\bar{y}) \tag{4.14}$$

où, pour simplifier, l'indice s est omis et où le deuxième membre comprend la fonction déjà connue $S(t,\bar{x},\bar{y})$ (toutes les fonctions (4.9), y compris les $(s-1)$ -ièmes, étant déjà déterminées).

L'équation vectorielle (4.14) peut être écrite sous forme du système

$$\frac{\partial v^{(j)}}{\partial t} + \sum_{s=1}^{k} X_0^{(s)}(t, x_1,\dots,x_k, y_1,\dots,y_m) \frac{\partial v^{(j)}}{\partial x_s} = \tag{4.15}$$
$$= S^{(j)}(x_1,\dots,x_k, y_1,\dots,y_m, t), \quad y = const \quad (j=1,\dots,k)$$

où les $v^{(j)}$ sont les composantes du vecteur $v = (v^{(1)}, v^{(2)},\dots, v^{(m)})$, les $X_0^{(j)}$ sont les composantes du vecteur $X_0 = (X_0^{(1)}, X_0^{(2)},\dots, X_0^{(k)})$, les $S^{(j)}$ sont les composantes du vecteur $S = (S^{(1)}, S^{(2)},\dots, S^{(k)})$, qui devient une fonction connue de $t, \bar{x}, \bar{y}$ après la détermination de toutes les fonctions (4.9), y compris les $(s-1)$ -ièmes.

Le système caractéristique des équations différentielles ordinaires correspondant au système (4.15) est de la forme

$$\frac{dx_1}{X_0^{(1)}} = \frac{dx_2}{X_0^{(2)}} = \dots = \frac{dx_k}{X_0^{(k)}} = \frac{dv^{(1)}}{S^{(1)}} = \frac{dv^{(2)}}{S^{(2)}} = \dots = \frac{dv^{(m)}}{S^{(m)}} = \frac{dt}{1}, \quad y = const \tag{4.16}$$

et les variables y interviennent dans ce système comme paramètres.

On connaît k intégrales du système (4.16), puisque,

d'après la supposition, on connaît la solution générale

$x = \varphi(t, y, x_0, t_0)$ du système d'équations non perturbées (4.3) qui dépend de k constantes arbitraires $x_0^{(1)}, x_0^{(2)}, \dots, x_0^{(k)}$

Ces intégrales appartiennent aux équations

$$\frac{dx_1}{X_0^{(1)}} = \frac{dx_2}{X_0^{(2)}} = \dots = \frac{dx_k}{X_0^{(k)}} = \frac{dt}{1}, \quad y = const$$

qui sont équivalentes au système (4.3).

Les autres m intégrales du système (4.6) peuvent être trouvées à l'aide de simples quadratures.

$$v^{(j)} = v^{(j)}\Big|_{t=t_0} + \int_{t_0}^{t} S^{(j)}(\varphi(t,y,x_0,t_0), y, t)\,dt \quad (j = 1,2,\dots,m) \qquad (4.17)$$

où les intégrales sont calculées le long des trajectoires connues $x = \varphi(t, y, x_0, t_0)$ du système (4.3).

Or, nous avons trouvé $k + m = n$ intégrales du système (4.16) et nous pouvons donc former une solution générale du système (4.15); après cela nous pouvons choisir une fonction concrète $u = u(t, \bar{x}, \bar{y})$, en indiquant les valeurs initiales.

Maintenant considérons de près la détermination des fonctions $u_s(t, \bar{x}, \bar{y})$

Dans le cas général, pour tirer ces fonctions du système (4.10),... , omettons les indices inférieurs et développons l'équation vectorielle en coordonnées, il vient un système

$$\frac{\partial u^{(j)}}{\partial t} + \sum_{s=1}^{k} X_0^{(s)}(t, x_1, \dots, x_k, y_1, \dots, y_m) \frac{\partial u^{(j)}}{\partial x_k} -$$

$$- \sum_{s=1}^{k} u^{(s)} \frac{\partial X_0^{(j)}}{\partial x_s} = R^{(j)}(t, x_1, \dots, x_k, y_1, \dots, y_m), \qquad (4.18)$$

$$(j = 1, 2, \dots, k)$$

où $u^{(j)}$ sont les composantes du vecteur $u = (u^{(1)}, u^{(2)}, \dots, u^{(k)})$, $R^{(j)}(t, x_1, \dots, x_k, y_1, \dots y_m)$ sont les fonctions connues (après la détermination de toutes les fonctions (4.9) jusq'aux $(s-1)$ -ièmes inclusivement).

Pour résoudre le système (4.18) il faut trouver $2k$ intégrales du système caractéristique correspondant

$$\frac{dx_1}{X_0^{(1)}} = \frac{dx_2}{X_0^{(2)}} = \dots = \frac{dx_k}{X_0^{(k)}} = \frac{du^{(1)}}{R^{(1)} + \sum_{s=1}^{k} u^{(s)} \frac{\partial X_0^{(1)}}{\partial x_s}} =$$
$$= \dots = \frac{du^{(k)}}{R^{(k)} + \sum_{s=1}^{k} u^{(s)} \frac{\partial X_0^{(k)}}{\partial x_s}} = \frac{dt}{1}, \qquad y = const. \tag{4.19}$$

Comme dans le cas précédent la solution générale du système (4.3) nous présente k intégrales $x = \varphi(t, y, x_0, t_0)$ et les autres k intégrales s'obtiennent après avoir trouvé la solution générale du système d'équations linéaires non homogènes

$$\frac{du^{(j)}}{dt} = \sum_{s=1}^{k} \frac{\partial X_0^{(j)}}{\partial x_s} u^{(s)} + R^{(j)}(t, x_1, \dots, x_k, y_1, \dots, y_m), \tag{4.20}$$
$$y = const \qquad (j = 1, 2, \dots, k).$$

Dans ce système (4.20) tous les coefficients et tous les deuxièmes membres sont les fonctions connues du temps t, parce qu'ils sont exprimés à l'aide des solutions $x = \varphi(t, y, x_0, t_0)$, $y = const.$ des équations non perturbées (4.3).

Pour trouver la solution générale du système d'équations non homogènes (4.20) il faut connaître un système fondamental de solutions des équations homogènes

$$\frac{du^{(j)}}{dt} = \sum_{s=1}^{k} \frac{\partial X_0^{(j)}}{\partial x_s} u^{(s)}. \qquad (j = 1, 2, \dots, k). \tag{4.21}$$

Soit un mineur d'ordre k de la matrice

$$\left\| \frac{\partial \varphi}{\partial x_0}, \frac{\partial \varphi}{\partial t_0} \right\|,$$

dont le rang est supposé égal à k, on peut le prendre pour la matrice des solutions fondamentales du système (4.21).

A l'aide de la variation des constantes arbitraires on trouvera maintenant la solution générale du système d'équations non homogènes (4.20) et de la sorte nous recevrons $2k$ intégrales du système (4.19). Etant données les conditions initiales, nous trouverons sans peine toutes les fonctions cherchées $u = (u^{(1)}, u^{(2)}, \dots, u^{(k)})$.

Compte tenu des systèmes (4.20) et (4.21), on a une expression de u_s

$$u_s = u_s|_{t=t_0} + L \int_{t_0}^{t} \left\{ L^{-1} R_s(t, x_1, \dots, x_k, y_1, \dots, y_m) \right\} dt, \tag{4.22}$$

où $x = \varphi(t, y, x_0, t_0)$, $y = const$, L est la matrice des solutions fondamentales du système (4.21). Comme ci-dessus, l'intégrale dans l'expression (4.22) est prise le long des trajectoires connues $x = \varphi(t, y, x_0, t_0)$ du système non perturbé (4.3).

Déterminons les fonctions $A_s(\bar{y})$ et $B_s(\bar{y})$. Pour cela il est nécessaire d'imposer certaines conditions supplémentaires. Il est tout naturel d'éxiger que les fonctions $u_s(t, \bar{x}, \bar{y})$ et $v_s(t, \bar{x}, \bar{y})$ soient bornées. Autrement dit, choisissons les fonctions $A_s(\bar{y})$ et $B_s(\bar{y})$ de manière que les $u_s(t, \bar{x}, \bar{y})$ et $v_s(t, \bar{x}, \bar{y})$ soient limitées dans l'intervalle considéré, donc, de manière que les expressions (4.8) représentent les approximations convenables pour les solutions x et y du système de départ (4.2).

En analysant les équations (4.12),(4.13),... on peut réveler que la structure des deuxièmes membres d'équations (4.15) doit être suivante:

$$S_s(t,\bar{x},\bar{y}) = Q_s(t,\bar{x},\bar{y},u_1,\dots,u_{s-1},v_1,\dots,v_1,\dots,v_{s-1},A_1,\dots,A_{s-1},B_1,\dots,B_{s-1}) - B_s,$$

où les Q_s sont des fonctions connues de $t,\bar{x},\bar{y}$ et des fonctions (4.9) déjà trouvées jusqu'aux $(s-1)$ -ièmes inclusivement.

Selon les expressions (4.17), les fonctions v_s s'expriment le long des caractéristiques sous la forme

$$v_s = v_s\Big|_{t=t_0} + \int_{t_0}^{t} \left[Q_s - B_s\right]_{x=\varphi(t,y,x_0,t_0)} dt. \qquad (4.23)$$

Aussi pour que les fonctions v_s soient bornées, est-il naturel de poser

$$B_s(\bar{y}) = \bar{Q}(\bar{y}), \qquad (4.24)$$

où

$$\bar{Q}_s(\bar{y}) = \lim_{T\to\infty} \frac{1}{T}\int_{t_0}^{t_0+T} Q_s\,dt; \qquad (4.25)$$

bien sûr, la valeur moyenne (4.25) doit exister et ne pas dépendre d'un choix de la trajectoire $x = \varphi(t,y,x_0,t_0)$ du système centré (4.3). Dans l'expression (4.24) $s = 2,3,4,\dots$; quant à $s = 1$, nous avons déjà posé dans le développement même (4.6) $B_1(\bar{y}) \equiv \bar{Y}_1(\bar{y})$.

De manière analogue, en analysant les équations (4.10), (4.11), on aperçoit que les deuxièmes membres des équations (4.18) ont la structure

$$R_s(t,\bar{x},\bar{y}) = P_s(t,\bar{x},\bar{y},u_1,\dots,u_{s-1},v_1,\dots,v_{s-1},A_1,\dots,A_{s-1},B_1,\dots,B_{s-1}) - A_s, \quad (4.26)$$

où les P_s sont des fonctions connues de $t,\bar{x},\bar{y}$ et des fonctions (4.9) déjà trouvées jusqu'aux $(s-1)$ -ièmes inclusivement.

D'après la formule (4.22), les u_s se présentent sous la forme

$$u_s = u_s\Big|_{t=t_0} + L\int_{t_0}^{t}\left\{L^{-1}[P_s - A_s]\right\}\Big|_{x=\varphi(t,y,x_0,t_0)} dt \qquad (4.27)$$

Aussi pour que les u_s soient bornées, est-il naturel de prendre

$$A_s(\bar{y}) = H(\bar{y})^{-1}\Phi_s(\bar{y}), \qquad (4.28)$$

où on a posé

$$\Phi_s(\bar{y}) = \overline{L^{-1}}P_s; \quad \overline{L^{-1}} \equiv H(\bar{y}) = \lim_{T\to\infty}\frac{1}{T}\int_{t_0}^{t_0+T}[L]_{x=\varphi(t,y,x_0,t_0)}dt \qquad (4.29)$$

et où, comme dans le cas précédent, nous supposons que la valeur moyenne (4.29) ne dépende pas de la trajectoire $x=\varphi(t,y,x_0,t_0)$ du système centré (4.3).

Le procédé indiqué de la détermination des fonctions (4.9) donne la possibilité de trouver ces fonctions bien uniformes, et après cela on pourra former le changement de variables (4.8) qui transforme le système de départ (4.2) au système centré (4.6) avec une précision donnée d'avance.

Compte tenu des remarques, que nous avons faites plus haut sur la précision de la détermination des variables lentes et rapides, à partir d'un système du type (4.6), dans le cas général on obtient les équations de n -ième approximation

$$\frac{d\bar{x}}{dt} = X_0(t,\bar{x},\bar{y}) + \varepsilon A_1(\bar{y}) + \varepsilon^2 A_2(\bar{y}) + \cdots + \varepsilon^{n-1} A_{n-1}(\bar{y}),$$

$$\frac{d\bar{y}}{dt} = \varepsilon \overline{Y_1}(\bar{y}) + \varepsilon^2 B_2(\bar{y}) + \cdots + \varepsilon^n B_n(\bar{y}) \qquad (4.30)$$

Comme on a déjà mentionné, le système d'équations centrées (4.30) est beaucoup plus simple que le système de départ (4.2). Bien qu'on ne réussisse pas ici à éliminer totalement les mouvements rapides ou à séparer complètement les variables, tout de même, le deuxième groupe d'équations, décrivant les mouvements lents $\bar{y}$, ne dépend pas des mouvements rapides $\bar{x}$ et peut être intégré séparément. Tirons des équations (4.30) les quantités $\bar{y}_n = y_n(t)$, les portons dans les équations déterminant les variables rapides $\bar{x}$ et intégrons, il résulte $\bar{x} = \bar{x}_{n-1}(t)$. Ensuite, à l'aide du changement de variables (4.8), défini plus haut, on obtient les approximations pour les solutions du système de départ (4.2)

$$x = \bar{x} + \varepsilon u_1(t,\bar{x}_{n-1},\bar{y}_n) + \varepsilon^2 u_2(t,\bar{x}_{n-1},\bar{y}_n) + \cdots + \varepsilon^{n-2} u_{n-2}(t,x_{n-1},y_n),$$

$$y = \bar{y} + \varepsilon v_1(t,\bar{x}_{n-1},\bar{y}_n) + \varepsilon^2 v_2(t,\bar{x}_{n-1},\bar{y}_n) + \cdots + \varepsilon^{n-1} v_{n-1}(t,x_{n-1},y_n), \qquad (4.31)$$

où, comme plus haut, dans chaque approximation l'ordre d'erreur des mouvements lents y excède de l'unité celui des mouvements rapides.

Le procédé de centrage, exposé au cours de cette leçon

pour les systèmes du type (4.1), a été justifié rigoureusement dans nombre de travaux mathématiques. On a démontré certains théorèmes évaluant l'écart entre les solutions des systèmes exacts et centrés. Nous laisserons de côté les énoncés et les démonstrations de ces théoremes, puisqu'on peut les trouver dans la littérature spéciale.

3. Systèmes proches des systèmes hamiltoniens aux variables lentes. Arrêtons-nous sur certains résultats étendant les idées exposées sur l'étude des systèmes "canoniques" aux paramètres lentement variables.

Ces résultats méritent l'attention, comme on le verra dans la suite, grace à leurs applications immédiates pratiques dans de nombreux problèmes intéressants liés non seulement avec les phénomènes oscillatoires, mais aussi avec les problèmes concernant la transition des oscillations aux rotations.

Soit un système non perturbé décrit par les équations canoniques

$$\frac{dq}{dt} = \frac{\partial H(p,q,y)}{\partial p},$$

$$\frac{dp}{dt} = -\frac{\partial H(p,q,y)}{\partial q}, \qquad y = const, \tag{4.32}$$

où $p = (p_1, p_2, \dots, p_l)$, $q = (q_1, q_2, \dots, q_l)$ $(2l = n)$, $H(p,q,y)$ est un hamiltonien scalaire qui dépend des paramètres $y = \{y_1, y_2, \dots, y_m\}$ et qui ne contient pas t.

Mettons un système perturbé du type (4.2), correspondant

au système (4.32), sous la forme

$$\frac{dq}{dt} = \frac{\partial H(p,q,y)}{\partial p} - \varepsilon \overset{(p)}{f}(p,q,y,\varepsilon),$$

$$\frac{dp}{dt} = -\frac{\partial H(p,q,y)}{\partial q} + \varepsilon \overset{(q)}{f}(p,q,y,\varepsilon), \qquad (4.33)$$

$$\frac{dy}{dt} = \varepsilon Y(p,q,y,\varepsilon)$$

où $\overset{(p)}{f}(p,q,y,\varepsilon)$, $\overset{(q)}{f}(p,q,y,\varepsilon)$, $Y(p,q,y,\varepsilon)$ sont les fonctions à l et à m dimensions respectivement.

Le système (4.32) admet une première intégrale, celle d'énergie

$$E = H(p,q,y) = \text{const}. \qquad (4.34)$$

Supposons que l'intégrale (4.34) soit comprise dans un système d'intégrales du système (4.32), indépendants entre eux, et introduisons dans une solution générale du système non troublé (4.32) l'énergie E comme une des constantes arbitraires. Alors, après quelques calculs, on obtient une équation

$$\frac{d\overline{E}}{dt} = \varepsilon \overline{\left(\frac{\partial H}{\partial y} Y_1 + \frac{\partial H}{\partial p} \overset{(q)}{f_0} + \frac{\partial H}{\partial q} \overset{(p)}{f_0} \right)},$$

où le centrage est effectué le long des trajectoires du système (4.32). Mais le long de ces trajectoires $\frac{dp}{dt} = -\frac{\partial H}{\partial q}$, $\frac{dq}{dt} = \frac{\partial H}{\partial p}$, aussi une forme définitive de l'équation pour l'énergie est-elle

$$\frac{d\overline{E}}{dt} = \varepsilon \lim_{T\to\infty} \frac{1}{T} \int_{t_0}^{t_0+T} \left\{ \frac{\partial H}{\partial y} Y_1 + \overset{(p)}{f_0} \frac{dp}{dt} + \overset{(q)}{f_0} \frac{dq}{dt} \right\} dt \equiv \qquad (4.35)$$

$$\equiv \overline{\left(\frac{\partial H}{\partial y} y_1 + f_0^{(p)} \dot{p} + f_0^{(q)} \dot{q}\right)},$$

où les intégrales sont prises le long des trajectoires du système (4.32) qui correspondent aux niveaux d'énergie $E = \bar{E}$.

Si les solutions du système (4.32) ne sont que purement périodiques de période T_0, on obtient en première approximation

$$\frac{d\bar{E}}{dt} = \frac{\varepsilon}{T_0}\int_0^{T_0} \frac{\partial H}{\partial y} y_1 dt + \frac{\varepsilon}{T_0}\int_0^{T_0} f_0^{(p)} dp + \frac{\varepsilon}{T_0}\int_0^{T_0} f_0^{(q)} dq,$$

$$\frac{d\bar{y}}{dt} = \varepsilon \bar{Y}_1(\bar{y}). \tag{4.36}$$

Les formules (4.36) donnent la possibilité de calculer la variation de l'énergie dûe aux perturbations. Le terme

$$\frac{\varepsilon}{T_0}\int_0^{T_0} \frac{\partial H}{\partial y} y_1 dt$$

est un accroissement moyen de l'énergie du système au cours d'une période, causé par le changement des paramètres qui varient lentement avec la vitesse $\dot{y} = \varepsilon Y_1$. Le terme

$$\frac{\varepsilon}{T_0}\int_0^{T_0} \left[f_0^{(p)} dp + f_0^{(q)} dq \right]$$

décrit en première approximation le travail des forces perturbatrices $\varepsilon f_0^{(p)}$ et $\varepsilon f_0^{(q)}$ au cours de la période T_0, divisé par T_0.

Ainsi, la formule (4.36) caractérise la vitesse de la variation de l'énergie. Cette vitesse est égale à la puissance moyenne des forces perturbatrices et des forces changeant les paramètres du système, prise au cours d'une période.

Supposons que les solutions du système (4.32) p, q permettent leur division en deux groupes $p^{(1)} = (p_1, \dots, p_s)$, $q^{(1)} = (q_1, \dots, q_s)$ et $p^{(2)} = (p_{s+1}, \dots, p_\ell)$, $q^{(2)} = (q_{s+1}, \dots, q_\ell)$ dans le groupe $p^{(1)}, q^{(1)}$ toutes les coordonées $p^{(1)}$ sont oscillantes et les $q^{(1)}$ sont arbitraires (y compris tournantes), dans le groupe $p^{(2)}$, $q^{(2)}$ toutes les coordonées $q^{(2)}$ sont oscillantes et les $p^{(2)}$ sont arbitraires. Sous ces suppositions calculons l'intégrale d'action dont l'étude pour les systèmes canoniques présente de l'intérêt.

On a

$$J = \int_0^{T_0} \left(p^{(1)} \dot{q}^{(1)} - \dot{p}^{(2)} q^{(2)} \right) dt = \int_0^{2\pi} \left(p^{(1)} \dot{q}^{(2)}_\psi - \dot{p}^{(2)}_\psi q^{(2)} \right) d\psi, \qquad (4.37)$$

l'intégrale étant prise le long d'une trajectoire quelconque du système non perturbé (4.32).

Dans l'expression (4.37) J dépend des paramètres $y_1, \dots, y_n$ et des constantes $c_1, \dots, c_{m-1}$, aussi peut-elle être considérée comme une des intégrales du système non perturbé (4.32) et présentée sous la forme

$$J = J(c_1, \dots, c_{m-1}, y_1, \dots, y_n) = J(p, q, y). \qquad (4.38)$$

Dans la solution générale du système (4.32) introduisons J comme une des constantes arbitraires. Alors, dans la première approximation on obtient l'équation d'action suivante

$$\frac{d\bar{J}}{dt} = \varepsilon \int_0^{T_0} \left[f_0^{(p)} dp + f_0^{(q)} dq \right] + \varepsilon \int_0^{T_0} \frac{\partial H}{\partial y} (y - \bar{y}_1) dt, \qquad (4.39)$$

où

$$\overline{Y}_1(\bar{y}) = \frac{1}{T_0}\int_0^{T_0} Y_1 dt, \quad \frac{d\bar{y}}{dt} = \varepsilon \overline{Y}_1(\bar{y})$$

et l'integration est faite le long d'une trajectoire du système (4.32).

Si les solutions du système (4.32) sont purement périodiques, l'intégrale (4.37) est de la forme

$$J = \oint p\,dq,$$

et l'équation (4.39) prend la forme

$$\frac{d\bar{J}}{dt} = \varepsilon \oint \left[f_0^{(p)} dp + f_0^{(q)} dq \right] + \varepsilon \oint \frac{\partial H}{\partial y} (y - \overline{Y}_1)\, dt \tag{4.40}$$

(où les intégrales sont prises le long d'un tour de la trajectoire fermée).

4. Pendule de longueur variable. Considérons l'exemple illustrant des propriétés de l'intégrale J. Cet exemple est une espèce du problème connu du pendule d'Einstein.

Un pendule simple de longueur qui varie lentement et continuellement est appelé de coutume le pendule d'Einstein. Les équations d'oscillations de ce pendule sont de la forme

$$\frac{d}{dt}\left[y^2(\tau) \frac{dq}{dt} \right] + g\, y(\tau) \sin q = 0, \tag{4.41}$$

où q est un écart angulaire compté à partir de la verticale, g est une accélération de gravitation, $y(\tau)$ est la longueur lentement variable du fil, $\tau = \varepsilon t$.

L'équation (4.41) peut être mise sous forme d'un système du type (4.33),

$$\frac{dq}{dt} = \frac{p}{my^2},$$
$$\frac{dp}{dt} = -mgy\sin q, \tag{4.42}$$

où

$$H = \frac{p^2}{2my^2} - mgy\cos q, \tag{4.43}$$

m est une masse du pendule, $\varepsilon f = 0$, $y = y(\varepsilon t)$.

Dans ce cas l'intégrale d'action est un invariant adiabatique, c'est-à-dire, $J \cong const.$

Etudions maintenant le pendule, pareil au pendule décrit par l'équation (4.41), mais quelque peu modifié.

Admettons que la longueur du pendule soit variée non par les forces extérieures, mais grâce à l'énergie propre du système, c.à.d., supposons que la vitesse du changement de la longueur du fil $\dot{y}$ dépende de $q, \dot{q}, y$. Pratiquement c'est possible, par exemple, quand le fil du pendule se déforme sous l'action du poids de ce dernier et sous l'action de la force centrifuge. Supposons de même que la vitesse de la déformation "plastique" du fil soit petite et qu'elle soit proportionnelle à sa tension, c.à.d., $\dot{y} = \varepsilon \lambda p$ où p est une force de tension et $\varepsilon \lambda$ est un petit coefficient de la déformation. Les oscillations qui s'établissent dans ce système sont décrites par les équations

$$\frac{d}{dt}\left[y^2 \frac{dq}{dt}\right] + gy\sin q = 0, \tag{4.44}$$

$$\frac{dy}{dt} = \varepsilon\lambda\left(mg\cos q + my\dot{q}^2\right),$$

ou par les équations

$$\frac{dq}{dt} = -mgy\sin q;$$

$$\frac{dp}{dt} = \frac{p}{my^2}, \tag{4.45}$$

$$\frac{dy}{dt} = \varepsilon\lambda\left(mg\cos q + my\dot{q}^2\right).$$

Considérant q et $\dot{q}$ comme les petites grandeurs et négligeant les termes comprenant les carrés de ces quantités au lieu des équations (4.44) étudions le système

$$\frac{d}{dt}\left[y^2\frac{dq}{dt}\right] + gyq = 0,$$

$$\frac{dy}{dt} = \varepsilon\lambda\left(mg - \frac{mgq^2}{2} + my\dot{q}^2\right), \tag{4.46}$$

ou le système

$$\frac{dp}{dt} = \frac{p}{my^2},$$

$$\frac{dq}{dt} = -mgyq, \tag{4.47}$$

$$\frac{dy}{dt} = \varepsilon\lambda\left(mg - \frac{myq^2}{2} + my\dot{q}^2\right).$$

Désignons par a l'amplitude des oscillations et exprimons l'intégrale d'action J par l'amplitude. Le système non perturbé correspondant aux équations (4.47) est de la forme

$$\frac{dp}{dt} = \frac{p}{my^2},$$

$$\frac{dq}{dt} = -mgyq, \qquad y = const. \tag{4.48}$$

La solution de ce système est

$$q = a\cos(\omega t + c),$$

$$\dot{q} = -a\omega\sin(\omega t + c), \quad \omega = \sqrt{\frac{g}{y}}.$$

D'après la formule (4.37) on trouve l'expression de J

$$J = \oint p\dot{q}\,dt = my^2\int_0^{\frac{2\pi}{\omega}} a^2\omega^2\sin^2(\omega t + c)\,dt = mg^{\frac{1}{2}}\pi a^2 y^{\frac{3}{2}}.$$

Après quelques calculs on obtient les deuxièmes membres des équations (4.40) sous la forme

$$-\frac{9}{16}\varepsilon\lambda\pi m^2 g^{\frac{3}{2}} a^4 y^{\frac{1}{2}}.$$

De manière analogue on trouve

$$\overline{Y}_1 = \lambda\left(mg - \frac{mgq^2}{2} + my\dot{q}^2\right) = \lambda mg\left(1 + \frac{a^2}{4}\right).$$

Ainsi, après la réduction des constantes les équations de la première approximation se mettent sous la forme

$$\frac{d}{dt}\left[\bar{a}^2\bar{y}^{\frac{3}{2}}\right] = -\varepsilon\frac{9}{16}\lambda mg\bar{a}^4 y^{\frac{1}{2}},$$

$$\frac{d\bar{y}}{dt} = \varepsilon\lambda mg\left(1 + \frac{\bar{a}^2}{4}\right), \tag{4.49}$$

où $\bar{a}$ et $\bar{y}$ sont les premières approximations centrées pour l'amplitude angulaire et pour la longueur du pendule. En résolvant le système (4.49) on obtient

$$\bar{a}^2(\tau)\left(1+\frac{5}{8}\bar{a}^2(\tau)\right)^{-\frac{3}{5}}\bar{y}^{\frac{3}{2}}(\tau)=\mathrm{const}, \quad \tau=\varepsilon t. \tag{4.50}$$

En première approximation la formule (4.50) exprime la dépendence entre l'amplitude des oscillations et la longueur du pendule. Or, pour le pendule d'Einstein l'existence de l'invariant adiabatique $J \cong \mathrm{const}$ entraîne

$$\bar{J}=a^2 mg^{\frac{1}{2}}\pi y^{\frac{3}{2}}(\tau)=\mathrm{const}, \quad \tau=\varepsilon t. \tag{4.51}$$

En comparant les formules (4.51) et (4.50) entre elles, on révèle une distinction essentielle des lois des oscillations du pendule. La cause de cela est suivante: en première approximation l'invariant adiabatique est conservé pour la première équation et il n'est pas conservé pour la seconde. Au point de vue de la Mécanique cet effet résulte de ce que pour le pendule d'Einstein la longueur du fil varie grâce au travail des forces extérieures et pour le pendule au fil plastique elle varie à cause de l'énergie du système même.

En terminant cette leçon, remarquons que pour les systèmes du type (4.1) et (4,33) on peut étudier de divers régimes de résonance, Pour ces régimes, en généralisant la méthode de centrage, on obtient les solutions approchées, on peut les analyser et leur donner la justification mathématique. Mais nous ne nous attarderons pas à ces questions.

Y. A. Mitropolsky

CINQUIEME LEÇON

CENTRAGE DES SYSTEMES CONTENANT LA ROTATION.

1. Enoncé du problème. A l'aide de la méthode de centrage on a bien étudié les processus oscillatoires non linéaires dans les systèmes à un seul et à plusieurs degrès de liberté. Dans tous ces cas les systèmes non troublés déterminent d'habitude les processus oscillatoires. Particulièrement, en considérant lors de la troisième leçon le système à l'unique degré de liberté (3.1), proche de celui intégré exactement, nous avons supposé aussi que le système non troublé (3.5) eût la solution périodique dépendant de deux constantes arbitraires. Pour de pareils systèmes nous recherchons des dessins d'amplitudes, des périodes et d'autres paramètres des oscillations. En même temps, de nombreux problèmes liés avec les systèmes mentionnés nous amènent à l'étude d'un régime de rotation. C'est à ce sujet que nous allons consacrer la leçon ci-présente.

Soit un système (que nous appelerons ci-dessous le pendule) dont le mouvement est décrit par l'équation ;

$$\frac{d^2x}{dt^2} + f(x) = 0, \qquad (5.1)$$

où $f(x)$ est une fonction périodique de période 2π. Supposons que sa valeur moyenne $\bar{f}(x)$ soit

$$\bar{f}(x) = \int_0^{2\pi} f(x)\,dx = 0 \qquad (5.2)$$

La figure 3 représente le plan de phase de l'équation (5.1). Les branches closes de séparatrice bornent les domaines de x, $\dot{x}$ qui correspondent aux mouvements périodiques. Ces mouvements sont définis par de petites valeurs de l'énergie initiale. Les trajectoires de phase non-closes décrivent les mouvements rotatoires du système et ils sont définis par de grandes valeurs de l'énergie initiale.

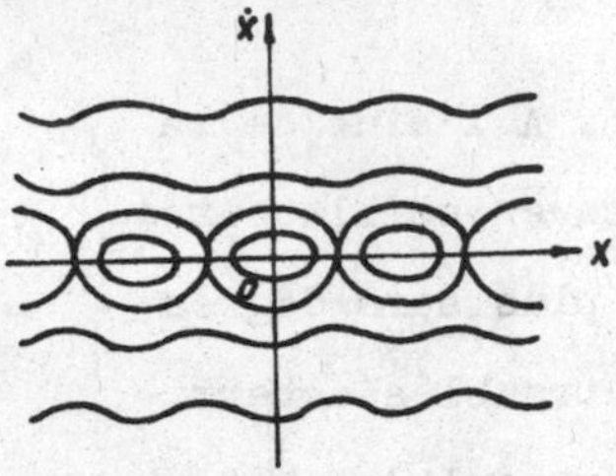

Fig.3

Examinons les mouvements obéissant aux équations troublées

$$\frac{d^2x}{dt^2} + f(x) = \varepsilon F\left(t, x, \frac{dx}{dt}\right), \tag{5.3}$$

$\varepsilon > 0$ étant un petit paramètre, qui correspondent à l'équation non-troublée (5.1), de même que les mouvements décrits par les équations aux paramètres lentement variables

$$\begin{aligned} &\frac{d}{dt}\left[m(y)\frac{dx}{dt}\right] + f(y,x) = \varepsilon F\left(y,t,x,\frac{dx}{dt}\right), \\ &\frac{dy}{dt} = \varepsilon Y\left(y,x,\frac{dx}{dt}\right), \end{aligned} \tag{5.4}$$

où $f(x,y)$ est une fonction périodique en x avec la période 2π, $y = (y_1, \ldots, y_n)$.

$$\int_0^{2\pi} f(y,x)\,dx = 0, \tag{5.5}$$

$F\left(y,t,x,\frac{dx}{dt}\right)$ et $Y\left(y,x,\frac{dx}{dt}\right)$ sont périodiques en x.

Si le régime est oscillatoire, les équations (5.3) et (5.4) peuvent être étudiées avec succès à l'aide de la méthode exposee lors de la troisième leçon. Toutefois il faut indiquer que si l'amplitude s'accroît, autrement dit, si nous approchons d'une zone contigue à la séparatrice, la précision des résultats, obtenus à l'aide des méthodes habituelles, diminue.

2. Cas de rotation rapide. Examinons tout d'abord le cas de grandes énergies initiales du système (5.1) quand le mouvement est représenté dans le plan de phase par les trajectoires non-closes. Pour étudier le cas de rotation rapide, N.N. Moisseiev a proposé une méthode qui utilise la représentation des solutions d'équation non troublée (5.1) sous forme d'une série suivant des puissances entières négatives de la racine carrée de l'énergie. Considérons cette méthode de plus près. Examinons quelqu'une des courbes décrivant le mouvement de rotation. Elle traverse l'axe $O\dot{x}$ dans un point $\dot{x} = \Omega$, et le trajectoire de phase correspondant à ce niveau d'énergie se représente par une courbe ondulée située au voisinage de la droite $\dot{x} = \Omega$ Aussi est-il naturel de faire dans l'équation (5.1) un changement

$$\frac{dx}{dt} = \Omega + y \tag{5.6}$$

En posant $t = \varepsilon t_1$, où $\varepsilon = \frac{1}{\Omega}$, on obtient

$$\begin{aligned} \frac{dx}{dt_1} &= 1 + \varepsilon y, \\ \frac{dy}{dt_1} &= -\varepsilon f(x). \end{aligned} \tag{5.7}$$

Le système d'équations (5.7) appartient au type des

systèmes examines dans le quatrième leçon, donc, moyennant la méthode y exposee, on peut trouver sa solution.

D'après le schéma général, cette solution du système engendrant (5.7) (système "non-troublé") est recherchée sous la forme

$$x = \bar{x} + \varepsilon u_1(\bar{y}, \bar{x}) + \varepsilon^2 u_2(\bar{y}, \bar{x}) + \cdots,$$
$$y = \bar{y} + \varepsilon v_1(\bar{y}, \bar{x}) + \varepsilon^2 v_2(\bar{y}, \bar{x}) + \cdots, \tag{5.8}$$

où les fonctions $\bar{y}$, $\bar{x}$ sont tirées des équations

$$\frac{d\bar{x}}{dt_1} = 1 + \varepsilon B_1(\bar{y}) + \varepsilon^2 B_2(\bar{y}) + \cdots,$$
$$\frac{d\bar{y}}{dt_1} = \varepsilon A_1(\bar{y}) + \varepsilon^2 A_2(\bar{y}) + \cdots \tag{5.9}$$

Exigeons que les fonctions $u_i(\bar{y}, \bar{x})$ et $v_i(\bar{y}, \bar{x})$ soient bornées et qu'elles vérifient les conditions

$$u_i(\bar{y}, 0) = v_i(\bar{y}, 0) = 0. \tag{5.10}$$

Portons les séries (5.8) dans l'équation (5.7), tenons compte des équations (5.9), et égalisons les coefficients des puissances de ε . Alors nous obtenons

$$\frac{\partial v_1}{\partial \bar{x}} = f(\bar{x}) - A_1(\bar{y}), \qquad \frac{\partial u_1}{\partial \bar{x}} = \bar{y} - B_1(\bar{y}),$$

$$\frac{\partial v_2}{\partial \bar{x}} = -\frac{\partial f}{\partial \bar{x}} u_1 - \frac{\partial v_1}{\partial \bar{y}} A_1 \bar{y} - \frac{\partial v_1}{\partial \bar{x}} B_1(\bar{y}) - A_2(\bar{y}),$$

$$\frac{\partial u_2}{\partial x} = v_1 - \frac{\partial u_1}{\partial \bar{x}} A_1(\bar{y}) - \frac{\partial u_1}{\partial \bar{x}} B_1(\bar{y}) - B_2(\bar{y}), \tag{5.11}$$

. . . .

Examinons la première équation du système (5.11). Pour

que les fonctions $v_1(\bar{y},\bar{x})$ soient bornées, il faut et il suff-it que

$$A_1(\bar{y}) = -\bar{f}(\bar{x}). \qquad (5.12)$$

Mais $\bar{f}(x) = 0$, en vertu de la condition (5.2), donc

$$A_1(\bar{y}) = 0. \qquad (5.13)$$

Ensuite on trouve

$$v_1(\bar{y},\bar{x}) = -\int_0^{\bar{x}} f(x)dx + C(\bar{y}),$$

où $C(\bar{y})$ est une fonction arbitraire de $\bar{y}$ et $C(\bar{y}) \equiv 0$, selon la condition (5.10).

Introduisons les notations

$$\int_0^x f(x)dx = \Psi(x), \qquad \int_0^x \Psi(x)dx = \Phi(x). \qquad (5.14)$$

alors

$$v_1(\bar{x}) = -\Psi(\bar{x}). \qquad (5.15)$$

A partir de la deuxième et de la troisième équations du système (5.11) on tire

$$B_1(\bar{y}) = \bar{y}, \quad u_1(\bar{y},\bar{x}) = 0, \qquad (5.16)$$

$$A_2(\bar{y}) = 0, \quad v_2(\bar{y},\bar{x}) = \bar{y}\Psi(\bar{x}), \qquad (5.17)$$

$$B_2(\bar{y}) = -\bar{\Psi}(\bar{x}), \quad u_2(\bar{y},\bar{x}) = -\Phi(\bar{x}) + \bar{\Psi}(\bar{x})\bar{x}. \qquad (5.18)$$

En conservant les petites quantités de l'ordre ε^2, les développements (5.8) et les équations (5.9) peuvent être présentés sous la forme

$$x = \bar{x} - \varepsilon^2 \left[\Phi(\bar{x}) - \bar{\Psi}(\bar{x}), \bar{x}\right],$$
$$y = \bar{y} - \varepsilon \Psi(\bar{x}) + \varepsilon^2 \bar{y} \Psi(\bar{x}), \tag{5.19}$$

:

$$\frac{d\bar{x}}{dt_1} = 1 + \varepsilon \bar{y} - \varepsilon^2 \bar{\Psi}(\bar{x}),$$
$$\frac{d\bar{y}}{dt_1} = 0. \tag{5.20}$$

Compte tenu des valeurs initiales

$$t = 0, \quad y = 0, \quad x = 0, \tag{5.21}$$

on trouve de la deuxième équation du système (5.20)

$$\bar{y} = 0.$$

Les expressions (5.19) et la première équation du système (5.20) peuvent être exprimées sous la forme

$$x = \bar{x} + \varepsilon^2 \left(\bar{x} \bar{\Psi}(\bar{x}) - \Phi(\bar{x})\right), \tag{5.22}$$

$$y = \varepsilon \Psi(\bar{x}),$$
$$\frac{d\bar{x}}{dt_1} = 1 - \varepsilon^2 \bar{\Psi}(\bar{x}). \tag{5.23}$$

Intégrons l'équation (5.23), substituons la valeur obtenue $\bar{x} = \bar{x}(t)$ dans les expressions (5.22) et reviendrons à la variable $t_1 = \varepsilon t$, où $\varepsilon = \frac{1}{\Omega}$, il vient

$$x = \left(\Omega - \frac{1}{\Omega}\bar{\Psi}\right)t + \frac{1}{\Omega^2}\left\{\bar{\Psi}\left(\Omega - \frac{1}{\Omega}\bar{\Psi}\right)t - \Phi\left(\left(\Omega - \frac{1}{\Omega}\bar{\Psi}\right)t\right)\right\},$$
$$y = -\frac{1}{\Omega}\Psi\left(\left(\Omega - \frac{1}{\Omega}\bar{\Psi}\right)t\right). \tag{5.24}$$

Introduisons au lieu de Ω une nouvelle constante λ définie par la formule

$$\lambda = \Omega - \frac{1}{\Omega}\overline{\Psi} \tag{5.25}$$

Alors la représentation asymptotique de l'intégrale générale de l'équation (5.1) dans le cas de grandes énergies se met sous la forme

$$x = \lambda(t+t_0) + \frac{1}{\lambda^2}\left\{\overline{\Psi}\lambda(t+t_0) - \Phi(\lambda(t+t_0))\right\} + O\left(\frac{1}{\lambda^3}\right). \tag{5.26}$$

Cette solution comprend deux constantes arbitraires, λ et t_0

Sous titre d'illustration examinons le mouvement rotatoire du pendule simple, décrite par l'équation

$$\frac{d^2x}{dt^2} + \sin x = 0 \tag{5.27}$$

On a

$$f(x) = \sin x,$$

donc,

$$\Psi(x) = 1 - \cos x, \quad \overline{\Psi} = 1, \quad \Phi(x) = x - \sin x.$$

D'après la formule (5.26), on trouve

$$x = \lambda t + \frac{1}{\lambda^2}\sin\lambda t + O\left(\frac{1}{\lambda^3}\right). \tag{5.28}$$

Ce procédé de rechercher la solution du système engendrant (5.1) dans le cas de grandes énergies peut être étendue avec succès aux équations plus générales. Prenons, par exemple, l'équation

$$\frac{d^2x}{dt^2} + f(x,\xi) = 0, \tag{5.29}$$

où ξ est un vecteur dont la variation est décrite par le système d'équations différentielles

$$\frac{d\xi}{dt} = R(x,\xi), \tag{5.30}$$

Supposons que pour tous les ξ la fonction $f(x,\xi)$ soit périodique en x, de période 2π, et portons (5.6) dans (5.29), alors (5.29) est transformé en système

$$\begin{aligned} \frac{dx}{dt_1} &= 1 + \varepsilon y, \\ \frac{dy}{dt_1} &= -\varepsilon f(x,\xi), \\ \frac{d\xi}{dt_1} &= \varepsilon R(x,\xi). \end{aligned} \tag{5.31}$$

Et maintenant pour ce système on peut construire une solution asymptotique, en suivant le procédé exposé ci-dessus.

Les systèmes, obéissant aux équations (5.29) et (5.30), sont dites les systèmes au maillon rotant. On les rencontrent souvent dans les applications pratiques, par exemple, en étudiant les mouvements simultanés du centre d'inertie d'un satéllite et du satellite même autour de son centre d'inertie, etc.

Examinons l'équation des oscillations du pendule à condition que l'énergie initiale soit grande,

$$\frac{d^2x}{dt^2} + f(x,t) = 0. \qquad (5.32)$$

Cette équation se réduit au système (5.29) - (5.30) après le changement

$$t = \xi, \quad \frac{d\xi}{dt} = 1. \qquad (5.33)$$

Pour l'équation (5.32) on peut écrire un système du type (5.31)

$$\frac{dx}{dt_1} = 1 + \varepsilon y,$$

$$\frac{dy}{dt} = -\varepsilon f(x,\xi), \qquad (5.34)$$

$$\frac{d\xi}{dt_1} = \varepsilon$$

Maintenant on trouve sans difficultés la représentation asymptotique pour la solution générale de l'équation (5.32)

$$x(t) = \lambda t + \frac{1}{\lambda^2}\left\{\bar{\Psi}(t)\lambda t - \Phi(t,\lambda t)\right\}, \qquad (5.35)$$

où on a posé $\lambda = \Omega - \frac{1}{\Omega}\bar{\Psi}(t_0)$.

3. Perturbations des rotations rapides. Pour simplifier les calculs, posons dans le système (5.4) $m(y) = 1$, $Y = 1$, $y = \varepsilon t = \tau$ (le temps lent), alors on obtient une équation

$$\frac{d^2x}{dt^2} + f(\tau,x) = \varepsilon F\left(\tau, t, x, \frac{dx}{dt}\right), \qquad (5.36)$$

où $\varepsilon > 0$ est un petit paramètre. Supposons que l'énergie de ce système soit assez grande, autrement dit, que pour l'équation engendrant

$$\frac{d^2x}{dt^2} + f(\tau, x) = 0 \qquad (\tau = const) \tag{5.37}$$

ait une solution rotatoire.

Pour examiner l'équation (5.36), en s'appuyant sur la solution asymptotique déjà formée de l'équation (5.1), on peut construire une théorie analogue à celle exposée lors de la troisième leçon. Ensuite, soit

$$\bar{f}(\tau) = \frac{1}{2\pi}\int_0^{2\pi} f(\tau, x)\,dx = 0, \tag{5.38}$$

et soit la solution de l'équation engendrante (5.37), mise sous la forme

$$x = z(\tau, \psi, a), \tag{5.39}$$

où

$$z(\tau, \psi, a) = \psi + a\,Z(\tau, \psi, a); \tag{5.40}$$

a est une constante arbitraire et

$$\psi = \omega(\tau, a)(t + t_0). \tag{5.41}$$

Comparons l'expression (5.40) avec la solution asymptotique (5.26), il vient

$$\omega = \lambda, \quad a = \frac{1}{\lambda^2}, \qquad \omega = \frac{1}{\sqrt{a}}, \tag{5.42}$$

$$z(\tau,\psi,a) = \bar{\Psi}(\tau)\psi - \Phi(\psi,\tau) + O\left(\frac{1}{\lambda^3}\right) = Z(\tau,\psi) + O\left(\frac{1}{\lambda^3}\right).$$

Donc, la fonction Z ne dépend pas de a aux quantités de l'ordre $O\left(\frac{1}{\lambda^3}\right)$ près.

Effectuons dans le système (5.36) un changement des variables à l'aide des formules

$$x = z(\tau,\psi,a), \qquad \frac{dx}{dt} = \omega(\tau,a) z'_\psi(\tau,\psi,a). \tag{5.43}$$

Après quelques calculs nous obtenons pour le cas général

$$\frac{da}{dt} = \frac{\varepsilon}{D_0(a)}\left\{-F(t,z,\omega z'_\psi)z'_\psi + (\omega z'_\psi)'_\tau z'_\psi - \omega z''_{\psi^2} z'_\tau\right\} = \varepsilon\Phi_1(\tau,t,\psi,a),$$

$$\frac{d\psi}{dt} = \omega(\tau,a) + \frac{\varepsilon}{D_0(a)}\left\{F(t,z,\omega z'_\psi)z'_a - (\omega z'_\psi)'_\tau z'_a + (\omega z'_\psi)'_a z'_\tau\right\} = \omega(\tau,a) + \varepsilon\Phi_2(\tau,t,\psi,a), \tag{5.44}$$

où

$$D_0(a) = \omega\left(z'_a z''_{\psi^2} - z''_{\psi a} z'_\psi\right) - \omega'_a z'_\psi. \tag{5.45}$$

Ainsi, l'équation (5.36) est mise sous forme standard et $D_0(a)$

ne dépend pas de ψ .

En tenant compte des expressions (5.40) et (5.42), on a

$$z(\tau,\psi,a) = \psi + a Z(\tau,\psi), \qquad z'_{\psi} = 1 + 2a Z'_{\psi} + a^2 Z'_{\psi},$$

$$z'_{\psi} = 1 + a Z'_{\psi}, \qquad z''_{a\psi} = Z'_{\psi}, \qquad \omega'_{\sim} = 0,$$

$$z''_{\psi^2} = a Z''_{\psi^2}, \qquad z''_{\psi\tau} = a Z''_{\psi\tau}, \qquad z'_{\tau} = a Z'_{\tau}$$

donc, l'équation (5.44) peut être représentée sous la forme

$$\begin{aligned} \frac{da}{dt} &= -\frac{\varepsilon}{D_0}\left\{F z'_{\psi} + \sqrt{a}\left[-Z''_{\psi\tau} + a\left(Z'_{\tau} Z''_{\psi^2} - Z''_{\psi\tau} Z'_{\psi}\right)\right]\right\}, \\ \frac{d\psi}{dt} &= \omega(a) - \frac{\varepsilon}{D_0}\left\{F z'_{a} - \frac{Z'_{\tau}}{2\sqrt{a}} + \sqrt{a}\left(\frac{Z'_{\psi} Z'_{\tau}}{2} - Z Z''_{\psi\tau}\right)\right\}, \end{aligned} \tag{5.46}$$

où

$$D_0 = \frac{1}{2}\omega^3 + \frac{1}{\omega}\left(Z Z''_{\psi^2} - \frac{1}{2} Z'^2_{\psi}\right), \tag{5.47}$$

et z'_{ψ} , z'_{a} sont définies par la formule (5.40).
L'étude du système (5.46) peut être continuée à l'aide de la méthode que nous avons exposée au cours de la troisième leçon.

4. Cas d'une petite vitesse angulaire de la rotation. Ce qui a été très important dans tous les raisonnements ci-dessus, c'est la supposition que l'énergie initiale soit grande. Cette supposition nous a permis de former les solutions asymptotiques du système non troublé et après cela mettre le système examiné sous forme standard.

Soit un système dont la vitesse angulaire n'est pas suffisamment grande pour qu'on puisse former une solution asymptotique du système non troublé correspondant. Supposons qu'on ait à examiner un mouvement rotatoire de ce système.

Pour fixer les idées et ne pas compliquer inutilement

les calculs, prenons l'équation

$$\frac{d^2x}{dt^2} + f(x) = \varepsilon F\left(x, \frac{dx}{dt}\right), \qquad (5.48)$$

où $\varepsilon > 0$ est un petit paramètre, $f(x)$ est une fonction périodique, de période 2π par rapport à x.

Si $\varepsilon = 0$, l'équation (5.48) admet deux intégrales; la première est

$$\frac{1}{2}\left(\frac{dx}{dt}\right)^2 + V(x) = E, \qquad (5.49)$$

où

$$V(x) = \int^x f(x)dx, \qquad (5.50)$$

E est l'énergie totale qui est en même temps une constante arbitraire de l'intégration; la deuxième intégrale est

$$\Psi(x, E) \equiv \frac{1}{T(E)} \int^x \frac{dx}{\sqrt{2(E - V(x))}} - \beta = 0, \qquad (5.51)$$

où la période de rotation $T(E)$ est déterminé par

$$T(E) = \int_0^{2\pi} \frac{dx}{\sqrt{2(E - V(x))}} \qquad (5.52)$$

Prenons comme de nouvelles variables les quantités E et β. Alors, après quelques calculs, au lieu du système (5.48) nous obtenons un système d'équations sous forme standard

$$\frac{dE}{dt} = \varepsilon F\left(x, \sqrt{2(E - V(x))}\,\sqrt{E - V(x)}\right), \qquad (5.53)$$

$$\frac{d\beta}{dt} = \frac{1}{T(E)} + \varepsilon F\left(x, \sqrt{2(E - V(x))}\right) \frac{\partial \Psi}{\partial E} \sqrt{E - V(x)}$$

Les deuxièmes membres du système (5.53) sont des fonctions périodiques par rapport à t de période $T(E)$, donc, pêriodiques par rapport à β aussi. C'est pourquoi, pour obtenir les èquations de la première approximation, nous centrons les deuxièmes membres du système (5.53); on obtient

$$\frac{d\bar{E}}{dt} = \frac{\varepsilon}{T(\bar{E})} \int_0^T F\left(x, \sqrt{2(\bar{E} - V(x))}\right) \sqrt{\bar{E} - V(x)}\, d\beta,$$

$$\frac{d\bar{\beta}}{dt} = \frac{1}{T(\bar{E})} + \frac{\varepsilon}{T(\bar{E})} \int_0^T F\left(x, \sqrt{2(\bar{E} - V(x))}\right) \frac{\partial \Psi}{\partial E} \sqrt{E - V(x)}\, d\beta \qquad (5.54)$$

Les différentielles dx et $d\beta$ sont liées entre elles par une relation

$$dx = \pm \sqrt{E - V(x)}\, d\beta, \qquad (5.55)$$

où „ + ' correspond au mouvement dans le demi-plan supérieur et „ − ' correspond au mouvement dans le demi-plan inférieur. Aussi le système (5.54) admet-il la représentation

$$\frac{d\bar{E}}{dt} = \pm \frac{\varepsilon}{T(\bar{E})} \int_0^{2\pi} F\left(x, \sqrt{2(\bar{E} - V(x))}\right) dx,$$

$$\frac{d\bar{\beta}}{dt} = \frac{1}{T(\bar{E})} \pm \frac{\varepsilon}{T(\bar{E})} \int_0^{2\pi} \frac{d\Psi}{\partial E} F\left(x, \sqrt{2(\bar{E} - V(x))}\right) dx \qquad (5.56)$$

Où on intègre le long d'une trajectoire de phase dont l'ordonnée est une fonction périodique de période 2π par rapport à x. (Pour cette raison les bornes d'intégration sont prises de 0 à 2π).

Etudions maintenant les équations (5.4), après y avoir posé $F\left(y,t,x,\frac{dx}{dt}\right)=F\left(y,x,\frac{dx}{dt}\right)$. On a

$$\begin{aligned} &\frac{d}{dt}\left[m(y)\frac{dx}{dt}\right]+f(y,x)=\varepsilon F\left(y,x,\frac{dx}{dt}\right), \\ &\frac{dy}{dt}=\varepsilon\, Y\left(y,x,\frac{dx}{dt}\right), \end{aligned} \tag{5.57}$$

où $F\left(y,x,\frac{dx}{dt}\right)$ et $Y\left(y,x,\frac{dx}{dt}\right)$ sont périodiques, de période 2π par rapport à y.

En utilisant les formules (4.35) et (4.46), formons en première approximation, pour le système (5.57), les équations centrées en énergies lentement variables, variable exprimant l'intégrale d'action, et paramètre y. Il vient

$$\begin{aligned} \frac{dE}{dt}=&\frac{\varepsilon}{T_0}\int_0^{2\pi}F\left(y,x,\sqrt{\frac{2}{m(y)}\left(E-V(y,x)\right)}\right)dx\,+ \\ &+\frac{\varepsilon}{T_0}\int_0^{2\pi}\left(-E\frac{\partial m}{\partial y}-\frac{\partial mV}{\partial y}\right)Y\left(y,x,\sqrt{\frac{2}{m(y)}\left(E-V(y,x)\right)}\right)\times \\ &\times\frac{dx}{\sqrt{2m(y)\left(E-V(y,x)\right)}} \end{aligned} \tag{5.58}$$

$$\begin{aligned} \frac{dJ}{dt}=&\,\varepsilon\int_0^{2\pi}F\left(y,x,\sqrt{\frac{2}{m(y)}\left(E-V(y,x)\right)}\right)dx+\varepsilon\int_0^{2\pi}\left(\frac{\partial m}{\partial y}+\frac{\partial mV}{\partial y}\right)\times \\ &\times\left\{Y\left(y,x,\sqrt{\frac{2}{m(y)}\left(E-V(y,x)\right)}\right)-\right. \end{aligned} \tag{5.59}$$

$$- \frac{1}{T}\int_0^{2\pi} \frac{\mathcal{Y}\left(y, x, \sqrt{\frac{2}{m(y)}\left(E - V(y,x)\right)}\right)dx}{\sqrt{\frac{2}{m(y)}\left(E - V(y,x)\right)}}\Bigg\} \frac{dx}{\sqrt{2m(y)\left(E - V(y,x)\right)}},$$

$$\frac{dy}{dt} = \frac{\varepsilon}{T_0}\int_0^{2\pi} \frac{\mathcal{Y}\left(y, x, \sqrt{\frac{2}{m(y)}\left(E - V(y,x)\right)}\right)}{\sqrt{\frac{2}{m(y)}\left(E - V(y,x)\right)}}\, dx; \tag{5.60}$$

où $T_0 = \sqrt{\frac{m(y)}{2}}\int_0^{2\pi} \frac{dx}{\sqrt{E - V(y,x)}}$ est une période de rotation,

$J = \int_0^{2\pi} \sqrt{2m(y)\left(E - V(y,x)\right)}\,dx$ est l'intégrale d'action.

Remarquons que, J s'exprimant en énergie E, les équations (5.58) et (5.59) sont équivalentes.

Dans un cas particulier, quand l'équation (5.57) dépend d'un paramètre lentement variable $\tau = \varepsilon t$, dite " le temps lent", les équations d'énergie (5.58) et d'action (5.59) peuvent être écrites sous la forme

$$\frac{dE}{dt} = \frac{\varepsilon}{T_0}\int_0^{2\pi} F\left(\tau, x, \sqrt{\frac{2}{m(\tau)}\left(E - V(\tau,x)\right)}\right)dx +$$

$$+ \frac{\varepsilon}{T_0}\int_0^{2\pi} \left(-E\frac{\partial m}{\partial \tau} + \frac{\partial m v}{\partial \tau}\right)\frac{dx}{\sqrt{2m(\tau)\left(E - V(\tau,x)\right)}}, \tag{5.61}$$

$$\frac{dJ}{dt} = \varepsilon\int_0^{2\pi} F\left(\tau, x, \sqrt{\frac{2}{m(\tau)}\left(E - V(\tau,x)\right)}\right)dx.$$

Nous n'allons pas nous attarder ici sur les équations de la deuxième approximation pour l'énergie de rotation, l'action et les paramètres y.

5. L'exemple: le pendule d'Einstein dans le régime rotatoire. Examinons le pendule d'Einstein dans le régime rotatoire. L'équation de ce pendule est de la forme (voir l'équation (4.41)).

$$\frac{d}{dt}\left[y(\tau)\frac{dx}{dt}\right]+gy(\tau)\sin x=0, \tag{5.63}$$

où $\tau=\varepsilon t$, x est un angle de déviation, $y(\tau)$ est la longueur du fil du pendule, g est une accélération de la pesanteur. De l'équation (5.61) on obtient une expression pour l'énergie du mouvement rotatoire du pendule,

$$y(\tau)\sqrt{E}\ G\left(\sqrt{\frac{2gy(\tau)}{E}}\right)=const \tag{5.64}$$

où G est une complète intégrale elliptique de deuxième espèce.

Suivant la méthode déjà exposée, dans le cas de grandes énergies, aux quantités de l'ordre $\frac{1}{E^2}$ près, on peut trouver une relation entre l'énergie et la longueur du pendule,

$$E=\frac{y_0^2}{y^2}\left[E_0+\frac{g}{y_0^2}\left(y^3-y_0^3\right)\right]+\frac{g^2}{8y_0^2y^2E}\left(y^6-y_0^6\right)+O\left(\frac{1}{E^2}\right), \tag{5.65}$$

où y_0, E_0 sont respectivement la longueur et l'énergie du pendule au moment initial.

Examinons maintenant le pendule d'Einstein modifié (voir la quatrième leçon, l'équation (4.44),) décrite par le système d'équations

$$\frac{d}{dt}\left[y^2\frac{dx}{dt}\right]+gy\sin x=0,$$

$$\frac{dy}{dt}=\varepsilon\lambda\left(mg\cos x+my\left(\frac{dx}{dt}\right)^2\right), \tag{5.66}$$

où $\varepsilon\lambda$ est un coéfficient de la déformation "plastique" du fil.

Pour l'énergie de vibrations du pendule obéissant au système d'équations (5.66) (cas de grandes énergies), en utilisant l'équation (5.58), on obtient une expression

$$E=\frac{y_0^2}{y^2}\left[E+\frac{g}{y_0^2}\left(y^3-y_0^3\right)\right]-\frac{y^2}{4y_0^2y^2E_0}\left(y^6-y_0^6\right)+O\left(\frac{1}{E^2}\right). \tag{5.67}$$

aux termes d'ordre $\frac{1}{E^2}$ près.

6. Phénomènes de résonance dans les systèmes rotatoires. Les phénomènes de résonance dans les systèmes avec des éléments tournants possèdent certaines particularités et ils sont encore loin d'être étudiés complétement.

Examinons un cas particulier de l'équation (5.4),

$$\frac{d^2x}{dt^2}+f(x)=\varepsilon F\left(\nu t, x, \frac{dx}{dt}\right), \tag{5.68}$$

où $F\left(\nu t, x, \frac{dx}{dt}\right)$ est une fonction périodique par rapport à t de période $\frac{2\pi}{\nu}$

Supposons que l'équation non troublée

$$\frac{d^2x}{dt^2} + f(x) = 0 \tag{5.69}$$

admette une solution

$$x = z(\psi, a) \quad (\psi = \omega(a)(t - t_0)), \tag{5.70}$$

où

$$z(\psi + 2\pi, a) = z(\psi, a) \tag{5.71}$$

dans le cas du régime vibratoire, et où

$$z(\psi + 2\pi, a) = z(\psi, a) + 2\pi \tag{5.72}$$

dans le cas du régime rotatoire.

Supposons que la fréquence propre des oscillations $\omega(a)$ soit proche de $\frac{p}{q}\nu$, où p et q sont des nombres naturels, premiers entre eux. Au lieu de ψ introduisons une nouvelle variable ϑ (le déphasage) d'après une formule.

$$\psi = \frac{p}{q}\nu t + \vartheta \tag{5.73}$$

et dans l'équation (5.68), tout comme dans la troisième leçon, introduisons de nouvelles variables a et ϑ à l'aide des formules

$$\begin{aligned} x &= z\left(\frac{p}{q}\theta + \vartheta, a\right), \\ \frac{dx}{dt} &= \omega(a) z'_\psi\left(\frac{p}{q}\theta + \vartheta, a\right) \end{aligned} \tag{5.74}$$

Alors on obtient un système d'équations sous forme standard, en nouvelles variables a et ϑ,

$$\frac{da}{dt} = \frac{-\varepsilon}{D(a)} F\left(\theta, z\left(\frac{p}{q}\theta + \vartheta, a\right), \omega(a) z'_{\psi}\left(\frac{p}{q}\theta + \vartheta, a\right)\right) z'_{\psi}\left(\frac{p}{q}\theta + \vartheta, a\right)$$

$$\frac{d\vartheta}{dt} = \omega(a) - \frac{p}{q}\nu + \frac{\varepsilon}{D(a)} F\left(\theta, z\left(\frac{p}{q}\theta + \vartheta, a\right),\right. \tag{5.75}$$

$$\left.\omega(a) z'_{\psi}\left(\frac{p}{q}\theta + \vartheta, a\right)\right) z'_{a}\left(\frac{p}{q}\theta + \vartheta, a\right),$$

où $\nu t = \theta$, $\psi = \frac{p}{q}\theta + \vartheta$

Désignons par a_0 une solution de l'équation

$$\omega(a) = \frac{p}{q}\nu \tag{5.76}$$

et examinons les solutions "résonnantes" du système (5.75), autrement dit, supposons que

$$\omega(a) - \frac{p}{q}\nu = O(\varepsilon). \tag{5.77}$$

Dans ce cas

$$a - a_0 = O(\varepsilon)$$

et on peut écrire

$$\omega(a) - \frac{p}{q}\nu = \omega'(a_0)(a - a_0) + O(\varepsilon^k), \quad k > 1. \tag{5.78}$$

Compte tenu de la relation (5.78), on obtient après le centrage des deuxièmes membres du système (5.75)

$$\frac{da}{dt} = -\frac{\varepsilon}{2\pi p D(a_0)} \int_0^{2\pi p} F\left(\theta, \frac{p}{q}\theta + \vartheta, a\right) z'_\psi \, d\theta,$$

$$\frac{d\vartheta}{dt} = \omega'(a_0)(a - a_0) - \frac{\varepsilon}{2\pi p D(a_0)} \int_0^{2\pi p} F\left(\theta, \frac{p}{q}\theta + \vartheta, a\right) z'_a \, d\theta. \tag{5.79}$$

Dans le cas des rotations rapides, selon l'expression (5.40) et les solutions asymptotiques (5.26), on a

$$z(\psi, a) = \psi + a\,Z(\psi, a) \tag{5.80}$$

où

$$\omega = \frac{1}{\sqrt{a}}, \qquad a = \frac{1}{\lambda^2},$$

$$Z(\psi, a) = Z(\psi) + O\left(\frac{1}{\lambda^3}\right) \tag{5.81}$$

Aussi le système centré (5.79) peut-il être représenté sous la forme

$$\frac{da}{dt} = -\frac{\varepsilon}{2\pi p D(a_0)} \int_0^{2\pi p} F\left(\theta, \frac{p}{q}\theta + \vartheta, a\right)\left(1 + a Z'_\psi(\psi)\right) d\theta,$$

$$\frac{d\vartheta}{dt} = \omega'(a_0)(a - a_0) + \frac{\varepsilon}{2\pi p D(a_0)} \int_0^{2\pi p} F\left(\theta, \frac{p}{q}\theta + \vartheta, a\right) Z(\psi)\, d\theta, \tag{5.82}$$

où $\psi = \frac{p}{q}\theta + \vartheta$ et où, d'accord avec la formule (5.47),

$$D(a_0) = \frac{1}{2}\sqrt{a_0^3} + \sqrt{a_0}\left(Z Z''_{\psi^2} - \frac{1}{2} Z'^2_\psi\right). \tag{5.83}$$

Avec la même précision nous pouvons représenter le système (5.82) sous la forme

$$\frac{da}{dt} = -\frac{2\varepsilon\sqrt{a_0^3}}{2\pi p} \int_0^{2\pi p} F\left(\theta, \frac{p}{q}\theta + \vartheta, a\right)\left(1 + a_0 Z'_\psi\right) d\theta, \tag{5.84}$$

$$\frac{d\vartheta}{dt} = -\frac{a-a_0}{2\sqrt{a_0^3}} - \frac{2\varepsilon\sqrt{a_0^3}}{2\pi p}\int_0^{2\pi p} F\left(\theta, \frac{p}{q}\theta + \vartheta, a\right) Z \, d\theta.$$

Egalons les deuxièmes membres du système (5.84) à zéro, il vient un système d'équations déterminant les valeurs stationnaires de a et ϑ avec lesquelles la rotation est uniforme. Comme d'habitude, pour étudier la stabilité de cette rotation, on forme et on étudie les équations aux variations.

A l'aide de la méthode de centrage on peut aussi examiner dans le cas de résonance les mouvements rotatoires décrits par des systèmes d'équations plus compliqués que le système (5.4). Par exemple, on peut étudier les systèmes sous la forme

$$\frac{d}{dt}\left[m(y)\frac{dx}{dt}\right] + f(y,x) = \varepsilon F\left(y,\theta,x,\frac{dx}{dt},\varepsilon\right),$$

$$\frac{dy}{dt} = \varepsilon Y\left(y,\theta,x,\frac{dx}{dt},\varepsilon\right), \tag{5.85}$$

$$\frac{d\theta}{dt} = \nu(y) + \varepsilon\Theta\left(y,\theta,x,\frac{dx}{dt},\varepsilon\right),$$

où x est une coordonnée à une seule dimension, $y = \{y_1, \dots, y_n\}$ est un ensemble des paramètres qui varient lentement et qui interviennent dans $F\left(y,\theta,x,\frac{dx}{dt},\varepsilon\right)$; enfin, $Y\left(y,\theta,x,\frac{dx}{dt},\varepsilon\right)$ et $\Theta\left(y,\theta,x,\frac{dx}{dt},\varepsilon\right)$ sont des fonctions perturbatrices non-linéaires, périodiques par rapport à θ .

Y. A. Mitropolsky

SIXIEME LEÇON

METHODE DE CENTRAGE DANS LA THEORIE DU MOUVEMENT DES SATELLITES.

1. M o u v e m e n t d'u n s a t e l l i t e a u t o u r d e s o n c e n t r e d e m a s s e . Sous titre d'un exemple élégant, illustrant les principes d'examination des phénomènes "résonnants" à l'aide de la méthode développée plus haut, exposons succinctement le problème du mouvement d'un satellite autour de son centre de gravité. Ce problème a été étudié de façon détaillée par F.L. Tchernoousko.

Soit un mouvement plan d'un satellite autour de son centre d'inertie qui décrit une orbite elliptique dans un champ central de gravitation. Supposons que l'axe d'inertie principal, relatif au centre de masse du satellite, par rapport auquel le moment d'inertie est B , reste toujours perpendiculaire au plan orbital. Posons A et $C \ (A \geq C)$ les moments d'inertie relatifs à deux autres axes d'inertie principaux.

Admettons le rapport des dimensions du satellite à l'étendue de son orbite pour les petites quantités de premier ordre. Alors, aux petites quantités de premier ordre près, l'équation du mouvement de satellite autour de son centre de gravité se met sous forme

$$(1 + e\cos\theta)\frac{d^2\delta}{d\theta^2} - 2e\sin\theta\frac{d\delta}{d\theta} + \varkappa^2\sin\delta = 4e\sin\theta, \qquad (6.1)$$

où $\delta = 2\nu$ est le double angle entre le rayon vecteur du centre de gravité et l'axe principal d'inertie, par rapport auquel le moment d'inertie est égal à C ; $\alpha^2 = \frac{(A-C)}{B}$, e est une excentricité de l'orbite, θ est une distance angulaire du périgée de l'orbite au rayon-vecteur. Remarquons que l'inégalité $A \leq B + C$ entraîne $a \leq 1$

L'équation (6.1) est une équation différentielle non-linéaire de deuxième ordre dont les coéfficients sont périodiques et qui dépend de deux paramètres scalaires a et e . Si $e = 0$ (orbite circulaire) l'équation (6.1) se réduit à l'équation de pendule.

Si $a = 0$, l'équation (6.1) s'intègre aux fonctions élémentaires.

Considérons trois cas :

1) $e \ll 1$, l'orbite est presque circulaire;

2) $a \ll 1$, le satellite diffère peu d'un corps à symétrie dynamique;

3) $\left|\frac{d\delta}{d\theta}\right| \gg 1$, la vitesse angulaire de la rotation du satellite est beaucoup plus grande que celle de la révolution du rayon-vecteur de son centre d'inertie.

1) Si $e \ll 1$, l'équation (6.1) se présente sous forme

$$\frac{d^2\delta}{d\theta^2} + 3a^2 \sin\delta = e\left(4\sin\theta + 2\sin\theta\frac{d\delta}{d\theta} + 3a^2\cos\theta\sin\delta\right) + O(e^2). \tag{6.2}$$

Si, de plus, $e = 0$, il vient une équation non-troublée

$$\frac{d^2\delta}{d\theta^2} + 3a^2\sin\delta = 0, \tag{6.3}$$

dont la solution générale dépend de deux constantes arbitraires a et θ_0, et présente les mouvements oscillatoires, rotatoires ét apériodiques. Eliminons du raisonnement les mouvements apériodiques, alors la solution générale de l'équation (6.3) se mettra sous forme

$$\delta = z(\psi, a), \tag{6.4}$$

où

$$\psi = \omega(a)(\theta - \theta_0). \tag{6.5}$$

Pour tout a la quantité $z(\psi, a)$ satisfait la condition

$$z(\psi + 2\pi, a) = z(\psi, a) + \gamma,$$

où $\gamma = 0$ dans le cas d'oscillations et $\gamma = 2\pi$ dans le cas de rotations.

Rappelons que pour l'équation (6.3), d'après (3.58), l'intégrale d'action est

$$J(a) = \frac{\omega(a)}{2\pi} \int_0^{2\pi} z_\psi'^2(\psi, a)\, d\psi, \tag{6.7}$$

et que, conformément aux formules (3.59) et (3.61) de la troisième leçon,

$$J_a'(a) = D(a). \tag{6.8}$$

Changeons de variables dans (6.2) à l'aide des formules

$$\begin{aligned} \delta &= z(\psi, a), \\ \frac{d\delta}{d\theta} &= \omega(a) z_\psi'(\psi, a), \end{aligned} \tag{6.9}$$

Après quelques transformations il résulte les équations sous forme standard en nouvelles variables a et ψ :

$$\begin{aligned} \frac{da}{d\theta} &= \frac{-e}{D(a)} F(\theta,\psi,a) z'_{\psi}(\psi,a), \\ \frac{d\psi}{d\theta} &= \omega(a) + \frac{e}{D(a)} F(\theta,\psi,a) z'_{a}(\psi,a), \end{aligned} \tag{6.10}$$

où $F(\theta,\psi,a)$ est un coefficient de e dans le deuxième membre de l'équation (6.2) et où nous négligeons les termes d'ordre $O(e^2)$.

Les deuxième membres du système (6.10) sont périodiques de période 2π par rapport à ψ et θ.

Comme il est aisé de voir, dans le cas "non-résonnant" ($\omega(a) \neq \frac{p}{q}$, où p et q sont des entiers positifs relativement simples) le centrage du système (6.10) par rapport à θ mène au système

$$\begin{aligned} \frac{da}{d\theta} &= 0, \\ \frac{d\psi}{d\theta} &= \omega(a). \end{aligned} \tag{6.11}$$

d'où il résulte $a = const$, $\psi = \omega(a)(\theta + \theta_0)$. Donc, en première approximation, le moment troublant, provenant de l'ellipticité de l'orbite, ne change pas l'amplitude a et la fréquence $\omega(a)$

Au cas résonnant, admettons que $\omega(a)$ est bien proche de $\frac{p}{q}$,

$$\omega(a) = \frac{p}{q} + O(e), \tag{6.12}$$

et introduisons une nouvelle variable ϑ , qui est l'écart de phase, par la formule

$$\psi = \frac{p}{q}(\theta + \vartheta). \tag{6.13}$$

Désignons par a_0 la valeur de a dans le cas de résonance exacte, il vient

$$\omega(a_0) = \frac{p}{q}. \tag{6.14}$$

En tenant compte de petites quantités de premier ordre, on peut mettre le système centré (6.10) sous forme

$$\begin{aligned} \frac{da}{d\theta} &= -\frac{e}{2\pi p D(a_0)} \int_0^{2\pi p} F\left(\frac{q}{p}\psi - \vartheta, \psi, a_0\right) z'_\psi(\psi, a_0)\, d\psi, \\ \frac{d\vartheta}{d\theta} &= \frac{q}{p}\omega'(a_0)(a - a_0) + \frac{eq}{2\pi p^2 D(a_0)} \int_0^{2\pi p} F\left(\frac{q}{p}\psi - \vartheta, \psi, a_0\right) z'_a(\psi, a_0)\, d\psi. \end{aligned} \tag{6.15}$$

Si maintenant on exprime explicitément, à l'aide des fonctions elliptiques, toutes les fonctions intervenant dans le deuxième membre du système (6.15), on peut trouver les régimes stationnaires des oscillations et des rotations du satellite et examiner leur stabilité. Nous ne ferons pas ici d'analyse detaillée de ces solutions et de conclusions qui en résultent, en adressant les intéressés à la littérature spéciale.

2) Reprenons le deuxième cas, $a << 1$ (le satellite diffère peu d'un corps à symétrie dynamique). Il est commode d'introduire, dans l'équation (6.1), la grandeur τ , selon la formule

$$\begin{aligned} \tau &= 2\,\mathrm{Arctg}\sqrt{\frac{1-e}{1+e}}\,\mathrm{tg}\,\frac{\theta}{2} - \frac{e\sqrt{1-e^2}\sin\theta}{1+e\cos\theta}, \\ \tau(\theta+2\pi) &= \tau(\theta) + 2\pi, \end{aligned} \tag{6.16}$$

comme une nouvelle variable indépendante, et l'angle x entre l'axe d'inertie principal et le rayon vecteur du périgée,

$$x = \theta + \vartheta = \theta + \frac{\delta}{2}. \tag{6.17}$$

comme une nouvelle variable dépendante.

Après quelques transformations l'équation du mouvement peut être écrite sous forme

$$\frac{d^2x}{d\tau^2} + \frac{3a^2}{2}\frac{(1+e\cos\theta)^3}{(1-e^2)^3}\sin 2(x-\theta) = 0, \tag{6.18}$$

où $\theta = \theta(\tau)$ est déterminée par la formule (6.16).

L'équation (6.18) formée, il est évident que si $a = 0$ le satellite est animé d'un mouvement de rotation uniforme autour de son centre d'inertie: $x = C_1\tau + C_2$. Si a est petit, le mouvement est approché d'une rotation uniforme.

Prenons, au lieu de l'équation (6.18), un système

$$\frac{dx}{d\tau} = y, \quad \frac{dy}{d\tau} = -\frac{3a^2}{2}\frac{(1-e\cos\theta)^3}{(1-e^2)^3}\sin 2(x-\theta). \tag{6.19}$$

La solution de ce système est recherchée sous forme

$$x = \Omega\tau + \varphi, \qquad y = \Omega + az, \tag{6.20}$$

où Ω est une constante et φ et z sont de nouvelles fonctions à déterminer, pour lesquelles on obtient un système d'équations sous forme standard

$$\frac{d\varphi}{d\tau} = az, \quad \frac{dz}{d\tau} = -\frac{3a^2}{2}\frac{(1+e\cos\theta)^3}{(1-e^2)^3}\sin 2(\Omega\tau + \varphi - \theta), \tag{6.21}$$

où a est un petit paramètre.

Si 2Ω n'est pas entier, après le centrage des deuxièmes membres de (6.21) on obtient

$$\frac{d\varphi}{d\tau} = a z, \qquad \frac{dz}{d\tau} = 0. \tag{6.22}$$

On tire de ces équations $z = const$, $\varphi = c\tau + c_0$; donc, comme dans le cas d'absence de perturbations $(a = 0)$, $x = c_1\tau + c_2$; en d'autres termes, le moment gravitationnel perturbatif n'influe pas sur la rotation uniforme du satellite (mais ce n'est qu'en première approximation!).

Soit $2\Omega = m$, où m est un entier. (Si $m = 2$, on est en présence de la résonance principale: la période de rotation du satellite est proche de la période de sa révolution sur l'orbite). Centrons le système (6.21), il vient

$$\frac{d\varphi}{d\tau} = a z, \qquad \frac{dz}{d\tau} = -\frac{3a^2}{2}\Phi_m(e)\sin 2\varphi, \tag{6.23}$$

où on a posé

$$\Phi_m(e) = \frac{1}{2\pi}\int_{-\pi}^{\pi}\frac{(1+e\cos\theta)^3}{(1-e^2)^3}\cos(m\tau - 2\theta)\,d\tau. \tag{6.24}$$

Remplaçons le système (6.23) par une seule équation, il vient une équation centrée de deuxième ordre

$$\frac{d^2(2\varphi)}{d\tau^2} + 3a^2\Phi_m(e)\sin 2\varphi = 0, \tag{6.25}$$

qui coincide avec l'équation de pendule.

Portons dans la première des formules (6.20) les valeurs $\Omega = \frac{m}{2}$ et φ tirée de l'équation (6.25). Il est alors évident que x représente une rotation à vitesse angulaire Ω superposée par des rotations ou par des oscillations lentes.

Les positions d'équilibre de l'équation (6.25) $\varphi = \frac{n\pi}{2}$ $(n = 0, \pm 1, \pm 2, \dots)$ correspondent à une rotation uniforme à vitesse angulaire constante. Sa stabilité dépend d'un signe de $\Phi_m(e)$.

3) Etudions le cas de rotation rapide du satellite dans le plan orbital: la période de la rotation est beacoup plus petite que celle de la révolution du satellite sur l'orbite. Dans ce cas l'équation (6.18) peut être écrite sous forme

$$\frac{d^2x}{d\tau^2} + g(x,\tau) = 0, \tag{6.26}$$

où la fonction $g(x,\tau)$ est périodique de période π par rapport à x, et sa valeur moyenne est nulle pour toutes les τ.

Conformément au procédé exposé dans la cinquieme leçon, pour $\Omega >> 1$ on trouve la représentation asymptotique de la solution générale, qui est de la forme

$$x = \Omega(\tau+\tau_0) + \frac{3a^2(1+e\cos\theta)^3}{8\Omega(1-e^2)^3}\left\{\sin 2\left[\Omega(\tau+\tau_0)-\theta\right] - \sin 2\theta\right\} + O\left(\frac{1}{\Omega^2}\right). \tag{6.27}$$

La solution asymptotique (6.27) est composée d'une rotation rapide à fréquence angulaire Ω , superposée par une oscillation rapide à fréquence 2Ω et par des oscillations lentes à fréquence 2θ , dont l'amplitude et phase varient lentement.

Remarquons qu'à l'aide de la méthode de centrage, particulièrement, a l'aide des idées développées dans ce paragraphe, on peut résoudre avec succés de nombreux problèmes importants de la dynamique des appareils orbitaux spatiaux. Avec cela dans certains travaux la séparation des mouvements est utilisée pour construire des algorithmes efficaces à calculer; ici nous ne nous attarderons pas sur ce sujet.

Ces dernières années, en attirant la méthode de centrage, ont été étudiés de nombreux problèmes intéressants. Ce sont: le problème des perturbations des orbites képlériennes; le problème du mouvement d'un appareil spatial soumis à une petite force de traction (le problème de la traction transversale); l'étude du mouvement d'un satellite sur ses dernières spires et, en particulier, sur son dernier tour; un grand nombre de problèmes intéressants de résonance qui proviennent de l'examination des systèmes à deux phases tournantes (par exemple, de l'étude des perturbations par la Lune des orbites de satellites éloignées de la Terre), etc.

Y. A. Mitropolsky

SEPTIEME LEÇON

CENTRAGE DES SYSTEMES D'EQUATIONS INTEGRO-DIFFERENTIELLES ET INTEGRALES.

1. Observations préliminaires. En résolvant de nombreux problèmes on est amené souvent à la considération des équations intégrales et intégro-différentielles du petit paramètre.

A ces systèmes on peut appliquer de divers espèces du centrage selon les variables par rapport auxquelles on prend la valeur moyenne. Aussi, comme on le verra dans la suite, à un seul système d'équations intégro-différentielles on peut faire correspondre en général, plusieurs systèmes différents des équations centrées.

Pour ces systèmes en partant des résultats fondamentaux de la méthode de centrage habituelle, le schéma de centrage des équations intégrales et entégro-différentielles a été élaboré, et des théorèmes d'évaluation, valables dans un intervalle fini de temps, ont été démontrés. Dans nombre de cas cela donne la possibilité de simplifier un problème considéré.

Ci-dessous nous allons parler de quelques conditions préliminaires et du schéma de centrage.

2. Equations intégro-différentielles sous forme standard. Examinons une équation intégro-différentielle non-linéaire sous forme standard

$$\frac{dx}{dt} = \varepsilon f\left(t, x, \int_0^t \varphi(t, s, x(s))\,ds\right), \tag{7.1}$$

où $\varepsilon > 0$ est un petit paramètre, x est un vecteur à n-dimensions, $f(t,x,y)$ et $\varphi(t,s,x)$ sont des fonctions vecteurs, respectivement, à n et à m dimensions, définies et continues pour tous les t et tous les s de l'intervalle $[0,\infty)$ et pour tous les $x\in E_n$, $y\in E_m$ où E_n et E_m sont les espaces euclidiens à n et à m dimensions.

Mettons en correspondence à l'équations (7.1) une équation centrée obtenue de telle manière. Soit

$$\int_0^t \varphi(t,s,x)\,ds = \Psi(t,x), \qquad (7.2)$$

où l'intégrale est calculée par rapport à la variable s qui intervient explicitement tandis que t et x sont considérés comme paramètres. Alors on obtient

$$f\left(t,x,\int_0^t \varphi(t,s,x)\,ds\right) = f(t,x,\Psi(t,x)) = F(t,x).$$

Centrons la fonction $F(t,x)$ par rapport à la variable t, on aura

$$\lim_{T\to\infty}\frac{1}{T}\int_0^T F(t,x)\,dt = \lim_{T\to\infty}\frac{1}{T}\int_0^T f\left(t,x,\int_0^t \varphi(t,s,x)\,ds\right)dt = f_0(x). \qquad (7.3)$$

Soit un système des équations différentielles

$$\frac{d\xi}{dt} = \varepsilon f_0(\xi), \qquad (7.4)$$

avec $f_0(\xi)$ définie par l'expression (7.3). Nous l'appellerons le système centré correspondant au système intégro-différentiel (7.1).

Comme on voit, le procédé du centrage d'un système intégro-différentielle mène à une équation centrée qui est strictement différentielle (et, de plus, dont le deuxième membre ne dépend pas explicitement du temps). Son examination est beaucoup plus facile que l'étude du système intégro-différentiel de départ.

Pourtant on peut rencontrer d'autres cas.

Soit le système (7.1) admettant les limites

$$\begin{aligned} &\lim_{T\to\infty}\frac{1}{T}\int_0^T f(t,x,y)\,dt = f_0(x,y),\\ &\lim_{T\to\infty}\frac{1}{T}\int_0^T \varphi(t,s,x)\,dt = \varphi_0^{(1)}(s,x). \end{aligned} \tag{7.5}$$

Alors on peut faire correspondre au système (7.1) le système centré

$$\frac{d\xi}{dt} = \varepsilon f_0\left(\xi, \int_0^t \varphi_0^{(1)}(s,\xi(s))\,ds\right), \tag{7.6}$$

qui, en général, est plus simple que le système (7.1) mais qui est aussi intégro-différentiel.

Supposons que le système (7.1) admette les limites

$$\begin{aligned} &\lim_{T\to\infty}\frac{1}{T}\int_0^T f(t,x,y)\,dt = f_0(x,y),\\ &\lim_{s\to\infty}\frac{1}{s}\int_0^s \varphi(t,s,x)\,ds = \varphi_0^{(2)}(t,x). \end{aligned} \tag{7.7}$$

Alors on peut attacher au système (7.1) le système centré

$$\frac{d\xi}{dt} = \varepsilon f_0\left(\xi, \int_0^t \varphi_0^{(2)}(t,\xi(s))\,ds\right) \tag{7.8}$$

qui est aussi intégro-différentiel.

Dans tous ces trois cas on peut démontrer un théorème fondamental évaluant la différence entre la solution du système exacte (7.1) et la solution d'un des systèmes centrés (7.4), (7.6) ou (7.8).

Enonçons le théorème sur la proximité des solutions des

équations exactes (7.1) aux solutions des équations centrées (7.4).

Théorème (Filatov). Soient les fonctions $f(t,x,y)$ et $\varphi(t,s,x)$ satisfaisant aux conditions suivantes:

1) pour un domaine D on peut indiquer les constantes M, N, λ, μ telles que tous les $t \geqslant 0$, $s \geqslant 0$ tous les points x, x', x'' appartenant à ce domaine D, et tous les y, y', y'' de E_m verifient les inégalités

$$|f(t,x,y)| \leq M,$$

$$|f(t,x',y') - f(t,x'',y'')| \leq \lambda |x'-x''| + \mu |y'-y''|, \tag{7.9}$$

$$|\varphi(t,s,x)| \leq N\varphi_0(t), \quad \frac{1}{t}\int_0^t \psi(s)ds \to 0, \quad t \to 0 \quad \psi(t) = t\varphi_0(t)$$

2) uniformément par rapport aux x appartenant au domaine D il existe la limite (7.3), telle que

$$|f_0(x') - f_0(x'')| \leq \sigma |x'-x''|, \quad \sigma = const. \tag{7.10}$$

Alors, à tout $\eta > 0$ aussi petit que l'on veut et à tout $L > 0$ aussi grand que l'on veut on peut attacher un $\varepsilon_0 > 0$ tel que pour $0 < \varepsilon < \varepsilon_0$ dans $0 < t \frac{L}{\varepsilon}$ a lieu l'inégalité

$$|x(t) - \xi(t)| < \eta, \tag{7.11}$$

où $\xi(t)$ est une solution de l'équation (7.4) qui est définie dans l'intérvalle $0 < t < \infty$ et qui appartient au domaine D avec son ρ-voisinage; $x(t)$ est une solution de l'équation qui coïncide avec $\xi(t)$ pour $t = 0$.

La démonstration de ce théorème est analogue à celle du premier théorème fondamental de la méthode de centrage. Indiquons que l'on peut démontrer le théorème cité à des conditions distinctes des l'inégalité (7.9).

3. Cas particulier du système (7.1). Examinons l'équations intégro-différentielle

$$\frac{dx}{dt} = \varepsilon X(t,x) + \varepsilon \int_0^t Z(t,s,x(s))ds, \tag{7.12}$$

où $\varepsilon > 0$ est un petit paramètre, x est un vecteur à n -dimensions, $X(t,x)$, $Z(t,s,x(s))$ sont des fonctions vecteurs réelles, continues et définies pour tous les t, $s \in [0,\infty)$, et pour tous les $x \in E_n$.

Supposons que les fonctions vecteurs intervenant dans le deuxième membre du système (7.12) admettent les limites

$$\lim_{T\to\infty} \frac{1}{T}\int_0^T X(t,x)dt = X_0(x),$$
$$\lim_{s\to\infty} \frac{1}{s}\int_0^s Z(t,s,x)ds = Z_0(t,x). \tag{7.13}$$

Etant donné le système (7.12), le système intégro-différentiel

$$\frac{d\xi}{dt} = \varepsilon X_0(\xi) + \varepsilon \int_0^t Z_0(t,\xi(s))ds. \tag{7.14}$$

peut être considéré comme un système centré correspondant.

Supposons ensuite que la fonction vecteur $Z(t,x,s)$ ait une valeur moyenne non par rapport à s, comme dans la condition (7.13), mais par rapport à t, c.à.d., supposons que la condition

$$\lim_{T\to\infty} \frac{1}{T}\int_0^T Z(t,x,s)dt = Z_{01}(x,s). \tag{7.15}$$

soit remplie.

Alors au lieu de l'équation centrée (7.14) on obtient une équation centrée intégro-différentielle

$$\frac{d\xi}{dt} = \varepsilon X_0(\xi) + \varepsilon \int_0^t Z_{01}(\xi(s), s)\, ds, \tag{7.16}$$

que l'on peut réduire au système des équations différentielles

$$\frac{d\xi}{dt} = \eta,$$
$$\frac{d\eta}{dt} = \varepsilon \frac{\partial X_0(\xi)}{\partial \xi}\eta + \varepsilon Z_{01}(\xi, t), \tag{7.17}$$

ou bien à l'équation

$$\frac{d^2\xi}{dt^2} = \varepsilon \frac{\partial X_0(\xi)}{\partial \xi}\frac{d\xi}{dt} + \varepsilon Z_{01}(\xi, t) \tag{7.18}$$

A l'aide du simple changement des variables (7.18) cette dernière équation est ramenée au système des équations sous forme standard

$$\frac{d\xi}{dt} = \mu \xi_1,$$
$$\frac{d\xi_1}{dt} = \mu \left\{ Z_{01}(\xi, t) + \mu \frac{\partial X_0(\xi)}{\partial \xi} \xi_1 \right\}, \tag{7.19}$$

où $\mu = \varepsilon^{1/2}$.

Supposons que le système (7.12) admette la limite

$$\lim_{T\to\infty} \frac{1}{T}\int_0^T \left[X(t,x) + \int_0^t Z(t,s,x)\, ds \right] dt = F_0(x) \tag{7.20}$$

dans chaque point du domaine D. Alors on peut faire correspondre à ce système (7.12) le système centré des équations ordinaires différentielles autonomes

$$\frac{d\xi}{dt} = \varepsilon F_0(\xi). \tag{7.21}$$

Pour illustrer ce dernier procédé citons un exemple bien simple. Examinons une équations

$$\frac{dx}{dt} = \varepsilon - \frac{1}{2}\varepsilon t e^{-t}(1+x) + \varepsilon \int_0^t e^{-t} x(s)\, ds, \tag{7.22}$$
$$x(0) = 1.$$

Puisque pour l'équation (7.22) il existe la limite (7.20), égale à ε, l'équation centrée prend la forme

$$\frac{d\xi}{dt} = \varepsilon, \qquad \xi(0) = 1. \tag{7.23}$$

En intégrant l'équation (7.23) on trouve la solution

$$\xi(t) = 1 + \varepsilon t. \tag{7.24}$$

qui coïncide avec la solution exacte de l'équation initiale, $x(t) = 1 + \varepsilon t$.

4. Les équations intégro-différentielles aux variables rapides et lentes. Etudions le systèmes des équations intégro-différentielles aux variables rapides et lentes

$$\frac{dx}{dt} = \varepsilon f_1\left(t, x, y, \int_0^t \varphi_1\left(t, s, x(s), y(s)\right) ds\right),$$
$$\frac{dy}{dt} = f_2\left(t, x, y, \int_0^t \varphi_2\left(t, s, x(s), y(s)\right) ds\right), \tag{7.25}$$

où ε est un petit paramètre positif, x et y sont respectivement des vecteurs à n et à m dimensions, $f_1, f_2, \varphi_1, \varphi_2$ sont des fonctions vecteurs réelles, continues et définies pour tous les t, $s \in [0, \infty)$ et pour tous les $x \in E_n$, $y \in E_m$ et $u \in E_r$, $v \in E_q$.

Pour étudier le système (7.25) on peut appliquer avec succès une forme de la méthode de centrage développée dans le travail 28 .

Si $\varepsilon = 0$, le système (7.25) degénère, donc on a

$$x = \text{const}, \qquad \frac{dy}{dt} = f_2\left(t, x, y, \int_0^t \varphi_2\left(t, s, x, y(s)\right) ds\right). \tag{7.26}$$

Supposons que la solution du système (7.26) soit connue et prenne la forme

$$\begin{aligned} x &= \text{const}, \\ y &= \psi(t,x,c), \\ \psi(0,x,c) &= c, \end{aligned} \tag{7.27}$$

où $c \in E_n$ est une constante arbitraire. Alors, d'après la méthode exposée dans les leçons précédentes, examinons le long du trajectoire (7.27) la fonction

$$f\left(t,x,\psi(t,x,c),\int_0^t \varphi(t,s,x,\psi(s,x,c))ds\right). \tag{7.28}$$

Pour effectuer le centrage de cette fonction le long du trajectoire (7.27), tout comme dans le cas précédent, on a les trois possibilités. Nous n'allons parler ici que d'une d'elles. Supposons l'existence des limites

$$\begin{aligned} \lim_{T\to\infty} \frac{1}{T}\int_0^T f_1\left(t,x,\psi(t,x,c),u\right)dt &= f_0(x,u), \\ \lim_{T\to\infty} \frac{1}{T}\int_0^T \varphi_1\left(t,s,x,\psi(s,x,c)\right)dt &= \varphi_0(s,x). \end{aligned} \tag{7.29}$$

On peut attacher au système (7.25) une équation centrée

$$\frac{d\xi}{dt} = \varepsilon f_0\left(\xi, \int_0^t \varphi_0(s,\xi(s))ds\right). \tag{7.30}$$

Pour les deux autres cas on peut faire correspondre au système (7.25), de plus, deux nouvelles formes d'équations centrées et démontrer les théorèmes sur l'évaluation de différence des solutions qui sont les extensions du théorème correspondant de V.M. Volossov. Toutefois je ne vais pas parler de ce problème en adressant les intéressés à la littérature spéciale.

5. **Equations intégro-différentielles du type Fredholm.** Passons au problème de l'extension de la méthode de centrage pour les équations intégro-différentielles du type Fredholm.

Etudions l'équation

$$\frac{dx}{dt} = \varepsilon f\left(t, x, \int_0^1 \varphi(t, s, x(s))ds\right) \tag{7.31}$$

où x est un vecteur à n dimensions, $f(t,x,y)$ et $\varphi(t,s,x)$ sont des fonctions vecteurs réelles, respectivement, à n et à m dimensions, pour tous les $t \geqslant 0$, $s \geqslant 0$, $x \in E_n$, $y \in E_m$.

L'équation (7.31) admet aussi les trois formes du centrage. Nous n'allons exposer qu'une seule. Supposons l'existence des limites

$$\lim_{T \to \infty} \frac{1}{T} \int_0^T f(t,x,y)dt = f_0(x,y), \tag{7.32}$$

$$\lim_{T \to \infty} \frac{1}{T} \int_0^T \varphi(t,s,x)dt = \varphi_0(s,x). \tag{7.33}$$

Au système (7.31) on peut attacher le système centré.

$$\frac{d\xi}{dt} = \varepsilon f_0\left(\xi, \int_0^1 \varphi_0(s, \xi(s)ds)\right) \tag{7.34}$$

Tout comme pour les équations du type Volterra, considérées plus haut, pour le système des équations intégro-différentielles (7.31), on peut démontré aisement des théorèmes, étendant le premier théorème fondamental de N.N. Bogolioubov, vu les conditions imposées aux fonctions dans le deuxième membre de l'équation (7.31).

6. E x e m p l e : les oscillations du pendule à une cavité remplie de liquide visqueux. A titre d'exemple considérons les oscillations du pendule composé, dont l'axe d'attache effectue dans la direction verticale des oscillations harmoniques de petite amplitude α et de fréquence ω. Supposons que le pendule contienne une cavité symmétrique par rapport à son axe et remplie de liquide visqueux. Les oscillations de ce pendule sont décrites par une équations intégro-différentielle

$$\frac{d^2\theta}{dt^2} + \lambda\sqrt{\nu}\int_0^t \frac{d^2\theta(t-\tau)}{dt^2}\frac{d\tau}{\sqrt{\pi\tau}} + \bar{\omega}^2(1-\delta\cos\omega t)\theta = 0, \qquad (7.35)$$

où on a posé

$$\lambda = \frac{\mathcal{M}Q}{1+\mathcal{M}l^2}, \qquad \bar{\omega}^2 = g\,\frac{\mathcal{M}_1 l_1 + \mathcal{M}l}{\mathcal{J}+\mathcal{M}l^2}, \qquad (7.36)$$

$$\mathcal{M}Q = 2\pi\rho\int_{\beta_1}^{\beta_2} r^2(\beta)\,d\beta, \qquad \delta = \frac{\alpha\omega^2}{g},$$

et où $\mathcal{M}$ est une masse de liquide, $\mathcal{M}_1$ est une masse du pendule sans liquide, $\mathcal{J}$ est un moment d'inertie du pendule sans liquide, l et l_1 sont les distances de l'axe d'attache aux centres de masse respectivement du liquide et du corps sans liquide; g est l'accélération de la pesanteur, ρ est une densité de liquide, β_1 et β_2 sont les coordonnées des pôles de cavité, ν est un coefficient de viscosité.

En effectuant le changement des variables

$$2\xi = \omega t, \quad \varepsilon = \lambda\sqrt{\frac{\nu}{\omega}}, \quad k = \frac{2\bar{\omega}}{\omega},$$

mettons l'équation (7.35) sous la forme

$$\frac{d^2\theta}{d\xi^2} + 2\varepsilon \int_0^\xi \frac{d^2\theta(\xi-\tau)}{d\xi^2} \cdot \frac{d\tau}{\sqrt{\pi\tau}} + k^2(1-\delta\cos 2\xi)\theta = 0 \qquad (7.37)$$

Quand $\nu = 0$, c-à-d., dans le cas de la liquide idéale on a $\varepsilon = 0$ et l'on obtient l'équation de Mathieu pour laquelle, comme on sait, sous certains relations entre les paramètres k^2 et δ la position d'équilibre d'en bas du pendule peut devenir instable. Le plan des paramètres k^2 et δ présente les zones d'instabilité. La présence de viscosité aboutit à la déformation et au déplacement de ces zones. Soit la première zone correspondant à la résonance fondamentale parametrique, située dans le voisinage de la valeur du paramètre $k^2 = 1$. Pour étudier le comportement du système au voisinage de cette zone effectuons le changement $k^2 = 1 + \gamma$ où γ est une petite quantité.

Alors, aux petites quantités du deuxième ordre près, on obtient l'équation

$$\frac{d^2\theta}{d\xi^2} + 2\varepsilon \int_0^\xi \frac{d^2\theta(\xi-\tau)}{d\xi^2} \cdot \frac{d\tau}{\sqrt{\pi\tau}} + (1+\gamma-\delta\cos 2\xi) = 0, \qquad (7.38)$$

où les valeurs ε, γ et δ sont petites. En transposant les petites termes dans le deuxième membre on peut mettre l'équation (7.38) sous la forme

$$\frac{d^2\theta}{d\xi^2} + \theta = (\delta\cos 2\xi - \gamma)\theta - 2\varepsilon \int_0^\xi \frac{d^2\theta(\xi-\tau)}{d\xi^2} \cdot \frac{d\tau}{\sqrt{\pi\tau}} \qquad (7.39)$$

Pour mettre l'équation (7.39) sous forme standard, introduisons de nouvelles variables a et b à l'aide des formules

$$\theta = a\cos\xi + b\sin\xi, \qquad (7.40)$$

$$\frac{d\theta}{d\xi} = -a\sin\xi + b\cos\xi .$$

Alors, aux petites quantités du premier ordre par rapport aux petits paramètres ε, δ, γ près, on obtient le système d'équations en nouvelles variables a et b

$$\begin{aligned}\frac{da}{d\xi} &= -(\delta\cos 2\xi - \gamma)(a\cos\xi + b\sin\xi)\sin\xi - \\ &\quad - 2\varepsilon\sin\xi\int_0^\xi\left[a\cos(\xi-\tau) + b\sin(\xi-\tau)\right]\frac{d\tau}{\sqrt{\pi\tau}}, \\ \frac{db}{d\xi} &= (\delta\cos 2\xi - \gamma)(a\cos\xi + b\sin\xi)\cos\xi + \\ &\quad + 2\varepsilon\cos\xi\int_0^\xi\left[a\cos(\xi-\tau) + b\sin(\xi-\tau)\right]\frac{d\tau}{\sqrt{\pi\tau}} .\end{aligned} \tag{7.41}$$

Centrons les deuxièmes membres du système (7.41) par rapport à ξ, il résulte le système d'équations de la première approximation

$$\begin{aligned}\frac{d\bar{a}}{dt} &= -\frac{\varepsilon}{2}\bar{a} + \left[\left(\frac{\gamma}{2} - \frac{\varepsilon}{2}\right) + \frac{\delta}{4}\right]\bar{b}, \\ \frac{d\bar{b}}{dt} &= -\left[\left(\frac{\gamma}{2} - \frac{\varepsilon}{2}\right) - \frac{\delta}{4}\right] - \frac{\varepsilon}{2}\bar{b} .\end{aligned} \tag{7.42}$$

L'équation caractéristique de ce système est

$$\begin{vmatrix} \sigma + \frac{\varepsilon}{2}, & -\left(\frac{\gamma}{2} - \frac{\varepsilon}{2}\right) - \frac{\delta}{4} \\ \left(\frac{\gamma}{2} - \frac{\varepsilon}{2}\right) - \frac{\delta}{4}, & \sigma + \frac{\varepsilon}{2} \end{vmatrix} = 0, \tag{7.43}$$

d'où il vient

$$\sigma_{1,2} = \frac{-\varepsilon \pm \sqrt{\frac{\delta^2}{4} - (\gamma-\varepsilon)^2}}{2}$$

et, par conséquent, on a le rapport qui détermine les bornes du domaine d'instabilitée

$$\frac{\delta^2}{(2\varepsilon)^2} - \frac{(\gamma-\varepsilon)^2}{\varepsilon^2} = 1 \tag{7.44}$$

Dans le plan des paramètres γ, δ cette équation n'est autre chose que l'équation de l'hyperbole aux asymptotes $\delta = 2|\gamma - \varepsilon|$. C'est elle qui détermine le caractère et la valeur du déplacement de la borne du domaine d'instabilité vu la viscosité du liquide.

7. Centrage dans les systèmes d'équations intégrales non-linéaires. Exposons quelques considérations sur le centrage dans les systèmes d'équations intégrales.

Soit un système d'équations intégrales non linéaires

$$x(t) = \varepsilon f(t) + \varepsilon \int_0^t \Gamma(t, s, x(s))\, ds \tag{7.45}$$

ou ε est un petit paramètre positif, x est un vecteur à n dimensions, $f(t)$ et $\Gamma(t, s, x)$ sont des fonctions vecteurs réelles à n dimensions, définies et continues pour tous les $t \geq 0$, $s \geq 0$ et $x \in E_n$.

Différentions le système (7.45) par rapport à t, il vient

$$\frac{dx}{dt} = \varepsilon \frac{df}{dt} + \varepsilon \Gamma(t, t, x) + \varepsilon \int_0^t \frac{\partial}{\partial t} \Gamma(t, s, x(s))\, ds, \tag{7.46}$$

$$x(0) = \varepsilon f(0). \tag{7.47}$$

Evidemment, une solution de l'équation (7.46) satisfaisant à la condition initiale (7.47) verifie aussi l'équation (7.45). Pour abréger les calcules introduisons les notations

$$F(t, x) = \frac{df(t)}{dt} + \Gamma(t, t, x),$$
$$\Phi(t, s, x) = \frac{\partial}{\partial t} \Gamma(t, s, x). \tag{7.48}$$

L'équation (7.46) prend la forme

$$\frac{dx}{dt} = \varepsilon F(t, x) + \varepsilon \int_0^t \Phi(t, s, x(s))\, ds, \tag{7.49}$$
$$x(0) = \varepsilon f(0).$$

On peut appliquer à l'équation (7.49) des formes diverses du centrage. Par exemple, soient les limites

$$\lim_{T\to\infty}\frac{1}{T}\int_0^T F(t,x)dt = F_0(x),$$
$$\lim_{T\to\infty}\frac{1}{T}\int_0^T \Phi(t,s,x)dt = \Phi_0(s,x). \tag{7.50}$$

Alors, à l'équation (7.41) on peut faire correspondre l'équation intégro-différentielle centrée

$$\frac{d\xi}{dt} = \varepsilon F_0(\xi) + \varepsilon\int_0^t \Phi_0(s,\xi(s))ds,$$
$$\xi(0) = \varepsilon f(0), \tag{7.51}$$

qui se réduit à l'équation différentielle

$$\frac{d^2\xi}{dt^2} = \varepsilon\frac{\partial F_0(\xi)}{\partial\xi}\cdot\frac{d\xi}{dt} + \varepsilon\Phi_0(t,\xi).$$
$$\xi(0) = \varepsilon f(0), \quad \left.\frac{d\xi}{dt}\right|_{t=0} = \varepsilon F_0(\varepsilon f(0)). \tag{7.52}$$

Pour les équations du type (7.45) on peut aussi démontrer des théorèmes divers étendant les théorèmes de N.N.Bogoloubov. Par exemple, pour l'équation intégrale (7.45) à la condition initiale (7.47), où $f(t)\equiv 0$, a lieu le théorème.

T h e o r è m e. Soit l'équation (7.45), où la fonction $\Gamma(t,s,x)$ est telle que les fonctions $\Gamma(t,t,x) = F(t,x)$ et $\frac{\partial\Gamma(t,s,x)}{\partial t} = \Phi(t,s,x)$ satisfont les conditions suivantes:

1) pour un domaine borné D on peut indiquer les constantes M, N, λ, μ et une fonction positive $\vartheta(t,s)$ telles que pour tous les $t \geq 0$, $s \geq 0$ et pour tous les points x, x', $x''\in D$ sont vérifiées les inégalités

$$|F(t,x)| \leq M, \qquad |F(t,x') - F(t,x'')| \leq \lambda\,|x'-x''|,$$

$$|\Phi(t,s,x') - \Phi(t,s,x'')| \leq \vartheta(t,s)\,|x'-x''|,$$

$$\int_0^t \vartheta(t,s)ds = \vartheta_0(t), \quad \frac{1}{t}\int_0^t \vartheta_0(t)dt \to 0, \; t \to \infty, \; \vartheta_0(t) \leq N;$$

2) une solution de (7.45) est bornée;

3) la limite

$$\lim_{T\to\infty} \frac{1}{T}\int_0^T \left[F(t,x) + \int_0^t \Phi(t,s,x)ds \right] dt = F_0(x) + \bar{\Phi}_0(x).$$

existe dans chaque point $x \in D$

Si $\xi(t)$ est une solution de l'équation centrée

$$\frac{d\xi}{dt} = \varepsilon \left[F_0(\xi) + \bar{\Phi}_0(\xi) \right], \tag{7.53}$$

définie dans l'intervalle $0 < t < \infty$ et appartenant au domaine avec son ρ -voisinage, alors pour $\eta > 0$ aussi petit que l'on et pour $L > 0$ aussi grande que l'on veut, on peut indiquer $\varepsilon_0 > 0$ telle que pour $0 < \varepsilon < \varepsilon_0$ dans l'intervalle $0 < t < \frac{L}{\varepsilon}$ a lieu l'inégalité

$$|x(t) - \xi(t)| < \eta$$

où $x(t)$ est une solution de l'équation intégrale (7.45).

Pour terminer, indiquons que la méthode de centrage peut être aisément étendue aux équations intégrales du type Fredholm.

Y. A. Mitropolsky

HUITIEME LEÇON

APPLICATION DE LA METHODE DE CENTRAGE A L'ETUDE DE LA STABILITE D'UN MOUVEMENT. PERSPECTIVES DU DEVELOPPEMENT ULTERIEUR.

Dans cette leçon nous allons parler succinctement de certains problèmes relatifs à la stabilité du mouvement, qui peuvent être resolus à l'aide de la méthode de centrage.

L'étude de la stabilité des régimes stationnaires joue, comme on sait, un rôle essentiel dans la théorie des oscillations des systèmes non-linéaires. Un cas important s'y rattachant est celui d'un système influencé par des perturbations permanentes.

En présence d'un régime stationnaire on procède d'habitude par former les équations aux variations et par analyser les racines d'une équation caractéristique correspondante. Vu les signes de leurs parties réelles, on tire une conclusion si le régime considéré est stable ou non. Bien entendu, cette conclusion n'est valable que dans un intervalle fini de temps, puisqu'on ne considère pas les équations exactes, mais centrées, dont les solutions en général ne sont proches de celles des équations exactes que dans l'intervalle fini de temps, d'ordre $\frac{1}{\varepsilon}$

Mais dans de nombreux cas d'équations non-linéaires admettant un petit paramètre et décrivant des processus oscillatoires, la question de la stabilité peut être résolue complètement moyennant l'étude des équations centrées. Il est à souligner que dans cas l'étude de la stabilité, très embarrassante pour les équations exactes, est beaucoup plus facile pour les équations centrées, puisque dans ce dernier cas on étudie la stabilité d'un point singulier.

Les conditions de l'existence et de l'unicité des solutions d'une équation sous forme standard

$$\frac{dx}{dt} = \varepsilon X(t, x). \tag{8.1}$$

sont évoquées par le théorème fondamental de la méthode de centrage.

Etant donnés un système d'équations sous forme standard (8.1) et les équations centrées correspondantes

$$\frac{d\xi}{dt} = \varepsilon X_0(\xi), \tag{8.2}$$

où

$$X_0(\xi) = \lim_{T\to\infty} \frac{1}{T}\int_0^T X(t, \xi)\,dt \tag{8.3}$$

uniformément par rapport à t, citons les énoncés des théorèmes fondamentaux révélant la stabilité des solutions du système exact (8.1) à partir des propriétés des solutions de (8.2).

T h é o r è m e. Soient les équations (8.1) aux propriétés suivantes:

a) l'équation de la première approximation (l'équation centrée) (8.2) admet une solution quasi-stationnaire $\xi = \xi_0$;

b) les parties réelles de toutes les n racines de l'équation caractéristique

$$\mathrm{Det}\,|Ip - X'_{0x}(\xi_0)| = 0 \tag{8.4}$$

sont distinctes de zéro;

c) la fonction $X(t, x)$ est quasi-périodique par rapport à t uniformément par rapport aux x et possède toutes les propriétés exigées pour l'existence d'une solution du système (8.1).

Alors on peut indiquer les constantes positives σ_0, ε_0 telles que pour tout ε positif, $\varepsilon < \varepsilon_0$, les équations (8.1) admettent une solution quasi-périodique $x^*(t)$, et une seule, pour laquelle

$$|x^*(t) - \xi_0 \text{[illegible]} \infty < t < +\infty).$$

Si toutes les parties réelles des racines de l'équation caractéristique (8.4) sont négatives, toute solution $x(t)$ du système (8.1) s'approche de $x^*(t)$ suivant la loi

$$|x(t) - x^*(t)| \leq C e^{-\gamma\varepsilon(t-t_0)} \tag{8.5}$$

(où C et γ sont des constantes positives), donc, la solution $x^*(t)$ est asymptotiquement stable.

Si la partie réelle d'une racine, fût-il une seule, est positive, la solution $x^*(t)$ est instable.

Supposons maintenant que le système centré (8.2) admette une solution périodique

$$\xi = \xi(\omega t), \quad \xi(\varphi + 2\pi) = \xi(\varphi). \tag{8.6}$$

Alors on peut énoncer le théorème suivant.

T h é o r è m e . Soient les équations sous forme standard (8.1) qui satisfont les conditions suivantes:

a) les équations de la première approximation (les équations centrées) (8.2) admettent une solution périodique (8.6);

b) étant données les équations aux variations

$$\frac{d\delta\xi}{dt} = \varepsilon X'_{ox}\left(\xi(\omega t)\right)\delta\xi, \tag{8.7}$$

correspondantes à la solution périodique (8.6), les parties réelles des $(n-1)$ exposants caractéristiques sont distinctes de zéro (dans le cas considéré un des exposants caractéristiques est pour sûr nul).

En outre, dans un voisinage d'une orbite de la solution périodique (8.6) les fonctions $X(t,x)$ doivent satisfaire toutes les conditions exigées pour l'existence d'une solution quasi-périodique dépendant de l'unique constante (phase).

Alors on peut indiquer les constantes positives ε_0, δ_0 telles que pour tout ε, $\varepsilon < \varepsilon_0$, l'équation (8.1) admet une solution quasi-périodique

$$x^*(t) = f(t,\theta(t)), \tag{8.8}$$

et une seule, qui dépend d'une constante arbitraire (phase).

Si toutes les parties réelles des exposants caractéristiques du système d'équations aux variations sont négatives, toute solution $x(t)$ du système (8.1) sortant du voisinage suffisamment petit de l'orbite de (8.8), s'approchera, le temps croissant, de la solution (8.8) d'après la loi

$$\left|x(t) - f(t,\theta(t))\right| \leq C_1 e^{-\varepsilon\gamma(t-t_0)} \tag{8.9}$$

Donc, la solution (8.8) possède la stabilité asymptotique orbitale et attire vers elle-même toutes les solutions du système (8.1) qui passent à proximité.

Si la partie réelle d'un exposant caractéristique de l'équation (8.7) est positive, l'orbite de (8.8) est instable.

S'il y a des exposants caractéristiques nuls (plus qu' un seul) ou bien leurs parties réelles nulles, on est en présence d'un cas critique. Pour étudier ce cas, au lieu du système centré de la première approximation (système 8.2) on a à consiaerer un système centré d'une approximation plus élevée.

Les théorèmes cités ne sont que l'un des exemples de ce, comment la méthode de centrage peut être appliquée à la résolution de nombreux problèmes se rapportant à l'étude de la stabilité des systèmes oscillatoires.

Pour les diverses classes d'équations différentielles au petit paramètre on peut obtenir des résultats importants concernant la question de la stabilité des solutions et liés avec le rapport entre la stabilité des solutions des équations exactes et de celles centrées, en examinant leurs multiplicités intégrales.

Comme on sait, dans la plupart des cas les solutions, prises séparées, sont très sensibles aux petits changements des deuxièmes membres d'équations. Dans la théorie des multiplicités intégrales nous n'avons pas affaire aux solutions séparées, mais essentiellement aux multiplicités intégrales (pas aux courbes, mais aux hypersurfaces). Il s'avère que la multiplicité intégrale est une formation plus stable, que les solutions séparées, par rapport aux petites perturbations des deuxièmes membres d'équations. Or, en examinant les propriétés des multiplicités d'un système exact des équations différentielles au petit paramètre et celles d'un système centré correspondant, on peut simplifier considérablement le problème de la stabilité et même dans certains cas le résoudre complètement.

Des résultats intéressants, concernants les systèmes canoniques aux hamiltoniens analytiques, sont obtenus dans des travaux de A.N. Kolmogorov et de V.I. Arnolde.

Comme I.Z. Chtokalo l'a montré, le procédé de centrage de N.N. Bogolioubov peut être appliqué avec succès à la réduction à l'équation aux coéfficients constants d'une équation différentielle linéaire aux coéfficients quasi-périodiques, avec l'utilisation ultérieure d'un critère de Gourvitz pour déduire des conditions de stabilité ou d'instabilité.

L'idée de centrage peut être appliquée à l'examination de la stabilité sous un autre aspect, distinct de celui ci-dessus. Soit V une fonction de Liapounov et $X^*(t,x)$ une fonction vectorielle perturbatrice. Formons un produit scalaire de grad V par $X^*(t,x)$ et prenons sa valeur moyenne le long des courbes intégrales d'un système non-perturbé (8.10). Alors, comme M.M. Khapaiev l'a montré, en supposant cette valeur moyenne négative, on obtient la possibilité de démontrer des théorèmes établissant la stabilité ou l'instabilité, pareils aux théorèmes classiques de Liapounov. Enonçons un de ces théorèmes.

Soit un système non-troublé d'équations

$$\frac{dx}{dt} = X(t,x) \tag{8.10}$$

Supposons que les fonctions vectorielles $X(t,x)$, intervenant dans les deuxièmes membres, dans certain domaine

$$|x_i| \leq \mathcal{D}, \quad t \geq 0 \quad (i=1,2,\dots,n), \tag{8.11}$$

soient continues, qu'elles satisfassent à la condition de Lipschitz par rapport aux variables x avec une constante λ et que $X(t,0) \equiv 0$.

En même temps que le système (8.10), considérons un système aux perturbations permanentes

$$\frac{dx}{dt} = X(t,x) + \varepsilon X^*(t,x), \tag{8.12}$$

où ε est un petit paramètre positif et où la fonction vectorielle perturbatrice $X^*(t,x)$ définie dans le domaine (8.11), satisfait aux conditions assurant l'existence d'une solution continue.

Le système (8.12) donné, il est valable le théorème suivant.

Théorème. Supposons que le système (8.12) satisfasse aux conditions suivantes:

a) il existe une fonction de Liapounov $V(t,x_1,\dots,x_n)$ définie positive, qui admet une limite supérieure infiniment petite

b) la dérivée totale de $V(t,x_1,\dots,x_n)$ prise en vertu des équations non-troublées (8.10), est non-positive dans le domaine (8.11):

$$\frac{dV}{dt} = \frac{\partial V}{\partial t} + \sum_{i=1}^{n} \frac{\partial V}{\partial x_i} X_i(t,x_1,\dots,x_n) \leq 0; \tag{8.13}$$

c) dans le domaine (8.11) les dérivées partielles $\frac{\partial V}{\partial x_i}$ sont continues par rapport aux x_i uniformément par rapport à t;

d) dans le domaine (8.11) les perturbations $X_i^*(t, x_1, \dots, x_n)$ sont continues par rapport aux x_i, uniformément par rapport à t, et bornées ;

e) uniformément par rapport à t_0 et aux x_{i0} il existe une valeur moyenne

$$\varphi_0(x_{10}, \dots, x_{n0}) = \lim_{T \to \infty} \frac{1}{T} \int_{t_0}^{t_0+T} \sum_{i=1}^{n} \frac{\partial V}{\partial x_i} X_i^*(t, x_1, \dots, x_n) dt, \qquad (8.14)$$

où l'intégrale est prise le long d'une solution $x_i(t)$ du système non-perturbé (8.10), correspondant aux valeurs initiales x_{i0}. Cette valeur moyenne doit être strictement inférieure à zéro,

$$\varphi_0(x_{10}, \dots, x_{n0}) < -\delta^2 < 0. \qquad (8.15)$$

en dehors d'un voisinage, aussi petit que l'on veut, du point stationnaire.

Alors pour tout $\eta > 0$ on pourra indiquer les $\nu(\eta)$ et $\varepsilon_0(\eta)$ positifs, tels que toute solution d'un système perturbé (8.12), qui correspond aux valeurs initiales x_{i0}, vérifiant les inégalités $|x_{i0}| < \nu(\eta)$ pour $\varepsilon < \varepsilon_0(\eta)$, satisfera aussi aux inégalités $|x_i(t)| < \eta$ pour toutes les valeurs de $t > 0$.

Soit une solution triviale du système non-troublé (8.10); ce théorème donne un criterium de sa stabilité sous l'action des perturbations permanentes, en ne supposant que la validité des conditions du théorème de Liapounov révélant la stabilité (pas nécessairement asymptotique), c.à.d., dans le cas dit "neutre"

L'application de ce théorème aux équations sous forme standard donne les mêmes résultats que les théorèmes énoncés plus haut. En effet, le premier théorème affirme que, le système centré (8.2) admettant la solution statique $\xi = \xi_0$, et les parties réelles de toutes les racines de l'équation caractéristique (8.4) du système aux variations étant négatives, toutes les solutions du système exact, proches de ξ_0 au moment initial $t = 0$, resteront en proches pour tous les $t > 0$.

Supposons, pour simplifier, que les racines λ_i de l'équation caracteristique (8.4) soient toutes négatives et distinctes entre elles, et que nous ayons fait subir au système de départ, tout comme au système centré, un changement, afin que la matrice du système aux variations (8.4) soit diagonale. Prenons une fonction de Liapounov

$$V = (\xi_{10} - x_1)^2 + (\xi_{20} - x_2)^2 + \dots + (\xi_{n0} - x_n)^2. \tag{8.16}$$

Puisque dans le cas considéré toutes les $X(t,x) \equiv 0$, la condition b) du dernier théorème est remplie.

Ensuite on a

$$\varphi(t,x) = \sum_{i=1}^{n} \frac{\partial V}{\partial x_i} X_i(t,x) = \sum_{i=1}^{n} 2(\xi_{i0} - x_i) X_i(t,x), \tag{8.17}$$

$$\varphi_0 = 2 \sum_{i=1}^{n} (\xi_{i0} - x_i) X_{i0}(x_i) = 2 \sum_{i=1}^{n} (\xi_{i0} - x_i)^2 \lambda_i < 0, \tag{8.18}$$

d'où il découle la stabilité de $x_i = \xi_{i0}$

De manière analogue on pourrait obtenir les assertions du second théorème traitant le cas où le système centré admet une solution périodique.

En terminant mes leçons, je n'ai point mentionné de nombreux résultats, obtenus ces dernières années et se rattachant au développement de la méthode de centrage pour les équations différentielles à l'hérédité, pour les équations singulières, pour les équations dérivées partielles, de même que pour les équations intégro-différentielles, pour les équations stochastiques, etc.. J'ai seulement dit succinctement de certains résultats, relativement nouveaux, concernant la méthode de centrage. De plus, je veux noter, qu'avec toute son immense portée, la méthode de centrage n'est point une méthode unique et absolument universelle, destinée à étudier les problèmes des oscillations non-linéaires. Elle doit être regardée comme une partie de la théorie générale des méthodes asymptotiques, à la création desquelles N.M. Krylov et N.N. Bogolioubov ont contribué essentiellement. Mais, prise en son état actuel, renforcée par la justification mathématique approfondie sous tous ses aspects, la méthode de centrage est très efficace, elle donne la possibilité de résoudre une très large classe de problèmes divers de la mécanique non-linéaire. En outre, on peut affirmer avec toute assurance, que les possibilités de cette méthode se trouveront dans l'avenir plus élargies.

Or, en rapport avec cela, je veux parler de certains aspects du développement ultérieur de la méthode de centrage du point de vue théorique, tout comme du point de vue de ses applications aux nouveaux problèmes d'actualité de la physique et des techniques.

Y. A. Mitropolsky

L'un de ces aspects est le développement ultérieur de la méthode de centrage dans les recherches sur les équations non-linéaires aux dérivées partielles, la justification mathématique des résultats, qui pourront être obtenus dans ce domaine, et leur application aux nouveaux problèmes de la hydrodynamique, de la magnéto-dynamique, de l'optique non-linéaire, de la thermo-élasticité, de la visco-élasticité thermique.

De larges possibilités pour l'application de la méthode de centrage sont présentées par l'étude de nombreux problèmes nouveaux qui apparaissent dans la théorie de guidage et dans la théorie de contrôle.

Des problèmes importants naissent en examinant les systèmes aux paramètres distribués, qui oscillent dans un flot d'un liquide ou d'un gaz rapide. Là aussi la méthode de centrage trouvera sûrement son application et son développement ultérieur.

Sans aucun doute, la méthode de centrage sera utile pour la résolution des problèmes compliques, liés avec des processus dynamiques dans la biologie (la cybernétique biologique), pour l'examination de nombreuses questions de l'économie et de la planification (la cybernétique économique). Nombre de ces problèmes dans leurs grandes lignes se réduisent à l'étude des systèmes auto-oscillatoires au rétrocouplage dont l'examination à l'aide de la méthode de centrage sera assez efficace.

La généralisation ultérieure de la méthode de centrage, elle aussi, présente beaucoup d'intérêt. Le centrage des fonctions intervenant dans les deuxièmes membres des équations sous forme standard est le plus simple cas du "lissement" de ces fonctions. En rapport avec cela, dans de nombreux problèmes il serait important d'introduire des opérateurs lissants plus compliqués et de démontrer les théorèmes établissant le rapport entre les solutions des équations exactes et des équations aux deuxièmes membres lissés, tout comme d'élaborer les algorithmes correspondants.

L'étude des multiplicités intégrales pour les équations exactes et pour les équations centrées correspondantes est aussi un domaine de recherches extrêmement important.

Dans ce domaine il est désirable d'étudier d'une manière plus détaillée les multiplicités intégrales en présence de toutes sortes d'hérédités, des perturbations aléatoires, des variables rapides et lentes, etc. Le centrage peut être utilisée avec beaucoup d'efficacité en résolvant de nombreux problèmes dans la théorie de stabilité et dans la théorie qualitative des équations différentielles.

De même, les recherches ultérieures sur de diverses classes d'équations intégrales et intégro-différentielles au petit paramètre, tout comme sur les équations non-linéaires aux dérivées partielles (proches de celles du type hyperbolique), dont les deuxièmes membres comprennent les intégrales, elles aussi méritent l'attention. Pour ces équations il faudrait avant tout élaborer les procédés de la formation des approximations élevées, de la sorte, comme cela a été illustrée dans la quatrième et dans quelques autres leçons pour les équations différentielles ordinaires sous forme standard, pour les équations aux paramèt-

Yu A. Mitropolsky

Bibliographie

Yu A. Mitropolskii, "Metodo della media nella meccanica non lineare" Naukova Dumka (Pensiero scientifico'), Kiev , 1971.

N. N Bogoliubov, "Su alcuni metodi statistici nella fisica matematica" Edizioni Acc. Sc. URSS, Kiev; 1945.

V. M. Volosov, "Il passaggio alla media nei sistemi di equazioni differenziali ordinarie", UMG(Giornale Matematico Ucraino), 1962, 17, 6, pp. 3-126.

Yu. A. Mitropolskii, "Problemi della teoria asintotica delle oscillazioni non stazionarie", Nauka (Scienza), 1964

N. N. Moiseev, "Metodi asintotici della meccanica non lineare", (Mosca) 1969

A. N. Filatov, "Il passaggio alla media nelle equazioni differenziali e integro-differenziali", Edizioni FAN, Repubblica Socialista Sovietica Uzbeca, Tashkent, 1967

Yu A. Mitropolskii, "Lezioni sul metodo della media nella meccanica non lineare", Naukova Dumka (Il pensiero scientifico), Kiev 1966

CENTRO INTERNAZIONALE MATEMATICO ESTIVO

(C. I. M. E.)

Th. VOGEL

QUELQUES PROBLEMES NON LINEAIRES EN PHYSIQUE MATEMATIQUE

Corso tenuto a Bressanone dal 4 al 13 giugno 1972

Th. Vogel

Première leçon

1. 1. L'immense majorité des lois d'évolution des phénomènes naturels et des processus techniques artificiels sont présentées sous forme linéaire, ou sont linéarisées dès qu'on aborde vraiment leur étude. Cela peut paraitre surprenant, car , suivant l'expression de Newton, "la nature se rit de nos difficultés analytiques" ; e l'on soupçonne que ler chercheurs ont utilisé tant bien que mal les outils dont ils connaissent le maniement, plutôt que de se forger ceux qui seraient adéquats à leurs problèmes. Cependant, un peu de réflexion permet d'apercevoir la justification du rôle en apparence disproportionné que les lois linéaires jouent en physique et dans la technique; mais pour examiner cette question, il est nécessaire de faire une distinction entre les "phénomènes spontanés", c'est à dire les évolutions qui suivent les lois de la nature dans les circonstances données (et peu importe ici que le phénomène ressortisse de la physique ou de la technique), et les "processus voulus" , évolutions décidées à l'avance par l'homme, qui réalisa préalablement les conditions nécéssaires à leur déroulement. Ces processus ne relèvent donc que de la technique, les phénomènes spontanés se présentent tant dans l'étude des évolutions naturelles que dans celle des systèmes artificiels.

Du point de vue mathématique , l'étude d'un système évolutif pose en général un problème aux limites : en effet, il faut distinguer ce qui se passe au voisinage d'un point intérieur, où règne une loi qui dépend de la nature du phénomène (élctromagnétique, mécanique, calorifique, etc.), de ce qui a lieu près d'un point frontière, où joue la facon dont le système est raccordé au monde extérieur ; de sorte qu'on aura à chercher une solution de l'équation valable pour l'intérieur, telle que soient respectées, à la frontière, certaines "conditions aux limites", qui se traduisent, elles aussi, par des équations. Le problème est linéaire si les deux lois, intérieure et frontalière, le sont ; il est non-linéaire si l'une d'elles ne l'est pas.

Or, les conditions aux limites sont souvent celles que l'expérimentateur impose artificiellement avant de commencer ses observations : mode d'isolement ou de connexion par rapport à son environnement, etc. Elles seront souvent simples, voire simplistes, donc linéaires. Une exception notable à cet énoncé est formée par les systèmes ayant une partie de leur frontière "libre", c'est à dire sans interaction notable avec l'extérieur ;nous en verrons un example plus loin, Je voudrais , à cette occasion, formuler quelques réserves à l'égard de principes variationnels, à partir de quoi il est de plus en plus fréquent de voir décrire les lois de l'évolution. Un tel principe pose la stationnarité d'une fonctionnelle d'action, qui est généralement une intégrale etendue au domaine qu'occupe le système. Une transformation élémentaire conduit à écrire qu'est nulle la somme de deux intégrales, l'une de volume, l'autre étendue à la frontière, ce qui revient à écrire que sont nulles les deux expressions à intégrer. L'intégrale à volume donne alors naissance à la loi interne d'évolution, alors que celle qui est étendue à la surface conduit à des "conditions aux limites naturelles". Il se trouve que, dans les problèmes élastiques, les conditions aux limites pratiquement postulées sont des cas particuliers des conditions aux limites naturelles (à moins que l'on ne se soit forgé les notions qui paraissent aujourd'hui intuitives à partir de la possibilité de mener le problème à bonne fin) ; il n'en reste pas moins choquant de voir imposer par le principe la façon dont l'expérimentateur pourra relier le système qu'il étudie au monde extérieur. Cette objection perd évidemment de sa force dans le cas où les conditions aux frontières sont "libres", c'est à dire où l'experimentateur n'intervient pas pour les imposer.

On peut aussi reprocher aux méthodes variationnelles d'être "fermées" c'est à dire de ne pouvoir être étendues de manière à tenir compte de phénomènes négligés dans la présentation classique, tels que certaines formes de dissipation (frottement à la Coulomb, etc.) Il est souhaitable de poser des principes "ouverts", qui permettent de retoucher les lois d'évolution pour tenir compte de tout nouveau phénomène observé.

Il faut donc dépasser les procédes du calcul variationnel, et je ne puis pour indiquer voie possible, que renvoyer à l'ouvrage de M. A. Biot, par exemple (1).

Reprenons , après cette digression, l'examen des non-linéarités en physique mathématique: le plus souvent, c'est la loi interne régissant l'évolution qui sera non linéaire, et qui pourra, ou ne pourra pas , être linéarisée selon les circonstances ; c'est donc surtout les lois internes que nous examinerons dans ce qui suit

La plupart de ces lois sont locales , c'est à dire qu'elles sont établies au moyen d'un bilan entre des actions qui s'exercent dans un petit domaine de variation des variables d'état; et elles expriment des évolutions qui sont en général progressives et "lisses" , sauf éventuellement près de singularités dont le nombre est le plus souvent très réduit. Certes, nous ne croyons plus, comme au moyen âge, que "natura non facit saltus"; mais qu'on ait pu l'affirmer et l'ériger en principe indique combien une continuité apparente (à l'echelle macroscopique, s'entend) est la règle, le saut-l'exception. Si l'on se borne à une étude locale d'une évolution progressive, l'approximation linéaire est raisonnable, puisqu'elle revient à confondre l'arc de trajectoire avec sa corde, erreur qui reste faible lorsque l'arc est suffisamment court; on peut donc prévoir qu'une représentation non linéaire de la loi d'évolution ne sera nécessaire que si l'on étend le domaine de variation des paramètres de phase, ou si l'on étudie des effets du second ordre, ou enfin si l'on étudie le voisinage d'une singularité. Au contraire, les processus artificiels pourront être, et seront souvent, délibérément conçus comme fortement non linéaires.

Nous commencerons donc par examiner quelques cas où les lois d'évolution d'un phénomène naturel ou technique sont non linéaires au premier ordre, puis des cas où la non-linéairité est d'ordre supérieur ; nous nous attacherons principalement, dans cette partie, à des équations de forme simple et quasiment d'époullés des particularités des problèmes qui leur ont donné naissance : on peut les retrouver, de ce fait même dans des contextes très différents. Cependant, tous les problèmes importants ne présentent pas cette simplicité analytique ; nous terminerons donc cette première partie par un rapide aperçu de quelques lois d'évolution plus compliquées, mais qui se ramènent tous, plus ou moins directement, à une classe de systèmes dynamiques décrits dans le plan et possédant une singularité multiple; nous montrerons comment la méthode de M. José Argémi permet de tracer le portrait topologique du système au voisinage de cette singularité.

Une deuxième partie de ce cours, dont M. Michel Jean a bien voulu se charger, traitera des processus délibérément conçus comme non linéaires, et en particulier de ceux qui interviennent dans la théorie de la commande.

1, 2. Si les variables de phase qui déterminent l'évolution d'un système peuvent souvent être assujetties à évoluer dans un domaine plus ou moins étroit, ce n'est pas le cas des écoulements de fluides rapportés à des coordonnées eulériennes. Aussi l'hydrodynamique est-elle le domaine par excellence des équations non linaires en physique.

L'état de l'écoulement en un point de l'espace physique est alors caractérisé par la vitesse $\underset{\sim}{u}(x,y,z,t)$. La mécanique des milieux continus donne pour loi générale du mouvement

$$(1) \qquad \rho \frac{d\underset{\sim}{u}}{dt} = \underset{\sim}{f} - \frac{1}{2} \operatorname{div} \tau$$

avec $\frac{d}{dt} = \partial_t + u^i \partial_i$ (*)

Supposons d'abord qu'il s'agisse d'un fluide parfait, c'est à dire dénué de viscosité : le tenseur des contraintes se réduit à sa partie isotrope $-p\delta_i^{\,j}$, et les composantes u_i de u devront satisfaire aux équations dynamiques d'Euler

$$(2) \qquad p_{,i} = -\rho u_{i,t} - \rho u^j u_{j,i} - f_i$$

où ρ est la densité, f_i les composantes des forces appliquées massiques. Pour déterminer la solution en u, il faut éliminer p et ρ entre ces équations, celle qui exprime la continuité de la matière,

$$(3) \qquad \rho_{,t} + (\rho u_i)^{,i} = 0 ,$$

et la loi de comportement du matériau, dont on admettra ici qu'elle lie la densité à la pression. (" fluide barotrope ")

$$(4) \qquad \rho = g(p).$$

On voit que le système est non-linéaire au premier ordre, du fait de

(*) Nous supposons toujours dans ces leçons que le repère est cartésien ; les indices supérieurs et inférieurs jouent le même rôle, mais la règle de sommation implicite ne s'applique que lorsqu'une même lettre se retrouvera en position covariante et controvariante.

la présence des termes en $u^j u_{j,i}$ (qui subsistent seuls au second membre des équations d'Euler lorsque l'écoulement est permanent et qu'il n'y a pas de forces massiques appliquées).

Lorsque le fluide n'est pas parfait, le tenseur des contraintes n'est pas isotrope ; on peut alors suivant un théorème général de calcul tensoriel, le mettre sous la forme d'une somme de deux termes, le premier isotrope, le second de trace nulle :

$$(5) \qquad \tau^i_k = -p\,\delta^i_k + \hat{\tau}^i_k \;; \qquad \hat{\tau}^i_i = 0$$

on dit que le fluide est visqueux (au sens de Navier) lorsque $\hat{\tau}$ est lié au tenseur de déformation par une relation linéaire analogue à la loi de Hooke pour les solides élastiques isotropes, soit

$$(6) \qquad \hat{\tau}^i_k = -\lambda u_m{}^{,m}\delta^i_k - \mu(u^i{}_{,k} + u_k{}^{,i})$$

et puisque Tr $\hat{\tau} = 0 \Rightarrow \lambda = -\frac{2}{3}\mu$,

$$(7) \qquad \hat{\tau}^i_k = \mu\left(\frac{2}{3} u_m{}^{,m}\delta^i_k - u^i{}_{,k} - u_k{}^{,i}\right).$$

Il s'ajoute donc aux équations d'Euler pour le fluide parfait un terme $\hat{\tau}^i_k{}^{,k}$, ce qui donne les équations dites de Navier-Stokes

$$(8) \qquad p_i = -\rho\left[u_{i,t} + u^j u_{i,j} + F_i - v\left(\frac{2}{3} u_j{}^{,j}{}_{,i} + u_{i,j}{}^{,j}\right)\right]$$

où l'on a posé $\frac{1}{\rho} f_i = F_i$ et $\frac{\mu}{\rho} = v$. On remarquera qu'adopter l'hypothèse de Navier sur la viscosité linéaire revient à négliger des termes qui seraient du deuxième ordre devant ceux qui proviennent de l'expression de la dérivée de la vitesse ; il ne sera donc pas utile dans cet aperçu des effets du premier ordre de tenir compte de la viscosité.

Th. Vogel

On peut éliminer p et ρ entre les équations (2) ou (8), (3) et (4) : les calculs pénibles, et nous nous contenterons de les expliciter pour un fluide barotrope en régime stationnaire ($\rho,_t = u_{i,t} = 0$) et pour des forces dépendant d'un potentiel suivant la loi $\rho f_i = F,_i$. En posant $dp/d\rho = c^2$, on peut alors écrire les équations d'Euler

(9) $$u_j u_i{}^{,j} + F_{,i} = - c^2 (\log \rho),_i$$

et l'équation de continuité

(10) $$u^k{}_{,k} = u^i (\log \rho),_i$$

d'où le relation cherchée

(11) $$c^2 u^k{}_{,k} - u^k F,_k - u^k u^j u_{k,j} = 0$$

On remarquera que c^2 est en général une fonction de la vitesse, en vertu de l'intégrale de Bernoulli

$$\int_{p.}^{p} dp/\rho = u_i u^i - F$$

Si l'écoulement est irrotationnel ($u_i = \varphi,_i$), on peut étendre (11) au régime non stationnaire en supposant c^2 constant : on trouve (12)

(12) $$c^2 \varphi_{,k}{}^{,k} - \varphi_{,tt} + F,_i \varphi^{,i} + F,_t = \varphi^{,i} \varphi^{,j} \varphi_{,ij} + \varphi^{,i} \varphi_{,it}$$

On peut dénoter $\mathcal{L}\varphi$ le premier membre linéaire et $\mathcal{N}\varphi$ le second; alors $\mathcal{L}^{-1} = \int G*$, où G est une solution élémentaire de $\mathcal{L}$, et pour aller plus loin il faudrait répondre à la question de savoir si l'opérateur $\mathcal{L}^{-1}\mathcal{N} = \mathcal{T}$ est contractant; dans le cas particulier où il le serait, on pourrait appliquer un procédé d'itération à la Picard :

(13) $$\mathcal{L}\varphi_{(o)} = 0 \; ; \; \mathcal{L}\varphi_{(1)} = \mathcal{N}\varphi_{(o)}; \ldots \mathcal{L}\varphi_{(p)} = \mathcal{L}\varphi_{(p-1)}; \ldots$$

1, 3. Ce procédé a été implicitement utilisé dès 1930 par Odqvist (2), pour l'étude d'un écoulement permanent d'un fluide visqueux incompressible, que nous supposerons ici infiniment étendu pour simplifier: on aura

$$(14)\quad \begin{aligned} \mathcal{L}_i(u,p) &= p_{,i} - \rho\mu\Delta u_i - \rho F_i \\ \mathcal{H}_i(u) &= -\rho u^j u_{i,j} \end{aligned}$$

Utilisons les solutions élémentaires de l'équations de Laplace sous la forme de Lorentz :

$$(15)\qquad 8\pi\mu G_{ij} = \frac{\delta_{ij}}{r} + \frac{\Delta x_i \Delta x_j}{r^3}\ ;\quad 4\pi g_j = \frac{\Delta z_j}{r^3}$$

où r est la distance du point P(x) à M(x+ Δ x). En négligeant d'abord $\mathcal{H}$ on a le problème linéairisé de Stokes, qui donne

$$(16)\quad \begin{cases} \bar{u}_i = \rho \int G_{ij}\,(P\,M)\,F^j(M)\,dM \\ \bar{p} = \rho \int g_j\,(P,M)\,F^j(M)\,dM \end{cases}$$

et la solution des équations non linéaires sera

$$(17)\quad \begin{cases} u = \bar{u}_i - \rho \int G_{ij}\,(P,M) u_k(M)\,u^{j,k}(M)\,dM \\ p = \bar{p} - \rho \int g_j\,(P.M)\,u_k(M) u^{j,k}(M)\,dM \end{cases}$$

Pour permettre un calcul approché , Odqvist a supposé que les solutions pouvaient être développées en séries entières de ($-\rho$):

$$(18)\quad \begin{cases} u_i = u_i^{(0)} - \rho u_i^{(1)} + \rho^2 u_i^{(2)} - \dots \\ u_{i,j} = u_{i,j}^{(0)} - \rho u_{i,j}^{(1)} + \rho^2 u_{i,j}^{(2)} - \dots \end{cases}$$

La convergence est assurée lorsque les vitesse et leurs dérivées restent suffisamment petites : pour préciser, il existe toujours deux nombres positifs G et G' tels que pour toute f(M) raisonnablement continue on ait

$$(19)\quad \begin{aligned} &\left| \int G_{ij}\,(P,M)\; f\,(M)\; dM \right| < G \sup |f| \\ &\left| \int G_{ij,k}\,(P,M)\; f\,(M)\; dM \right| < G' \sup |f| \end{aligned}$$

Si alors $U = \sup |u_i|$ et $U' = \sup |u_{i,j}|$, la convergence sera assurée tant que

$$(20)\quad \rho < \left[\sqrt{GU'} + \sqrt{G'U} \right]^{-2}$$

On peut se demander si cette solution, dont l'existence est rigoureusement etablie, mais dont les présupposés physiques paraissent peu réalistes, est bien féconde ; nous ne connaissons pas d'application pratiques du travail d'Oqvist.

En revanche, il y a de nombreux problèmes où se présentent naturellement de petits paramètres, et il est tentant alors d'appliquer la méthode de Poincaré. Cela avait déjà été fait par Lord Rayleigh (3), qui s'était d'ailleurs arrêté à la deuxième itération. Mais il faudrait démontrer dans chaque cas la convergence du procédé.

A titre d'exemple, voici un problème d'écoulement stationnaire dans un tuyau cylindrique, troublé par des vibrations sonores , récemment étudié par Peube et Jallet (4): on suppose la vitesse de l'onde sonore u_i petite devant celle de l'écoulement U, de sorte que $u_x + U \# U$; on prend des variables réduites par la transformation

$(x, y, t, u_x, u_y, u_z\ U, p,\ ) \longrightarrow (Lx, Dy, Dz, Tt,\ u_o u_x, u_o u_y D/L, u_o u_z D/L,$

$U_o U, p\, \rho_o c u_o,\ \rho_o u_o/c)$; l'équation d'état en régime isotherme s'écrit alors $p = \rho$ d'où les équations du mouvement

$$(21)\quad \begin{cases} p_{,t} + MUp_{,x} + u^i_{\ ,i} = 0 \\ p_{,x} + u_{x,t} + M(Uu_{x,x} + u_y U_{,y} + u_z U_{,z}) = 0 \\ (L/D)^2 \rho_{,y} + u_{,t} + MUu_{y,x} = 0 \\ (L/D)^2 p_{,z} + u_{z,t} + MUu_{z,x} = 0 \end{cases}$$

avec $M = U_o/c$ nombre de Mach de l'écoulement stationnaire.

On en tire pour p l'équation non linéaire aux dérivées partielles

$$(22)\quad \hat{\Delta} p + p_{,xx} - p_{,tt} = 2MUp_{,xt} - 2M(u_{y,x}U_{,y} + u_{z,x}U_{,z}) + M^2U^2p_{,xx}$$

avec $\hat{\Delta} = (L/D)^2 (\partial_{yy} + \partial_{zz})$. La condition aux limites est $p_{,n} = 0$ sur la paroi.

Si M est suffisamment petit, on pourra résoudre cette équation par itérations successives, en posant

$$(23)\quad \begin{cases} p = P(y,x)\, e^{2\pi i(t-\beta x)} = \sum_0^\infty M^n P_n(y,z)\, e^{2\pi i(t-\beta_n x)} \\ \beta = \sum_0^\infty M^n \beta_n \end{cases}$$

et l'équation en P est

$$(24)\quad \hat{\Delta} P = -4\pi^2 \left[(1-M\beta U)^2 - \beta^2\right] - \frac{2\beta M}{1-M\beta U}(U_{,y}P_{,y} + U_{,k}P_{,x}).$$

où β est une fonction de M. En développant $\frac{2M}{1-\beta MU}$ en série entière en M, les premières approximations sont données par

$$(25)\quad \begin{aligned} \hat{\Delta} P_o &= -4\pi^2 P_o (1-\beta_o^2) \\ \hat{\Delta} P_1 &= -4\pi^2 \left[P_1(1-\beta^2) - 2P_o\beta_o(U+\beta_1)\right] \end{aligned}$$

etc.

Dans un travail qui s'inspire des mêmes idées, mais qui est mené en termes de potentiel des vitesses à partir de l'équation (5), Peube et Chassériaux (5) traitent le cas du tuyau à section variable, en régime adiabatique ; ils aboutissent aux équations :

$$(26)\quad \varphi_{o,tt} - \frac{1}{S}\left\{1-(\gamma-1)M\left[\varphi_{o,t} + \frac{M}{2}\varphi_{o,x}^2\right]\right\}(S\varphi_{o,x})_{,x} = 0$$

$$(\Delta_1 + \varphi_{o,xy})\left[1-(\gamma-1)M(\varphi_{o,t} + \frac{M}{2}\varphi_{o,x}^2\right] = \varphi_{o,tt} + M\,\varphi_{o,x}^2(\varphi_{o,x}^2)_{,x}$$

où S(x) est la section du tuyau.

Th. Vogel

Bibliographie de la première leçon

(1) Biot, M. A. Varational principles in heat thansfer Oxford Clarendon Press 1970.

(2) Odqvist, F. K. G. Math. Zs., 32(1930), 329.

(3) Rayleigh, Lord. Phil. Mag. 32 (1916), 1

(4) Peube, J. L. et Jallet, M. F. Acustica (à paraître)

(5) Peube, J. L. et Chassériaux, J. Symp. on Flow in Ducts, Southampton, 1972.

Th. Vogel

Deuxième leçon

2, I. Il sera beaucoup question dans ce qui suit de systèmes dispersifs; rappelons donc en quelques mots ce qu'est la dispersion des ondes en commençant par le cas linéaire.

On sait qu'un système évolutif régi par l'équation de d'Alembert

$$u_{,i}^{,i} - (1/c^2)\, u_{,tt} = 0, \qquad c = \text{Const} \tag{1}$$

est satisfaite par une onde plane

$$u = f(_{ki}x^i - ct\ ) \tag{2}$$

qui se propage à vitesse constante, en ce sens qu'un accroissement $(k_i x^i)$ égal à ct ne change pas la valeur de u, quelle que soit la forme de l'onde (quelle que soit la foction f) ; une superposition de telles ondes constitue un paquet qui se propage également à la c, en gardant sa forme. Il n'en est plus de même si l'on ajoute au dalembertien un terme d'ordre différent de 2, par exemple si l'on considère l'équation des télégraphistes

$$u_{,i}^{,i} - (1/c^2)\, (u_{,tt} - au) = 0 \tag{3}$$

qui est cependant toujours linéaire : en effet, on ne pourra avoir ici $u = f(k_i x^i - vt)$ que si

$$(\, c^2 k_i k^i - v^2)\, f'' + af = 0 \tag{4}$$

condition qui, pour une forme f donnée, lie la vitesse de propagation v au vecteur d'onde k ainsi qu'à la constante c: un paquet d'ondes se propagera avec une vitesse différente pour chacune de ses composantes; il aura donc distorsion de la forme résultante. Si l'on part de la solution simple

(5) $$u_o = A \cos (kx - vt)$$

(pour nous borner au cas d'une seule dimension spatiale afin d'alléger l'écriture), avec A = A(k) et v = v(k), la solution générale s'obtiendra par superposition :

(6) $$u = A (k) \cos \; kx - v(k) \, dk.$$

Cette solution est en général inextricable, et ne laisse pas apparaître les caractères saillants de la propagation aussi a-t-on pratiquement recours à l'expression asymptotique pour x et t grands (s'entend: devant deux dimensions caractéristique X, T du problème); on arrive, par la méthode du col par exemple, à l'expression

(7) $$u \# A(k) \, (2\pi / \,|v'(k)|\, t)^{1/2} \cos (kx - v(k)t)$$

à un argument de phase près, qui n'est généralement pas intéressant; cette expression asymptotique peut s'écrire sous la même forme que u_o

(8) $$u = A\cos (kx - vt)$$

mais avec des paramètre A, k, v, fonctions lentement variables de x et de t (s'entend: ces paramètres sont localement quasi-constants sur un domaine de variation de x et de t borné par des limites X', T' beaucoup plus petites que X et T).

Ce genre de considérations peut être étendu au cas non linéaire; nous illustrerons cette généralisation en considérant, avec Whitham (1), l'équation des télégraphistes généralisée

(9) $$u_{,xx} - u_{,tt} + V'(u) = 0$$

(nous nous sommes débarrassés de la constante c en prenant des variables réduites à une échelle convenable). Une solution $u = f(x - vt)$ s'obtient par deux quadratures successives :

$$(1 - v^2)\, f' = 2(A - V(f)) \tag{10}$$

$$x - vt = \sqrt{\frac{1-v^2}{2}} \int \frac{df}{\sqrt{A - V(f)}} \tag{11}$$

où A est une constante d'intégration, déterminée par les conditions imposées à u dans le problème. On a ainsi une solution du type

$$u = f(x - vt;\, v; A) \tag{12}$$

avec des paramètres v, A, analogues à u_o du cas linéaire: on cherchera une solution plus générale en conservant la même forme, mais avec v(x,t) et A(x,t) lentement variables.

Pour déterminer ces paramètres, on écrit des équations du premier ordre à partir d'un principe de conservation, puis on applique la méthode de la moyenne au sens de Bogoliouboff et Mitropolsky.

Une loi de conservation dans le domaine x,t est une équation de la forme

$$P_{,x} + Q_{,t} = 0 \tag{13}$$

qui exprime que la variation d'une certaine grandeur dans l'espace est exactement compensée par la variation d'une autre grandeur dans le temps. Dans le cas de (9) on peut écrire

$$\left(\frac{1}{2} u_{,t}^2 + \frac{1}{2} u_{,x}^2 + V(u)\right)_{,t} + (-u_{,t}\, u_{,x})_{,x} = 0 \tag{14}$$

ou encore

$$(-u_{,x} u_{,t})_{,t} + \left(\frac{1}{2} u_{,t}^2 + \frac{1}{2} u_{,x}^2 - V(u)\right)_{,x} = 0 \tag{15}$$

Nous avons donc affaire à deux équations indépendantes du type (13) que nous remplacerons par les équations moyennées sur un intervalle spatial 2X en écrivant

(16) $$\langle P_{,t}\rangle = \langle P_{,t}\rangle = \langle Q_{,x}\rangle = \left[\frac{1}{2X}\int_{x-X}^{x+X} Q\,(x',t)dx'\right]_{,x} = \langle Q_{,x}\rangle$$

Si l'intervalle 2X est petit devant la longueur d'onde Λ, les moyennes ont forme (8) avec v et A constants; d'ailleurs, si le paquet moyenné contient un nombre suffisant d'ondes, ces moyennes ne dépendent que de v et de A ; les erreurs commises sont de l'ordre de X évalué en longueurs d'onde.

Pour que la méthode s'applique, il faut que le nombre des (13) indépendantes soit égal à celui des paramètres v, A. Sans pouvoir démontrer qu'il en est nécessairement ainsi, disons que cela s'est trouvé ainsi dans toutes les applications de la méthode qu'on a tentées. Nous reviendrons d'ailleurs sur la question à propos des équations de Korteweg-de Vries et de Burgers.

Les équations de conservations peuvent être déduites d'un principe de stationnarité d'une action lagrangienne; cela est établi notamment dans le Traité de Courant et Hilbert, t. I, § 12. 8. Pour notre exemple schématique, le lagrangien est

(17) $$L = \frac{1}{2}u_{,t}^{\,2} - \frac{1}{2}u_{,x}^{\,2} - V\,(u).$$

A titre d'exemple possédant un intérêt physique (et que nous retrouverons d'ailleurs), considérons le mouvement irrotationnel d'ondes de gravité : si la surface libre est

(18) $$z = h(x,y,t)$$

et φ le potentiel des vitesse,

(19) $$L = \int_{0}^{h} \left(\varphi_{,t} + \frac{1}{2}\varphi_{,i}\varphi^{,i} + g\,z\right) dz$$

La condition de stationnarité donne à l'interieur de fluide

(20) $$\Delta \varphi = 0$$

avec les conditions "naturelles" pour z = h

(21) $$\varphi_{,t} + \frac{1}{2}\varphi_{,i}\,\varphi^{,i} + gh = 0$$

et (au moyen d'une intégration par parties)

(22) $$h_{,t} + \varphi_{,i}\,h^{,i} - \varphi_{,z}\,\Big|_h = 0$$

Cette façon d'écrire le lagrangien de manière à retrouver "naturellement" les conditions sur la surface libre est due à Luke (2) ; Whitham traite le problème en détail dans son Mémoire de 1967. On remarquera que la caractère libre de la surface z=h enlève ici de sa force à l'objection que j'ai opposée à la notion de conditions aux limites "naturelles", et que je maintiens dans le cas général.

Si l'on porte son attention, avec Lighthill, sur la classe de systèmes à une seule dimension spatiale qui admettent des solutions ondulatoires où la fréquence est déterminée de façon unique par le nombre d'ondes k et par l'amplitude A, et que l'on définisse avec Whitham une fonction potentielle

(23) $$\theta \;:\; \omega = \theta_{,t} \;;\; k = \theta_{,x},$$

et que l'on élimine A, le lagrangien moyenné (par unité de longueur) est L(ω, k) d'où l'équation de Lagrange

(24) $$(L_{,\omega})_{,t} = (L_{,k})_{,z}$$

soit en développant

(25) $$L_{,\omega\omega}\,\theta_{,tt} - 2\,L_{,\omega k}\,\theta_{,tx} + L_{,kk}\,\theta_{,xx} = 0$$

C'est une équation quasi-linéaire en θ, dont les coefficients sont des fonctions connues de $\theta_{,t}$ et de $\theta_{,x}$. On sait (voir par exemple Courant et Hilbert t H, n 1. 6) qu'il est possible de la linéariser d'une au moyen d'une transformation de Legendre

$$(26) \qquad \varphi(\omega, k) = kx - \omega t - \theta \Rightarrow \varphi_{,\omega} = t, \quad \varphi_{,k} = x$$

qui donne en effet

$$(27) \qquad [L, \varphi] = L_{,\omega\omega}\, \varphi_{,kk} - 2\, L_{,\omega k}\, \varphi_{\omega k} + L_{,kk}\, \varphi_{,\omega\omega} = 0$$

Nous retrouverons l'opérateur crochet à propos du flambage des corps élastiques minces.

La discussion de cette équation prend deux formes différentes suivant qu'elle est elliptique ou hyperbolique. Nous ne pouvons entrer ici dans le détail des conséquences très intéressantes que Lighthill en tire dans deux Mémoires (3)

2,2. Nous n'avons pas l'intention d'aborder ici le problème de l'existence et de l'unicité des solutions des équations de Navier-Stokes. Il a fait l'objet de travaux que J. Serrin qualifie d ' "effrayants" dans le Handbuch der Physik, et dont on peut dire qu'ils ne résolvent pas la question sous les hypothèses qui intéressent vraiment le mécanicien. On peut ajouter qu'à suivre sans précautions jusqu'àleurs dernières conséquences des équations fondées sur des simplificationsqui ne peuvent être valables, au mieux , que dans un domaine limité de variation des grandeurs d'état, on risque d'aboutir à des résultats paradoxaux, et nous renverrons à ce sujet au travail de P. Casal qui sera cité plus loin à propos de la couche limite.

En ce qui nous concerne ici, il faut signaler que ces équations présentent un caractère qui les distingue de celles dont traite habituellement la mécanique non linéaire : elles contiennent bien un petit paramètre, celui de viscosité , mais celui-ci affecte justement un terme linéaire, et non le terme dissipatif. Nous allons examiner le comportement qui en résulte dans un cas très simple, celui de l'ecoulement unidimensionnel , sous pression constante d'un fluide visqueux :l'équation d'évolution est alors

(28) $$u_{,t} + uu_{,x} - \nu u_{,xx} = 0$$

Cette équation se rencontre dans plusieurs autres problèmes de physique ; elle a notamment été proposée par J. M. Burgers comme un modèle mathématique de la turbulence (4), et pour cette raison plusieurs auteurs la nomment "équation de Burgers"; c'est ce que nous ferons aussi, pour abréger . On aperçoit tout de suite que (28) peut s'écrire

(29) $$u_{,t} + (F(u))_{,x} = 0 \quad \text{avec } F(u) = \frac{1}{2}u^2 - \nu u_{,x}$$

c'est donc une loi de conservation du type (13). Une intégrale première est donnée par F(u) = const; elle correspond à un écoulement stationnaire.

Revenons un instant sur la notion de loi de conservation dans le cas présent:

Il s'agit d'exprimer que la variation de l'intégrale de u dans un domaine s'accroît dans le temps d'une quantité égale au flux de cette grandeur à travers la frontière du domaine; soit , si $u = u(x,t)$ et que le flux aux extrémités de l'intervalle de variation de x soit une fonction F donnée,

(30) $$\frac{d}{dt}\int_{x'}^{x''} u(x,t,)dx + F(u(x''),x'',t) - F(u(x'),x',t) = 0$$

si $u \in C^1$ satisfait (30) on a

(31) $$u_{,t} + (F(x,u,t))_{,x} = 0$$

qui est une équation dont (29) est un cas simple. (Pour obtenir cette équation, on différentie (30) par rapport à x', puis on fait x''= x'=x). Ainsi, toute solution classique (locale) de (31) satisfait (30). Mais (30) admet aussi des solutions discontinues (valables dans tout le domaine): on dit qu'elles sont les "solutions faibles" de l'équation différentielle. Pour une telle solution u , on a

$$\iint v_{,t} u_{,t} + v_{,x} F) dx dt = 0 \tag{32}$$

quelle que soit la fonction d'épreuve $v \in C^1$.

Considérons un ensemble de points P où la solution est discontinue: si m, n, sont les cosinus directeurs du lieu des P, on a la relation de saut

$$m \, [u_{,t}] + n \, [F(u)] = 0 : \tag{33}$$

Cette relation entre les sauts de $u_{,t}$ et de F(u) distingue le lieu en question d'une caractéristique, et fait pour déterminer entièrement une solution faible on a besoin d'une relation supplémentaire. Dans le cas d'une équation linéaire, la solution ne peut être discontinue que si les conditions initiales le sont; ici, il n'en est plus de même: une solution peut commencer son évolution d'une façon continue, et "déferler" au bout d'un certain parcours.

On appelle "onde de choc" une solution faible à deux marches d'escalier. dont le point de discontinuité. se propage à une vitesse $\hat{c}$ qui satisfait à la condition de saut:

$$\begin{cases} \hat{c} \, [\hat{u}] = [F] \\ x - \hat{c}t < 0 : u = u_o \\ x - ct > 0 : u = u_1 \end{cases} \tag{34}$$

Dans (31), F ne dépendait pas explicitement des dérivées spatiales de u; pour retrouver l'équation de Burgers, ainsi qu'une importante équation voisine dont il sera question tout à l'heure, ajoutons un terme dissipatif et un terme dispersif soit

(35) $$u_{,t} + (F(u))_{,x} + (au_{,x} + bu_{,xx})_{,x} = 0,$$

où les coefficients a.b dépendent d'un petit paramètre que nous ferons tendre vers 0. Examinons une solution de (31) qui ait la forme d'une onde progressive,

(36) $$u = U(y) \quad ; \quad y = x - ct \, :$$

U devra satisfaire l'équation différentielle ordinaire "associée" à notre problème,

(37) $$- cU' + F' + aU'' + bU''' = 0$$

dont une intégrale première est

(38) $$- cU + F(U) + aU' + bU'' = K.$$

Que faut-il pour que U tende vers $\hat{u}$ lorsque ε tend vers 0? il est clair qu'on devra avoir

(39) $$\lim_{y \to -\infty} U(y) = u_o \quad ; \quad \lim_{y \to +\infty} U(y) = u_1$$

Dans le cas le plus simple où b = 0, cela signifie que u_o et u_1 sont deux points critiques de l'équation associée (ce qui exige d'ailleurs, en vertu de la relation de saut, que K ait pour valeur $cu_o + F(u_o)$. Si $b \neq 0$, on remplacera l'équation associée en U par le système équivalent en U, V :

(40) $$U' = V \; ; \; bV' = cU - F(U) - aV + K \; ;$$

On montrera alors que si $V_{\pm} = \lim_{y \to \pm\infty} V(y)$, il faut nécessairement que ces deux limites soient nulles; de sorte que notre condition est que

$(u_o, 0)$ et $(u_1, 0)$ soient deux points critiques du système. Si ces conditions sont satisfaites, il y a donc une onde progressive U qui joint les deux limites de l'onde de choc, laquelle apparaît comme la limite de déformation d'une famille d'ondes progressives. On peut encore dire, inversement , que l'effet d'un terme dissipatif est d'adoucir la discontinuité de l'onde de choc.

Le raisonnement n'est valable que si $a \neq 0$; dans le cas purement dispersif, le système associé est hamiltonien à un degré de liberté, c'est à dire à deux dimensions; on s'aperçoit alors que l'un des points critiques est un centre, de sorte qu'on ne peut le joindre au second par une trajectoire. Ainsi, les ondes progressives d'un système purement dispersif ne peuvent tendre vers une onde de choc. Nous verrons à propos de l'équation de Korteweg-de Vries que l'équation non linéaire purement dispersive jouit d'un certain nombre de propriétés remarquables.

La méthode qui consiste à approcher des solutions de systèmes hyperboliques par une suite de solutions de problèmes associés a fait l'objet, depuis quelques années de travaux assez nombreux, notamment de ceux de P. D. Lax, de Glimm, et de Smoller et collaborateurs (5) (6) (7) (8) (9) (10). Bornons-nous à signaler que les résultats ont été notamment étendus au cas de systèmes du type

$$(41) \qquad U_{,t} + F(U))_{,x} = (PU_{,x})_{,x}$$

où U est un n-vecteur et P une fonction matricielle qui joue un rôle analogue à celui de la viscosité.

Avant de passer au cas dispersif, réglons celui de l'équation de Burgers qui représente une forme trés simple d'équation avec dissipation : si l'on prend pour nouvelle fonction inconnue

$$(42) \qquad v = \exp (u/a),$$

il vient

$$\frac{1}{2}\, a v_{,t} + \left(\frac{1}{2} a^2 + \nu a\right) \frac{v_{,x}^2}{v^2} - a\nu \frac{v_{,xx}}{v} = 0, \quad (43)$$

qui pour $a = 2\nu$ se réduit à l'équation linéaire de la chaleur

$$v_{,t} - \nu v_{,xx} = 0 . \quad (44)$$

Cette transformation ingénieuse, trouvée à peu près simultanément par E. Hopf (11) et par J. D. Cole (12), résout donc entièrement le problème de l'équation de Burgers, où il apparaît que la non linéarité, quoique du premier ordre, n'est pas essentielle, mais peut être écartée par un choix convenable des variables.

Th. Vogel

Bibliographie de la deuxième leçon

(1) Whitham, G. B. Proc. Roy. Soc. , A283 (1965), 238; ibid. , A299(1967)6

(2) Luke, J. C. J. Fluid Mechs, 27 (1967), 395

(3) Lighthill, M. J. J. Inst. Math. Applics, 1(1965), 269; Proc. Roy. Soc A299(1967), 28

(4) Burgers J. M. Notes dans les CR d'Amsterdam de 1939 à 1941; rassemblées dans Adv. Appl. Mechs 1(1948), 171

(5) Lax. P. D. Comm. pure and appl. maths, 10(1957), 537

(6) Foy, L. R. Comm pure and appl maths, 17 (1964), 177

(7) Glimm, J. Comm. pure and appl. maths, 18(1965), 695

(8) Lax, P. D. Comm. pure and appl. maths , 21(1968), 467

(9) Smoller, J A. et Johnson, J. L. Arch. rat. mechs. and anal. 12 (1969), 169

(10) Conley, C. C. et Smoller, J. A. Comm. pure and appl. maths, 23 (1970), 867

(11) Hopf, E Comm. pure and appl. maths, 3(1950), 201

(12) Cole, J. D. Qly appl. maths, 9 (1951), 225

Troisième leçon

3,1. Parmi les équations de conservation non linéaires du type dispersif, l'une des plus anciennement formulées (1895) est celle de Korteweg et de Vries (1) Elle a été rencontrée recemment dans les contextes les plus divers mais il paraît plus raisonnable de la présenter dans le problème d'hydrodynamique qui occupait ses premiers inventeurs. et qui est d'ailleurs dans la suite directe des exemples dont il a été question jusqu'ici.

Soit donc un fluide parfait incompressible. pesant et doué de tension superficielle, qui s'écoule sans tourbillons dans un canal large de profondeur finie h. avec une vitesse U constante au fond y = 0 Soit $y(x,t) = h + Y(x,t)$ l'équation de sa surface libre, ϕ le potentiel des vitesses à l'intérieur du fluide. Ce potentiel est harmonique :

(1) $$\Delta \phi = 0,$$

et il doit satisfaire les conditions aux limites

(2) $$\phi_{,y} = 0 \text{ pour } y = 0$$

$$\phi_{,y} - \phi_{,x} y_{,x} = y_{,t} \quad \text{pour } y = h+Y$$

et enfin une condition qui exprime la constance de p/ρ sur la surface libre, soit

(3) $$C(t) - \phi_{,t} - gy - \frac{1}{2}\phi_{,i}\phi^{,i} + Ty_{,xx} = 0$$

Les premiers termes proviennent de l'intégrale de Bernouilli, le dernier représente l'effet de la tension superficielle, proportionnelle à la courbure de la surface pour laquelle on adopte l'approximation linéaire $y_{,xx}$.

Si l'on développe $\phi_{,x}$ et $\phi_{,y}$ en séries entières en y, et que l'on arrête les développements aux termes de second ordre, on obtient l'équation de Korteweg et de Vries, valable pour des ondes longues,

(4) $$Y_{,t} = AYY_{,x} + BY_{,xxx}$$

ou A et B sont des fonction de h, : de U et de T. Un changement d'échelle sur Y et x permet d'écrire cette équation sous la forme canonique

(5) $$Y_{,t} + YY_{,x} + BY_{,xxx} = 0$$

Cette équation non linéaire aux dérivées partielles possède des propriétés remarquables, qui n'ont pas encore été étudiées à fond.

Notons l'allure générale des solutions : si l'on prend l'équation sous la forme (5), et si les conditions initiales sont continues la solution l'est aussi; lorsque B croît (tout en restant petit), il tend à se former une discontinuité pour t grand, mais cette tendance est combattue par l'accroissement rapide de $Y_{,xxx}$ malgré la petitesse de son coefficient, de sorte que la solution reste continue. Au voisinage de la quasi-discontinuité, il apparaît des oscillations d'amplitude finie et de faible longueur d'onde, qui finissent par s'étendre à tout l'espace. C'est là un comportement qui contraste avec celui de l'équation de Burgers, pour laquelle on a trouvé des ondes de choc classique.

On aperçoit immédiatement une façon d'écrire l'équation KdV sous forme d'une loi de conservation (nous faisons désormais B ≡ 1):

(6) $$(Y)_{,t} + \left(\frac{1}{2} Y^2 + YY_{,xx}\right)_{,x} = 0$$

et une deuxième façon, après multiplication par Y :

(7) $$\left(\frac{1}{2} Y^2\right)_{,t} + \left(\frac{1}{3} Y^3 + YY_{,xxx} - \frac{1}{2} {Y_{,x}}^2\right)_{,x} = 0$$

mais Miurra (2) a montré qu'il existait une infinité de lois de ce type, où la densité conservée et son flux sont des polynômes en Y et en ses dérivées, ne contenant pas explicitement x ni t.

Examinons maintenant quelques propriétés particulières de l'équation Korteweg-de Vries (3), (4), (5).

1° Ondes solitaires :

Cherchons une solution en forme d'onde progressive,

(8) $$Y = S(x - ct) :$$

en portant cette expression dans (1), il vient

(9) $$-cS' + SS' + S''' = 0$$

qui s'intègre sans difficulté trois fois, en supposant S et ses dérivées nulles à l'infini :

$$-cS + \frac{1}{2} S^2 + S'' = 0 \Rightarrow -cS^2 + \frac{1}{3} S^3 + S' = 0 \Rightarrow x = \int \frac{dS}{S\sqrt{c - \frac{1}{3} S}}$$

intégrale classique qui s'inverse ainsi :

$$S = 3c/\mathrm{ch}^2\left(x \frac{\sqrt{c}}{2}\right).$$

On a affaire à une intumescence dont l'amplitude maximale 3c est originellement à l'abscisse 0, qui tend asymptotiquement vers 0 lorsque x croît indéfiniment, et qui se propage sans changer de forme, à la vitesse c (d'ailleurs arbitraire, pourvu qu'elle soit positive); il existe une infinité de ces "ondes solitaires", dispersives puisque chacune est animée de sa propre vitesse.

L'équation différentielle des ondes solitaires avait été établie et résolue dès 1872 par Boussinesq.

Le principe de superposition ne s'applique naturellement pas à ces solutions d'une équation non linéaire; aussi est-il curieux de constater qu'expérimentalement (c'est à dire sur une calculatrice) on constate quelque chose qui y ressemble fort: Kruskal et Zabusky (voir (5)), qui ont réuni un riche ensemble de calculs numériques à ce sujet, formulent une "conjecture": si Y est une solution de (49) tendant vers 0 à l'infini, il existe deux suites discrètes de nombres réels $\{c_n\}$ et $\{e_n\}$, les premiers positifs, et telles que Y(x+ct, t) tende pour t croissant indefiniment, vers $S(x - e_n, c_n)$ si $c \in \{c_n\}$, et vers 0 pour toute autre valeur de c. On peut alors appeler les c_n des "vitesse propres" de (49).

2. Il est intéressant de donner une liste de transformations qui laissent invariante l'équation (1) :

a) il en est ainsi des translations $x \to x+a$, $t \to t+b$.

b) il en est de même des changements d'échelles $x \to cx$, $t \to c^3 t$ $Y \to c^{-2} Y$.

On notera que c = -1 inverse les signes de x et de t, de sorte que la loi d'évolution (3) est réversible.

c) L'invariance est encore assurée lors de la transformation galiléenne $x \to x' = x+ct$, $t \to t' = t$, $Y \to Y' = Y = c$

3. On peut remarquer que l'équation non homogène

$$Y_{,t} + YY_{,x} + Y_{,xxx} = F = z_{,tt}(t) \tag{10}$$

se déduit de KdV par la transformation

$$x \to x' = x - z(t), \quad t \to t' = t, \quad Y \to Y(x',t) + z_{,t}(t)$$

qui représente l'effet d'une translation accélérée de l'axe des x. Cette équation (10) se rencontre notamment dans l'étude de la propagation d'ondes acoustiques dans les réseaux ioniques non-harmoniques.

4. Considérons l'équation classique de Sturm-Liouville

$$\psi_{,zz} + \frac{1}{6}(Y - \lambda)\psi = 0, \tag{11}$$

où Y = Y (x,t) est une fonction donnée: les fonctions propres ψ_n et les valeurs propres λ_n se trouvent, par suite de l'existence de l'argument t dans Y, elles-mêmes paramétrées en t. Supposons maintenant que Y soit une solutions de (5), et éliminons cette fonction entre (5) et(11); il vient

$$\lambda_{,t} - \frac{6}{\psi^2}\left[(\psi\partial_x) - \psi_{,x})(\psi_{,t} - 3\frac{\psi_{,x}\psi_{,xx}}{\psi} + \psi_{,xxx} + \lambda\psi_{,x}\right]_{,x}$$

En multipliant par ψ^2 et en intégrant sur un période, il reste

$$\lambda_{,t} = 0,$$

de sorte que chaque valeur propre est une constante du mouvement.

Je ne peux m'étendre davantage sur l'équation de Korteweg de Vries et ses propriétés, mais je voudrais pour terminer indiquer qu'on la retrouve dans un problème important de mécanique, qui est un modèle fructueux pour celui de la propagation d'une onde sonore plane dans un milieu avec collision des phonons, problème dont l'étude a été amorcée en 1914 par Debye, et a fait depuis, notamment, l'objet des travaux de Fermi, Pasta et Ulam.

Nous considérons une file de masses ponctuelles d'élongations $y_i(x,t)$, reliées par des ressorts à caractéristiques paraboliques

(12) $\qquad F = k\,(\delta 1 + \alpha\,\delta 1^2) \qquad \alpha$ petit

On est amené à écrire l'équation différentielle aux différences

(13) $\qquad y_i = \omega_o^2(y_{i+1} - 2y_{i-1})\left[1 + \alpha(y_{i+1} - y_{i-1})\right]$

et en passant au continu par l'intermédiaire du développement de Taylor

(14) $\qquad y_{i+1} = y_i + hy_{i,x} + (h^2/2)y_{i,xx} + \dots,$

on obtient l'équation du 4e ordre (on ne peut s'arrêter plus tôt si l'on veut rendre compte des phénomènes de relaxation)

(15) $\qquad y_{,tt} = c^2(1+ay_{,x})\,y_{,xx} + (h^2/12)y_{,xxxx}$

avec $c^2 = \omega_o^2 h^2$ et $a = 2\alpha h$.

Mais si l'on considère les deux directions caractéristiques de Riemann

$$r_{\pm} = \pm (y_{,t}/c) + (2/3c) \left[(1+ay)^{3/2} - 1\right] = \pm (1/c)y_{,t} + y_{,x} + (a/4)y_{,x}^2 + ..$$

on s'apercoit que r_+ est $0(a^2)$, donc négligeable, de sorte qu'il reste une équation du 3e ordre en $\underline{r}$. Si l'on fait la transformation

$$x \rightarrow x - ct \ ; \qquad t \longrightarrow act/2$$

il vient l'équation KdV

$$(5') \qquad r_{,t} + rr_{,x} + Br_{,xxx} = 0 \qquad (B \equiv h^2/12\ a).$$

3.2 L'équation exacte du son dans un gaz non dissipatif est, pour une propagation dans une direction déterminée

$$(16) \qquad U_{,tt} = c_o^2 \ (1+U_{,x})^{-1-\gamma} U_{,xx}$$

(x variable lagrangienne), ou encore, en posant $U_{,x} = m$,

$$(17) \qquad m_{,tt} = - \frac{c_o^2}{\gamma} \left[(1+m)^{-\gamma}\right]_{,xx}$$

Romilly (6) pose encore

$$(1 + m)^{-\gamma} = z$$

d'où $\quad (z^{-1/\gamma})_{,tt} = - \dfrac{c_o^2}{\gamma} z_{,xx}$

qui admet notamment une solution à variables séparées $z = X(x)T(t)$ pour laquelle

$$(T^{-1/\gamma})_{,tt} = -k_1 T; \qquad X_{,xx} = (k_1\gamma / c_o^2)\ X^{-1/\gamma}$$

et en particulier $T = (k_2 t + k_3)^{-\gamma}$, $X = k_4 x + k_5$ est solution ($k_1 = 0$), d'où on remonte aisément à m et à U.

On peut également trouver une solution particulière à forme d'onde progressive constante,

$$z = z(x-vt) = z(\xi), \text{ d'où } v^2(z^{-1/\gamma})_{,\xi\xi} = -(c_o^2/\gamma)\, z_{,\xi\xi}$$

et en intégrant

$$v^2 z^{-1/\gamma} = -(c_o^2/\gamma)z + k'\xi + k''$$

qui donne

$$u_{,tt} = (c_o^2/\gamma v)\, z_{,t}$$

$$u_{,t} = k''' - (k'(v)\,x + (c_o^2/\gamma v)z$$

....

Pour un gas dissipatif on a d'abord la relation classique

$$\rho_o u_{,tt} = -p_{,x} ;$$

quant à l'expression de p, il faut ajouter à la loi adiabatique

$$p = p_o\,(1 + u_{,x})^{-\gamma}$$

un terme dissipatif. Romilly admet qu'il s'agit d'un terme dissipatif proportionnel au gradient de la vitesse, soit, en coordonnées lagrangiennes,

$$-\eta\,(1+u_{,x})^{-1} u_{,xt}$$

l'équation du mouvement est donc

$$\rho_o u_{,tt} + \left[p_o\,(1+u_{,x})^{-\gamma} - \eta\,(1+u_{,x})^{-1} u_{,xt}\right]_{,x} = 0$$

soit encore, en posant $u_{,x} = m$,

$$(18) \qquad \rho_o m_{,tt} + \left[p_o(1+m)^{-\gamma} - (1+m)^{-1} m_{,t}\right]_{,xx} = 0$$

C'est encore comme on voir, une loi de conservation.

Romilly obtient des solutions exactes valables pour des cas particuliers. Evidemment, tout repose sur l'hypothèse que la dissipation a la forme postulée : c'est un point qui demande à être confirmé expérimentalement.

3. 3. Je considère maintenant l'écoulement permanent d'un fluide incompressible faiblement visqueux le long d'une paroi semi-infinie: on sait que les effets de la viscosité se localisent surtout dans une couche d'épaisseur $\delta = 0(\nu^{1/2})$ attenant à la paroi, et dite "couche limite". Supposons que loin de la paroi (pour y très grand), la vitesse du fluide soit

(19) $u_x = U(x);\ u_y = 0\ ;$

en écrivant les équations d'Euler dans la couche limite, où le mouvement est bidimensionnel ($u_x = \psi_{,y}$; $u_y = -\psi_{,x}$), et en prenant pour nouvelle abcisse $\nu x = \xi$, il vient

(20) $\psi_{,yyy} - \psi_{,y}\,\psi_{,y\xi} + \psi_{,\xi}\,\psi_{,yy} = 0$.

avec les conditions aux limites

(adhérence à la paroi) : $y = 0 \Rightarrow \psi_{,\xi} = \psi_{,y} = 0$

(raccord avec le régime non troublé au loin) $v \to \infty \Rightarrow \psi_{,\xi} = 0;\ \psi_{,y} = U(\xi)$,

La solution $\psi(\xi, y; U)$ ne doit pas changer lorsqu'on change les échelles des longueurs et des vitesses: d'où , si U est constante, les expressions de Blasius

(21) $\psi = \sqrt{\nu}\,Uzf(z);\qquad z \equiv y\sqrt{U/\nu x}$

avec pour f l'équation différentielle $2f''' + ff'' = 0$, en changeant l'échelle des z,

(22) $f''' + ff'' = 0$;

les conditions aux limites sont $f(0) = f'(0) = 0$; $\lim_{z\to\infty} f'(z) = 1$. (7)

L'idée qui vient tout de suite à l'esprit consiste à étudier cette équation suivant la méthode classique dans un espace à trois dimensions, en posant

$$f' = g \; ; \; g' = h \qquad \text{d'où par (22)} \; h' = fh \; ;$$

mais l'axe des f est alors une ligne singulière, ce qui est une difficulté: P. Casal (8) a donné une méthode élégante pour lever cette difficulté: partant de considérations de groupes de symétrie que nous ne développerons pas ici, il fait le changement de variables

$$(23) \qquad y^2/y' = u \; ; \qquad u'/y = v$$

d'où $uv = y/y'$, et par suite

$$\log y = \int \frac{du}{uv} \qquad \text{et} \quad x = \int \frac{du}{yv} \quad ;$$

d'autrepart, (22) et (23) donnent le système

$$\frac{du}{uv} = \frac{dv}{-(2-v)\,(u - 2v + 3\,)}$$

qui admet à distance finie, un noeud répulsif (u=0, v=2), un col (u = 0, v = 3/2), et un foyer attractif (u-3, v=0), et à l'infini, un noeud dans la direction u = 0, et un col dans la direction u=v, et une singularité d'ordre 2 (col et noeud confondus) dans la direction v=o. La figure montre l'allure des trajectoires; on remarquera qu'il y a une séparatrice allant d'un col à l'autre, de sorte que le système est structurellement instable. Cette considération suffirait à nous mettre en grade contre trop de confiance dans la formulation du problème; Casal voit cette formulation comme inadéquate parce que la paroi est assimilée à un demi-plan infini, d'où dissipation d'énergie infinie. Il souligne, d'autre part, le caractère paradoxal de certains conséquences de la théorie: c'est ainsi que si l'on suppose la vitesse à la paroi non nulle (y' non nul à l'origine), on constate que si la solution est unique et possible pour une vitesse dans le sens de l'écoulement, il n'y a pas de solution si $V_o < -0,352V$, et il y en a deux (dont l'une correspond à une couche limite très épaisse) si $-0,352V < V_o < 0$. Ce résultat est physiquement inadmissible, et indique de plus une instabilité pour $V_o \neq 0$.

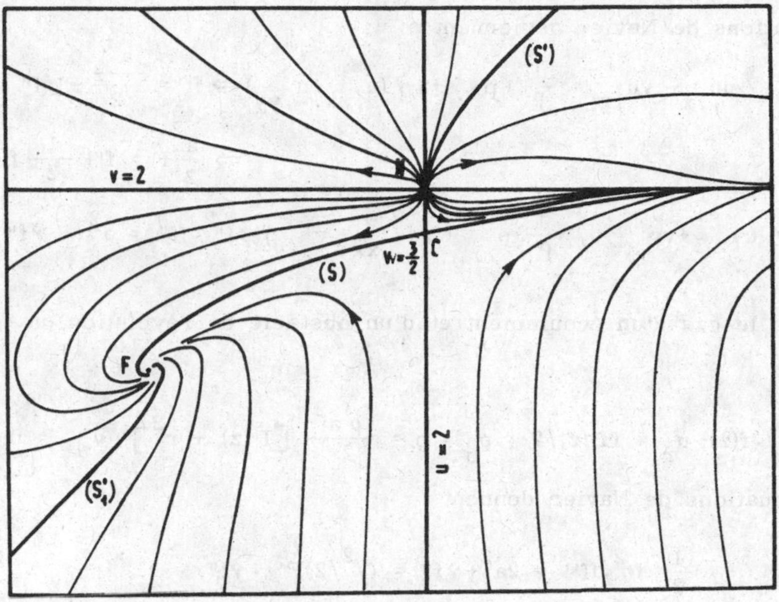

On peut aisément généraliser ces considérations en envisageant le cas où U varie proportionnellement à la puissance m de ξ :on obtient ainsi l'équation de Falkner et Skan (9)

$$f''' + \frac{m+1}{2} ff'' + m\,(1-f'^2) = 0. \tag{24}$$

Il semble, si l'on suit Homann (10), que les choses se présentent de façon assez analogue au voisinage d'un point de stagnation devant un obstacle. Considérons pour commencer le cas plan:en l'absence de viscosité, Homann écrit

$$u = ax;\; v=ay;\; p_o - p = \frac{\rho}{2} (u^2 + v)^2 = \frac{\rho a^2}{2} (x^2+y^2).$$

S'il y a viscosité, il adopte les expressions de Hiemenz (11)

$$u = -f(x);\quad v = yf'(x);\quad p_o - p = \frac{\rho a^2}{2} \left[F(x) + y^2\right]$$

avec les conditions aux limites

$$x = 0 : u=v=0 \Rightarrow f=f'=0; \qquad x=\infty : v=V, \; f' = 0.$$

Les équations de Navier deviennent

$$(25) \qquad uu_{,x} + vu_{,y} = \frac{1}{\rho} p_{,x} + \nu (u_{,xx} + u_{,yy}) \Rightarrow ff' = \frac{a^2}{2} F' - f''$$

$$\Rightarrow \frac{a^2}{2} F = f' + \frac{1}{2} f^2$$

$$uv_{,x} + vv_{,y} = \frac{1}{\rho} p_{,y} + \nu (v_{,xx} + v_{,yy}) \Rightarrow f'^2 - ff'' = a^2 + \nu f'''$$

Dans le cas d'un écoulement et d'un obstacle de révolution, on a de même

$$u_z = -f(z); \; u_r = rf'(z)/2 \; ; \; p_o - p = \frac{\rho a^2}{2} \left[F(z) + r^2 \right] ; \; v_\theta = 0$$

et les équations de Navier donnent

$$(26) \qquad \frac{1}{2} f'^2 - ff'' = 2a^2 + \nu f'' = (a^2/2)F' - \nu f''.$$

Tous les coefficients numériques peuvent être rendus égaux à 1 par un changement de variables

$$z \to z\sqrt{a/\nu} \qquad ; \; f(z) \to 2f(z) \sqrt{a\nu}.$$

Enfin, Howarth (12) a étendu cette étude au cas d'un écoulement tridimensionnel et d'un obstacle limité par un surface développable; il suppose que les vitesses non troublées par l'obstacle soient $U_x = ax$, $U_y = by$ et pose pour les vitesses troublées

$$(27) \qquad u_x = axf'(\zeta); \; u_y = byg'(\zeta); \text{ où } \; \zeta = z\sqrt{a/\nu}$$

On est conduit aux équations simultanées

$$(28) \qquad \begin{cases} f''' + ff' + (b/a)gf'' + 1 - f'^2 = 0 \\ g''' + gg'' + (a/b)\, fg'' + 1 - g'^2 = 0 \end{cases}$$

avec les conditions aux limites

$$f(0) = g(0) = f'(0) = g'(0) = 0; \quad \lim_{\zeta \to \infty} f'(\zeta) = \lim_{\zeta \to \infty} g'(\zeta) = 1$$

On voit que l'on se trouve en présence de toute une famille d'équations différentielles d'aspect voisin, obtenues grâce à des hypothèses que le succès seul peut justifier. Mais le très joli procédé que nous venons d'esquisser à propos de l'équation (22) n'est malheureusement pas applicable à l'équation de Falkner et Skan pour $m \neq 0$, à cause de la constante non nulle m qui y figure.

Coppel (13) a fait une étude poussés de l'équation générale

$$f''' + f'' + \lambda(1-f'^2) = 0 \tag{29}$$

que laisse visiblement invariante la transformation $(x, f) \to (x/k, kf)$ avec $k = 1$; de sorte que si $f(x)$ est solution, $-f(-x)$ et $if(ix)$ le sont encore. (29) est équivalente au système autonome dans R^3

$$f' = g; \; g' = h; \; h' = fh - \lambda(1-g^2) \tag{30}$$

Coppel montre qu'il existe une solution à ce système pour les conditions aux limites

$$f(0) = a \; ; \quad g(0) = b; \; g(\infty) = 1$$

lorsque a b sont deux constantes non négatives; suivant que $b \lessgtr 1$, $h \gtrless 0$ pour $\forall x \in [0, \infty]$, et la solution est unique. Le paramètre λ a trois valeurs remarquables : 0 (cas où l'on se reportera à l'étude de P. Casal ci-dessus), 1/2 et 2/3. On démontre que si f(x) est une solution valable pour x très grand, et que g tende vers une limite, celle-ci ne peut être que ± 1 pour tout $\lambda \neq 0$; si h tend vers une limite, celle-ci est 0 pour tout $\lambda \neq 1/2$; et si h' tend vers une limite, celle-ci est 0 pour tout $\lambda \neq 2/3$.

Si $\lambda \in]0, \frac{1}{2}]$ on distingue 5 types de solutions :

$$g = 1; \; g(\infty) = 1; \; g \sim a^2 f^{\lambda} \; ; \; g \sim a^2 |f|^{\lambda}; \quad g \sim \frac{\lambda-2}{6} f^2$$

Pour $\lambda > 1/2$, les résultats de la discussion sont incomplets.

L'allure qualitative des trajectoires de (30) peut être étudiée par la méthode de Poincaré , en partageant l'espace en 24 régions, délimitées par les surfaces $f=0$; $g=0$; $g = \pm 1$; $h = 0$; $h' = 0$. Nous reviendrons plus loin sur les trajectoires dans la région

$$\{f < 0;\ g < -1;\ h < 0\ ;\ h' < 0\}$$

que est particulièrement intéressante.

On retrouve une équation analogue à (22) ou à (24) en étudiant dans le cas de l'écoulement plan les solutions à fonction de courant linéaire par rapport à l'une des coordonnées:

$$(30) \qquad \psi = f(x) + yg(x)$$

problème étudié il y a longtemps par Riabouchinsky (14). En portant l'expression de ψ dans les équations de Navier-Stokes, il vient pour f et g les équations differentielles

$$\nu f'''' - gf''' + g''f' = \nu g'''' - gg''' + g'g'' = 0,$$

qui s'intègrent une fois et donnent

$$(31) \qquad \nu f''' = f'g' - gf'' = C; \quad \nu g''' + g'^2 - gg'' = C',$$

les deux constantes d'intégration se réduisant à 0 si le domaine rempli par le fluide est inifini, du fait que le pression doit rester finie.

On peut généraliser le problème de Riabouchinsky en exigeant que u_y soit telle fonction donnée F de u_x : on obtient alors l'équation non linéaire aux dérivées partielles en $u_x = u$

$$(32) \qquad [uF'(u) - F(u)]\, u_{,y} + \nu u_{,yy} = 0$$

avec les conditions $u=F(u) = 0$ pour $y=0$; $u = U$ const, $F = 0$ pour $y \nearrow \infty$. En particulier, si $F = u$, on trouve $u_{,yy} = 0 \Rightarrow u = f(x)+yg(x)$; si $F=u^n$, $n > 1$, le problème se résout par deux quadratures.

Th. Vogel

Bibliographie de la troisième lecon

(1) Korteweg, D. J. et de Vries, G. Phil. Mag. 39(1895), 422

(2) Miura, R. M. J. Math. phys. 9 (1968), 1202

(3) Miura, R. M. Gardner, C. S. et Kruskal, M. D. ibid, 1204

(4) Su, C. H. et Gardner, C. S. ibid. 10 (1969), 536

(5) Zabuski, N. J. in: Symp. nonlin. diffl. eqns, 1967(academic Press) 223

(6) Romilly, N. Acustica 23(1970), 344 et 25 (1971), 247

(7) Blasius, H Zs. math. Phys. 56(1908), 4

(8) Casal, P. J. de Mécanique (à paraître)

(9) Falkner, V. M. et Skan, SW. A. R. C. Rep. and Mem. n° 1314(1930)

(10) Homann, F. ZaMM, 16(1936), 152

(11) Hiemenz, K Dingl. Polyt. J., 326(1911); H. 21

(12) Howarth, L. Phil. Mag. 42(1951), 1433

(13) Coppel, W. A. Phil. Trans, 253, n° A1023(1960), 13

(14) Riabouchinsky, D. C. R. Acad. sc. Paris, 179(1924), 1133

Th. Vogel

Quatrième leçon

4.1 L'elasticitè est une branche de la mécanique des milieux continus, qui traite de l'équilibre entre les forces appliquées et les contraintes internes dans une classe particulière de corps déformables, dits élastiques, et caractérisés par une relation biunivoque entre les déformations et les contraintes. La théorie classique de l'élasticité est linéarisée à trois niveaux différents, que l'on ne distingue pas toujours clairement: à la base, au niveau géométrique, on admet, par une simplification qui ne reste pas toujours valable dans les problème concrets que l'on traite ensuite, qu'il y a une relation linéaire entre les composantes du vecteur de déplacement et celles du tenseur de déformation; puis, au niveau de la loi constitutive du corps étudié, on admet le plus souvent une relation linéaire (une proportionnalité) entre le tenseur de déformation et le tenseur de contrainte (loi de Hooke); enfin, au niveau énergétique, on admet que le lagrangien est quadratique, d'où une loi d'équilibre linéaire aux déplacements: on peut encore dire que la loi d'équilibre est caractérisée par un opérateur différentiel linéaire.

De ces différents niveaux de linéarisation, seul le deuxième a toujours été perçu; les niveaux géometrique et énergétique n'ont attiré l'attention qu'au XXe siècle, grâce notamment aux travaux d'Almansi et d'autres géomètres italiens, puis en France à ceux de Léon Brillouin. Plusieurs auteurs qui ont acquis une certaine notoriété en la matière depuis la guerre n'ont fait que reprendre les considérations de ces devanciers.

Rappelons d'abord que la déformation se traduit par une variation de la distance entre deux points voisins dans le corps considéré, donc par une variation de la forme différentielle fondamentale ds^2. Si le déplacement est

$$u^i = \delta x^i,$$

et qu'il soit une fonction continue des coordonnées initiales x_o^i qui correspondent à l'état non contraint (ou "naturel") du corps, on a

$$du^i = u^i_{,k}\, dx^k$$

et par conséquent

$$\delta (ds^2) = [u_{i,k} + u_{k,i} + u_{j,i} u_{j,k}]\, dx^i dx^k$$

$$= e_{ik}\, dx^i\, dx^k ;$$

on voit que les composantes du tenseur de déformation prennent deux aspects, suivant que les deux indices sont égaux ou différents; si i=k (" dilatation"),

(1) $$e_{ii} = 2u_{i,i} + \sum_j (u_{j,i})^2$$

si $i \neq k$ (" glissement"),

(1') $$e_{ik} = u_{i,k} + u_{k,i} + \sum_j u_{j,i}\, u_{j,k}$$

la théorie classique néglige les termes quadratiques et bilinéaires ; nous dénoterons $\bar{e}_{ik}$ la partie linéaire de e_{ik}.

Il est utile les applications de mettre en évidence les allongements d'éléments de ligne parallèles aux axes, et les rotations d'angles: les allongements sont

$$E_i = \sqrt{1+e_{ii}} - 1 ;$$

les angles de rotation (ou de "cisaillements") sont donnés par

$$\sin (i,k) = e_{ik} \Big/ \sqrt{(1+e_{ii})(1+e_{kk})}$$

Supposons que la non-linéairité "géométrique" que l'on vient d'évaluer intervienne seule, c'est à dire que l'on ait toujours, comme en élasticité classique, les relations tenseur des contraintes: $t^{lm} = c^{lmik} e_{ik}$

lagrangien = $t^{lm} e_{lm} - 2F^i u_i$:

l'équation de l'équilibre s'écrira

$$\mathcal{L}^m u + \mathcal{H}^m u = 2F^m,$$

avec $\mathcal{L}^m u = c^{lmik} (u_{i,k} + u_{k,i})_{,l}$ opérateur linéaire de la théorie classique

$\mathcal{H}^m u = c^{lmik} (u^j_{,k} u_{j,il} + u^j_{,i} u_{j,kl})$ apport des termes bilinéaires de la déformation.

Comme en élasticité linéaire, l'application de ces formules générales à l'étude d'un corps mince est pénible, et il vaut mieux traiter ces cas directement, en faisant les approximations que suggère la configuration du corps. Nous nous contenterons d'esquisser la solution pour une plaque mince, c'est-à dire peu étendue dans la direction z : on admettra que le déplacement de tout point a lieu le long de la normale à la configuration naturelle de la surface moyenne, et que le point déplacé conserve sa distance par rapport à la déformé de la surface moyenne. On est alors conduit à écrire $e_{iz} = 0$, c'est à dire

(2) $$u_{i,z} + u_{z,i} + u_{j,i} u^j_{,z} = 0$$

Soient $\hat{u}_i(x, y)$ les déplacements d'un point de la surface moyenne dont la position naturelle était (x, y, o) : nous chercherons pour le déplacement du point primitivement situé en (x, y, z) une solution au déplacement de la forme

$u_i(x, y, z) = \hat{u}_i(x, y) + z v_i(x, y)$. Les (2) permettent alors d'exprimer les v en fonction des $\hat{u}$; on trouve, en négligeant dilatation et glissement devant l'unité,

$$(3) \quad v_i = \delta_{iz}\,\hat{u}_m^{\ ,m} - \delta_{kz}\,\hat{u}_i^{\ ,k} + (1-\delta_{ij})(1-\delta_{ik})(\hat{u}^{k,y}u^{j,x} - \hat{u}^{k,x}u^{j,y})$$

On en deduit les u_i et par conséquent celles des déformations dont la nullité n'a pas été postulée :

$$(4) \qquad e_{ik} = \hat{e}_{ik} + zf_{ik} + z^2 g_{ik} \qquad i,k = x \text{ ou } y$$

avec

$$(5) \quad \begin{cases} \hat{e}_{ik} = \hat{u}_{i,k} + \hat{u}_{k,i} + \hat{u}_{j,i}\,u^j_{\ ,k} \\ f_{ik} = v_{i,k} + v_{k,i} + \hat{u}_{j,i}\,v^j_{\ ,k} + (1-\delta_{ik})\,\hat{u}_{z,i}\,v_{z,k} \\ g_{ik} = v_{j,i}\,v^j_{\ ,k}\,. \end{cases}$$

On montre d'ailleures que les termes en z^2 sont négligeables devant ceux en z.

Tels sont les éléments de construction d'une théorie des plaques minces poussée à la deuxième approximation; la théorie non linéaire de Von Kármán constitue une approximation intermédiaire entre la première et la deuxième (on l'obtient en négligeant, dans ce qui précède, les termes non linéaires qui contiennent les dérivées des $\hat{u}_x$ et $\hat{u}_y$). Pour tout ce qui concerne ce paragraphe, voir (1) et (2).

4. 2 Nous abordons des considérations physiques dès que nous voulons établir une ralation entre les tenseurs de déformation et de contrainte. Toute relation de ce type, posée a priori, définit une classe possible de milieux continus déformables;il s'agit de voir si une telle classe n'est pas vide de représentants physiques, ou au moins s'il existe des corps qui peuvent être rangés dans cette classe en première approximation. Ce qu'on entend par première approximation est que le comportement observé de ces corps présente des aspects qualitatifs qui sont tous explicables par la relation constitutive, et des aspects quantitatifs dont les

écarts à partir des prévisions théoriques sont raisonnablement bornés.

Les corps physiques les plus simples de ce point de vue sont ceux qui peuvent être rangés dans les classes des solides élastiques, des fluides visqueux, et des solides ou fluides viscoélastiques. Nous supposerons dans tout ce qui suit, pour ne pas introduire des complications qui ne seraient pas essentielles, que les corps sont isotropes et homogènes; les corps élastiques sont alors définis par l'existence d'une relation fonctionnelle entre t et e, les corps visqueux par l'existence d'une telle relation entre t et la vitesse de déformation v les corps viscoélastiques les plus simples par une relation entre t, e et v.

Rivlin et Ericksen ont étudié la façon dont peut se présenter une relation fonctionnelle qui conserve l'isotropie. On suppose la relation analytique, de sorte que (3)

$$(6) \qquad t = M_o u + \sum M_m (e)^m ;$$

pour les corps élastiques, et

$$(7) \qquad t = \widetilde{M}_o u + \sum \widetilde{M}_m (v)^m$$

pour les corps visqueux. Ce sont là des relations entre des êtres intrinsèques, par conséquent les coefficients $M, \widetilde{M}$ sont invariants par rapport à un changement de repère: ils peuvent donc s'exprimer en fonction de trois invariants I_1, I_2, I_3 indépendants, choisis comme invariants "principaux" de e (ou des invariants analogues de v, suivant le cas).

Les choses se simplifient si l'on a égard au théorème de Cayley-Hamilton, en vertu duquel une matrice (un opérateur linéaire) satisfait à sa propre équation caractéristique ; celle-ci étant du troisième degré,

$$(8) \qquad e(1-u) = (e-e_1)(e-e_2)(e-e_3) = e^3 - I_1 e^2 + I_2 e - I_3 = 0,$$

e^3 (et par conséquent toutes les puissances de e supérieures à 3) s'exprime donc en fonction de e et de e^2, de sorte que les séries entières que l'on a écrites à priori s'arrêtent en fait aux termes du second degré :

$$m \in \{0,1,2\} \; : M_m = C_{m0} + C_{m1} I_1 + C_{m2} I_2 + \ldots$$

$$m > 2 : \qquad M_m = 0.$$

Les corps élastiques qui obéissent à la loi de Hooke, sans précontrainte sont caractérisés par les valeurs

$$\begin{cases} c_{oo} = 0; \; c_{ol} = \text{const.}; \; c_{o2} = \ldots\ldots = 0 \\ c_{1o} = \text{const.} \; c_{11} = \ldots = 0; \; c_{mn} = 0 \quad \forall n \text{ si } m > 1. \end{cases}$$

Il en résulte la relation classique

$$(10) \qquad t_{ij} = c_{01} I_1 \delta_{ij} + c_{10} e_{ij}$$

On voit que $c_{01} = \lambda$ et $c_{10} = 2\mu$ dans les notations le Lamé.

La viscosité linéaire classique (newtonienne) suit les mêmes lois, sauf que c_{oo} n'est pas nécessairement nul, mais représente la pression hydrostatique :

$$(11) \qquad t_{ij} = -p\delta_{ij} + \tilde{c}_{01} \tilde{I}_1 \quad {}_{ij} + \tilde{c}_{10} v_{ij}$$

On notera que les vitesses v doivent satisfaire au principe d'objectivité ; ce seront donc des dérivées matérielles des déformations, par exemple des dérivées au sens de Jaumann :

$$(12) \qquad v_{i,j} = e_{ij,t} + e_{kj}(e^k{}_{,i} - e_i{}^{,k}) + e_{ki}\,(e^k{}_{,j} - e_j{}^{,k})$$

Si l'on donne aux coefficients M d'ordre 0 et 1 d'autres expressions que ci-dessus, tout en laissant nuls ceux de rang supérieur, on obtient des corps élastiques (ou visqueux) linéaires, mais non-hookiens (ou non newtoniens). Ceux-ci peuvent présenter un comportement qualitatif interdit aux corps de la thórie classique. Ainsi, dans le cas élastique $I_1 = 0$ (déformation sans dilatation) n'entraîne pas $t_i^i = 0$, puisque M_o n'est plus un simple multiple de I_1; des contraintes hydrostatiques peuvent produire des déformations à volume constant. Inversement, $t_i^i = 0$ entraîne

$$(13) \qquad cM_o + M_1 e_i^i = 0,$$

de sorte que la dilatation n'est pas nulle. C'est l'effet Kelvin, on voit que, contrairement à ce qu'ont écrit quelques auteurs, c'est un effet du premier ordre et non du deuxième. On aurait des effets analogues pour les fluides visqueux linéaires non-newtoniens.

Si l'on passe maintenant à la loi non linéaire

$$(14) \qquad t_{ij} = M_o \delta_{ij} + M_1 e_{ij} + M_2 e_i^k e_{kj}$$

pour les solides, et à l'expression analogue pour les fluides visqueux, on voit apparaître des effets spécifiques du deuxième ordre, dont nous détacherons l'effet Poynting et l'effet Weissenberg:

a) A la déformation sans dilatation d'un solide, il correspond des contraintes principales

$$t_{ii} = M_o + M_2 e_i^k e_{ki}$$

qui ne sont pas égales entre elles, puisque

$$i \neq j \Rightarrow e_i^k e_{ik} \neq e_j^k e_{jk} .$$

Cet effet a été observé dès 1905 par Poynting sur des solides, son analogue exact se retrouve dans les fluides non linéaires à évolution isovolume. (8)

b) Dans l'expérience classique de Couette (cisaillement d'un fluide entre deux cylindres coaxiaux tournant à des vitesse différentes), on observe pour certains fluides une remontée le long du cylindre intérieur autrement dit il y a une composante verticale de la pression, dirigée vers le haut, et plus forte aux faibles rayons: c'est l'effet Weissenberg. Il suffira pour en voir la nature de considérer le cas simple où le cylindre intérieur est fixe, et l'autre animé d'un mouvement de rotation uniforme. On a alors $v_{r\theta} = v_{\theta r} = r\omega'(r)$, les autres composantes de v sont nulles.

Mme Chezeaux a considéré, pour expliquer l'effet Weissenberg, une classe de fluides qui résulte de la superposition d'un fluide purement visqueux

$t = t(v, v^J)$ J dénotant la dérivée de Jaumann et d'un fluide hypoélastique

$$t^J = t^J(v, t),$$

soit, τ étant un scalaire constant (de la nature d'un temps de relaxation),

$$(15) \qquad t + \tau t^J = M_0 u + M_1 v + M_2 v^2 M_3 v^J + M_4 (vt = tv) +$$
$$+ M_5 (v^2 t + tv^2) + M_6 (tv^J + v^J t) + M_7 (vv^J + v^J v).$$

Les termes en $v^2 v^J$, $v(v^J)^2$, ect. sont supposés négligeables. (5)

De son côté, Rivlin avait proposé (3), en s'appuyant sur une extension du théorème de Cayley-Hamilton, la forme

$$(16) \qquad t = M_0 u + \widetilde{M}_1 e + \widetilde{M}_2 e^2 + \widetilde{M}_3 v + \widetilde{M}_4 v^2 + \widetilde{M}_5 (ev + ve) +$$
$$+ \widetilde{M}_6 (e^2 v + ve^2) + \widetilde{M}_7 (ev^2 + v^2 e) + \widetilde{M}_8 (e^2 v^2 + v^2 e^2).$$

Pour rendre compte de l'effet Weissenberg, Rivlin ne retient d'ailleurs que les termes en M_0, $\widetilde{M}_3$, et $\widetilde{M}_4$ (fluide purement visqueux mais non linéaire).

Enfin, Oldroyd propose (4) une forme qui est intermédiaire entre celles de Rivlin et de Mme. Chezeaux, fluide linéaire mais doué d'élasticité:

$$(17) \qquad t + \tau t^J = M_0 u + \widetilde{M}_1 v + \widetilde{M}_3 v^J$$

Dans toutes ces formules , les M et les $\widetilde{M}$ sont des fonctions des invariants des tenseurs; tous les produit sont des produits matriciels.

Si l'on exprime les contraintes pour les cas du mouvement de rotation imposé, la pression verticale résulte par intégration de l'équation hydrodynamique

(18) $$t_{rr,r} + \frac{1}{r} t_{rr} - \frac{1}{r} t_{\theta\theta} + t_{rz,z} - p_{,r} = p_0 \omega^2 r.$$

C'est ici qu'intervient la remarque que nous avons faite sur les aspects quantitatifs de la théorie: les trois types de fluide qu'on a définis présentent une pression verticale négative (dirigée vers le haut), donc un effet Weissenberg; encore faut-il que la forme de la surface libre du fluide soit celle que prévoit la théorie. Je ne sais pas s'il existe dans la nature des fluides qui satisfont de ce point de vue les conséquences des lois de Rivlin ou d'Oldroyd ; mais les mesures qu'a faites Mme Chezeaux sur des polyisobutènes et sur des polystyrènes ne s'accommodent pas de ces lois, et suivent au contraire avec une approximation satisfaisante la loi de Mme Chezeaux.

4, 3. Ces méthodes générales ont pour elles leur cohérence; mais leur application est parfois malaisée, surtout pour l'étude de structures élastiques ou viscoélastiques minces, dont les équations classiques aux déplacements sont obtenues par des méthodes ad hoc. Aussi rencontre-t-on des travaux où les hypothèses faites sur le comportement de la matière ne se déduisent pas d'un schéma général. Je mentionnerai, à titre d'exemple, le problème des vibrations d'une poutre viscoélastique présentant de l'hystérésis, tel que l'a traité M. Takano (6) :

Cet auteur suppose que la loi de comportament est

(19) $$\sigma = E(ae + b\,|e|^2 e),$$

avec des coefficients complexes $a = 1+ia''$, $b=ib''$ indépendants de la pulsation . Il utilise la relation d'Euler-Bernouilli de la thórie linéaire classique, en y introduisant le terme en $|e|^2 e$, ce qui conduit à l'équation

$$(20) \qquad EIaw_{,xxxx} - \rho S\omega^2 w + F = EI'b\left[|w_{,xx}|^2 w_{,xx}\right]_{,xx}$$

où I et I' sont les moments du second et du quatirème ordres de la poutre, S la valeur constante de sa section droite. Cette équation peut se résoudre soit par itération (que Takano pousse jusqu'au degré 1), soit par linéarisation optimale; on peut ainsi calculer les valeurs de la fréquence de résonance, celle de l'amortissement en régime libre, ainsi que celles de a et de b.

Pour un certain matériau plastique dit PSA, on trouve que l'effet de la non linéarité sur la fréquence de résonance est mesurable, quoique faible; mais il apparaît aussi qu'une loi de constitution telle que

$$\sigma = E(ae + b\,|e|^2 e + c|e|^{n-1}\,e)$$

avec n de l'ordre de 2,5 rend mieux compte des résultats.

4.4 Un type de considérations différent, mais qui peut aboutir à des résultats voisins de ceux que fournit le choix de la loi de constitution, est celui qui se fonde sur la notion de lagrangien du système: on peut admettre la loi de Hooke pour les solides élastiques,

$$t^{ij} = c^{ijkl},e_{kl},$$

sans pour autant postuler, ce qui est tout différent, que l'énergie élastique est une forme quadratique $t^{ij}e_{ii}$.... Or l'équation d'équilibre ou de mouvement du corps est souvent déduite de cette énergie au moyen d'un principe variationnel (cf. remarques au n° 1,1 supra); les contraintes dérivent d'un potentiel élastique qui est une fonction des e_{ij}, ou, ce qui revient au même, une fonction des trois invariants indépendants que possède tout tenseur du second ordre; soit, si l'on prend les invariants

$$(20)\quad I_1 = e^i_i;\quad I_2 = e^j_i e^i_j\ ;\ I_3 = e^j_i e^k_j e^i_k$$

et si l'on admet que le potentiel élastique U est analytique,

$$(21)\qquad U = (AI_1^2 + BI_2) + (CI_1^3 + DI_1I_2 + EI_3) + \ldots\ldots$$

(on a pas écrit de termes du premier degré, puisque leur dérivation donnerait des contraintes en l'absence de toute déformation). Dans cette expression, due à Léon Brillouin, la première parenthèse donne les termes de l'équation d'équilibre classique, la deuxième donne les termes du deuxième degré.

De nombreaux auteurs ont cherché à particulariser la forme générale qui précède , de manière à exprimer tel ou tel comportement, "caoutchoutique" ou autre. Ils l'ont fait en recourant à des raisonnements de physiciens qui, couchés en termes généraux, paraissent plausibles, mais dont il n'est pas toujours facile de vérifier la cohérence mathématique; aussi s'est-il élevé des discussions d'un ton inhabituel dans les sciences exactes, et qui laissent intactes les convictions des protagonistes. Je me contenterai d'observer que tout modèle mathématique est bon qui conduit à des résultat conformes à l'expérience et qui n'entraîne pas de contradiction dans un certain domaine d'application; et qu'il est bien rare que ce domaine soit illimité. Nous avons vu un exemple de cette situation à propos de la couche limite en hydrodynamique.

La loi de constitution du matériau peut se déduire de U par

$$(22)\qquad t_{ij} = U_{,e_{ij}} + U_{,e_{ji}} = U_{,,ij}$$

la double virgule dénotant la dérivation par rapport à $e_{ij} = e_{ji}$; soit

$$(23)\qquad t_{ij} = U_{,I_1} I_{1,,ij} + U_{,I_2} I_{2,,ij} + U_{,I_3} I_{3,,ij}$$

$$= (2AI_1 + 3CI_1^2 + DI_2 - 2(B+DI_1)e_{ij})\delta_{ij} + 4(B+DI_2)e_{ij} + ..$$

en comparant cette expression à celle de Lamé dans le cas linéaire (C=D=..=0) , on voit que

$$2A = \lambda \quad ; \quad B = \mu$$

On trouvera dans l'ouvrage de L. Brillouin (1), qui date de 1938, des développements sur l'éffet des termes de troisième degré de l'énergie élastique, notamment en ce qui concerne les pressions de radiation. D'autre part, dans un article qui paraîtra prochainement, A Cardon (7), discute les hypothèses simplificatrices de Kauderer, et montre qu'elles ne peuvent pas rendre compte des effets du type Kelvin ou Poynting.

<u>Bibliographie de la quatrième leçon</u>

(1) Brillouin, L. Les tenseurs en mécanique et en élasticité, Paris Masson 1938.

(2) Novozhilov, V. V. Foundations of the nonlin. Theory of Elasticity, Graylock Press, 1953.

(3) Rivlin, R. S. et Ericksen, J. L. J. rat. mechs and anal. 4(1955), 323

(4) Oldroyd, J. G. Proc. Roy. Soc. A200(1959), 523

(5) Chezeaux M. J. de Mécanique, 10 (1971), 229

(6) Takano M. Acustica 24 (1971), 312

(7) Cardon, A. Int. J. nonlinear Mechs (à paraître)

(8) Mayné, G. Sém. Mécan. Univ. libre de Bruxelles, 1967, 20.

Th. Vogel

Cinquième leçon

5, 1. Les effets non linéaires qu'on rencontre en Elasticité ne sont pas tous des types qu'on a analysés la dernière fois. Un exemple célèbre de problème non linéaire sui generis, qui avait déjà été traité par Euler dans un cas simple, est celui du flambage des pièces minces, c'est à dire de leur changement de configuration sous l'action de forces dirigées de champ lorsque certaines conditions sont remplies. Une pièce ainsi comprimée peut, en principe, toujours s'accommoder de la solution banale (partout nulle) de l'équation de la déformée; cependant, lorsque la charge axiale a certaines valeurs, il existe aussi une solution non nulle, et du fait des incessantes perturbations infinitésimales auxquelles est soumise la pièce, c'est cette déformée non nulle qu'on observe pratiquement. On dit alors que la pièce flambe.

Le cas classique est celui de la tige fixée à une extrémité $z = 0$ et comprimée le long de 0z en $z = \pi$. Supposons que la déformée soit non nulle, notons $v(z)$ son déplacement par rapport à la position naturelle 0z, et $\theta(z)$ l'angle que fait en ce point la tangente à la déformée avec 0z; on aura, f étant la poussée,

$$v_{,z} = \sin\theta; \quad EI\theta_{,z} = f(v(\pi) - v(z))$$

d'où l'équation différentielle en θ

$$\theta_{,zz} + (f/EI)\sin\theta = 0. \tag{1}$$

Il se trouve que c'est l'équation bien connue du pendule, dont la solution exacte en termes d'intégrales elliptiques est

$$(f/EI)^{1/2} z = \int_0^{\theta} d\theta\ (2\cos\theta - 2\cos\theta_o)^{-1/2}\ d\theta = K(\theta_o).$$

On sait que les valeurs de K sont comprises entre $\pi/2$ et π , alors que la valeur extrême de z est π : pour que θ_0 soit réel , il faut donc que $f/EI > \frac{1}{4}$.

D'autre part, en termes de v, on a

$$(2) \qquad v_{,zz}(1-v_{,z}^2)^{-3/2} + (f/EI)v = 0$$

dont la forme linéarisée (courbure assimilée à la dérivée seconde) est

$$(3) \qquad v_{,zz} + (f/EI)v = 0;$$

notre condition de flambage est donc que la tige "linéarisée" vibre en quart d'onde.

Ces considérations élémentaires nous introduisent au problème analogue, mais beaucoup plus difficile, du flambage d'une plaque à deux dimensions.

Ce problème a été mis en équations dès 1907 ou 1910 par Föppl (ou par von Kármán) On peut se débarrasser des coefficients de rigidité en utilisant des variables convenablement réduites; il vient

$$(4) \qquad \begin{aligned} \Delta\Delta w - [w,a] &= 0 \\ \Delta\Delta a + [w,w] &= g \end{aligned}$$

où a est une fonction auxiliaire (la "fonction d'Airy", dont les dérivées secondes sont égales aux contraintes), le crochet est l'opérateur différentiel défini par

$$[u,v] = u_{,xx}v_{,yy} + u_{,yy}v_{,xx} - 2u_{,xy}v_{,xy} = [v,u] \qquad \text{(voir 2, 1)}$$

et g est une fonction donnée de x, y qui représente les forces appliquées. Les (4) sont valables à l'interieur de la plaque (domaine D); sur le contour FrD on donne les contraintes normale et tangentielle

$$a_{,tt} = \phi(x,y); \qquad a_{,nt} = \hat{\phi}(x,y).$$

On commence par transformer le problème au moyen de la fonction $\hat{a}$, solution de

$$\lambda\Delta\Delta\hat{a} = g \text{ dans } D; \; \hat{a}_{,tt} = \phi \text{ ; } a_{,nt} = \hat{\phi} \quad \text{sur FrD}$$

en introduisant un paramètre scalaire λ qui sera utile par la suite, et dont on supposera qu'il intervient linéairement dans les données $g, \phi, \hat{\phi}$. Les (4) s'écrivent alors

$$(5) \qquad \begin{aligned} \Delta\Delta(a-\lambda\hat{a}) + [w,w] &= 0 \\ \Delta\Delta w - \lambda[\hat{a},w] &= [a-\lambda\hat{a},w] \end{aligned}$$

avec les conditions homogènes aux limites

$$w = w_{,x} = w_{,y} = 0; \; a-\lambda\hat{a} = (a-\lambda\hat{a})_{,x} = (a-\lambda\hat{a})_{,y} = 0 \text{ sur FrD.}$$

La forme linéarisée de ce problème :

$$(6) \qquad \begin{cases} \Delta\Delta w - [\hat{a},w] = 0 \text{ dans D} \\ w = w_{,x} = w_{,y} = 0 \text{ sur FrD} \end{cases}$$

a été indiquée dès 1907 par Hadamard.

Ceci dit, rappelons que si le système

$$Au - \lambda Bu = 0$$

admet une solution u_o pour $\lambda = \lambda_o$, on dit qu'il bifurque en $\lambda = \lambda_o$ à partir de u_o s'il admet deux solutions distinctes $u_o(\lambda)$ et $u_1(\lambda)$ qui tendent toutes deux vers u_o lorsque $\lambda \to \lambda_o$

Or Berger (1) démontre que les solutions du problème non linéaire (5)ne peuvent bifurquer à partir de la solution banale w = 0 que pour les valeurs de λ qui sont des valeurs propres du problème linéarisé (6); en particulier, la solution banale existe seule tant que $\lambda < \lambda_o$: la plaque ne peut pas flamber dans ces conditions. On voit que ce résultat est tout à fait analogue à celui d'Euler.

On notera que si w est une solution non banale, -w l'est aussi: sous une charge donnée, la plaque peut flamber aussi bien vers le haut que vers le bas si elle est horizontale, vers la droite ou vers la gauche si elle est verticale.

Un point intéressant est que les solutions peuvent être déduites d'un principe variationnel que Berger écrit explicitement; ce résultat était plausible, puisque le processus du flambage a été étudié sans supposer de dissipation d'énergie.

Enfin, on remarquera que rien de ce qui a été dit ne suppose que la plaque ait un contour simple, rectangulaire ou circulaire, par exemple. Il suffit qu'il ait une régularité voulue pour que les systèmes soient bien posés.

5, 2. Je vais dire maintenant quelques mots d'un problème de mécanique qui est essentiellement non linéaire, mais qui se présente sous un aspect mathématique différent de tous ceux que nous avons rencontrés précédemment et qui étaient régis par des équations differentielles aux dérivées partielles ou ordinaires: c'est le problème de la fatigue des métaux.

Le mot"fatigue" est entré dans l'usage pour désigner la modification des propriétés mécaniques des matériaux qui ont été soumis à des contraintes prolongées. Ce terme n'est peut-être pas très heureux, et nous aurions préféré parler de vieillissement. Quoiqu'il en soit, on sait que cette fatigue finit par amener une rupture de pièces mécaniques pour des régimes où elles devraient pouvoir fonctionner sans danger d'après la résistance des matériaux, et c'est là une pierre d'achoppement pour la mécanique théorique. Les explications qu'on donne généralement de la rupture par fatigue reposent sur des considérations de microstructure et de statistique, qui sont étrangères à l'esprit de la mécanique des milieux continus; pour combler cet hiatus choquant entre la façon de calculer la déformée ou la fréquence propre d'une pièce et les conditions dans lesquelles elle casse. (phénomènes que l'on observe pourtant dans une même suite d'expériences), il est nécessaire de compléter les lois de la mécanique des milieux continus par des énoncés convenables, s'appuyant sur le type de considérations homogène à la théorie classique. Le mécanicien ne peut pas se permettre de renoncer à expliquer en termes des variables d'état qui lui sont familières un phénomène qui relève de l'effet des contraintes sur la matière, donc de la mécanique.

Ceci ne signifie nullement que les microscopistes ont tort d'étudier les dislocations et la façon dont naissent et se propagent les fissures dans un matériau; mais il s'agit d'un éclairage tout différent de celui du mécanicien, à un autre niveau, et qui peut renseigner très utilement sur la raison pour laquelle tel paramétre que nous acceptons comme une donnée prend dans tel cas la valeur qu'on est amené à lui attribuer.

Le rôle du mécanicien est de rendre compte de tous les phénomènes qui intéressent les variables d'état dont l'évolution explique le comportement sous contrainte d'un corps. S'agissant d'une pièce en vibration , et particulièrement d'une pièce métallique, nous possédons un corps de doctrine très riche, qui est la théorie de l'élasticité, dont la viscoélasticité et la plasto-élasticité ne sont que des prolongements et des retouches, et dont l'expression pratique est appelée la Résistance des matériaux. Suivant cette théorie , une pièce mince telle qu'une tige ou une plaque étroite peut être traitée comme un ensemble de points dont l'état naturel est le segment

$$\left\{ x \ : \ x \in [0,1] \right\}$$

et dont l'état contraint est défini par une fonction $y(x,t)$, qui est solution d'une équation aux dérivées partielles dans laquelle figurent des coefficients caractérisant le matériau et des fonctions $f(x,t)$ caractérisant les contraintes extérieures. Il est admis de plus que la rupture se produira si telle fonctionnelle de y dépasse une certaine borne: on verra plus loin comment généraliser cette deuxième loi.

Th. Vogel

Les principes qui ont permis d'établir l'équation d'évolution de la tige permettent de construire un vaste ensemble de lois d'évolution pour divers corps élastiques, minces ou non, ensemble que l'expérience vérifie fort bien, de sorte qu'il serait catastrophique d'avoir à abandonner la théorie de l'élasticité.

Or, dans son état actuel, cette théorie ne prévoit pas de rupture par fatigue, et la notion même de fatigue lui est étrangère, puisque la solution d'une équation différentielle, qu'elle soit à une ou plusieurs variables, ne dépend, pour tout l'avenir, que de l'état présent observé (ou à la rigueur de la mince tranche de passé nécessaire à la construction des dérivées temporelles). Ainsi, sous peine d'avoir à renoncer à un corps de doctrine imposant et fécond, nous sommes obligés de retoucher les lois d'évolution de systèmes tels que la tige vibrante, sans quitter le cadre général de ce corps de doctrine, de manière à y inclure, à titre de raffinement ou de perturbation, un effet de vieillissement apte à rendre compte dans le détail du phénomène de rupture par fatigue.

Je me suis longuement étendu ailleurs (2), sur les classes possibles de tels systèmes, et montré notamment que le vieillissement était une propriété caractéristique des systèmes héréditaires, dont la loi d'évolution comprenait une fonctionnelle des états passés depuis la naissance du système jusqu'à l'instant présent d'observation. Dans le cas qui nous occupe, les effets du vieillissement sont latents jusqu'à un état où brusquement l'évolution observable change de nature: en fait, ce changement se traduit par une destruction du système. Il s'agit donc, dans la terminologie de l'ouvrage cité, d'un "système déferlant", et les états où se produit la rupture forment, dans l'espace de représentation, une multiplicité frontière.

Il n'y a là rien de qualitativement neuf au regard de la Résistance des matériaux, puisque celle-ci adjoint à la loi d'évolution contrainte-déformation tirée de la théorie de l'élasticité une condition de rupture, suivant laquelle la contrainte ne doit pas atteindre une certaine borne, sous peine de destruction du système: on avait donc déjà affaire, dans la Résistance des matériaux classique, à un système déferlant dont le perpétué était un système dynamique; la frontière de déferlement avait une signification particulièrement simple, mais cela ne change rien au principe. Par rapport à cet état de choses, la fatigue introduit deux modifications: d'une part la frontière de déferlement comprend désormais deux régimes qui correspondent respectivement à la rupture par contrainte excessive et à la rupture par fatigue; de l'autre , la loi d'évolution comporte un terme correctif des états passés, et dont l'effet est latent tant que l'affixe n'a pas atteint la frontière.

Pour voir comment ces modifications se traduisent dans les équations du mouvement, il sera plus instructif de considérer un problème mathématiquement simple, qui correspond d'ailleurs assez exactement aux "essais de fatigue" usuels: nous supposerons donc qu'une pièce mécanique (qui pourra être une tige, une plaque, ou toute autre structure mécanique) ait l'une de ses extrémités liée, encastrée par exemple, et l'autre assujettie à vibrer harmoniquement dans le temps le long d'une courbe plane; l'état du système à tout instant est entièrement défini par les variations de l'abcisse x de l'extrémité vibrante, de la connaissance de x découle celle des contraintes; on connaît donc, pour un système sans fatigue, les conditions de rupture par contrainte excessive. La loi d'évolution du perpétué est

$$\ddot{x} + a^2 x = 0$$

soit encore, sous la forme usuelle,

$$\dot{x} = y; \quad \dot{y} = a^2 x;$$

les trajectoires sont des ellipses concentriques dans le plan (x, y). D'autre part, la plus grande des contraintes dans la pièce peut être calculée à partir de l'équation de la déformée de celle-ci, c'est une fonction S(x) qui ne dépend que de la position x de l'extrémité. Il y aura rupture par contrainte excessive (rupture de charge) si S(x) atteint une borne supérieure S_1 qui ne dépend que de la constitution de la pièce. Le mouvement continuera indéfiniment le long de toute ellipse qui n'a pas de points communs avec la courbe $S(x) = S_1$ (qui est une droite parallèle à l'axe des y); il aura au contraire rupture immédiate si l'affixe atteint cette droite.

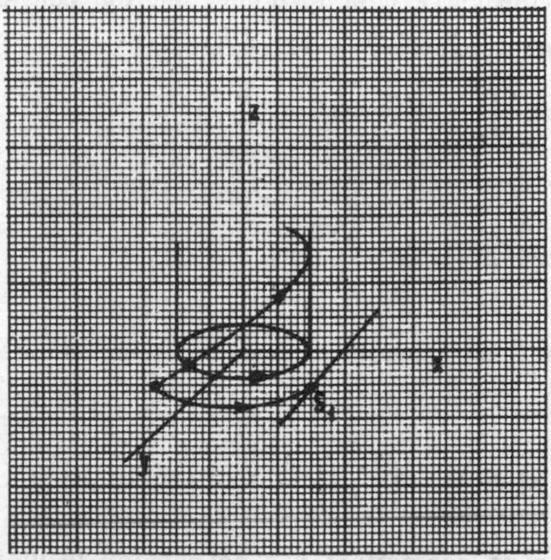

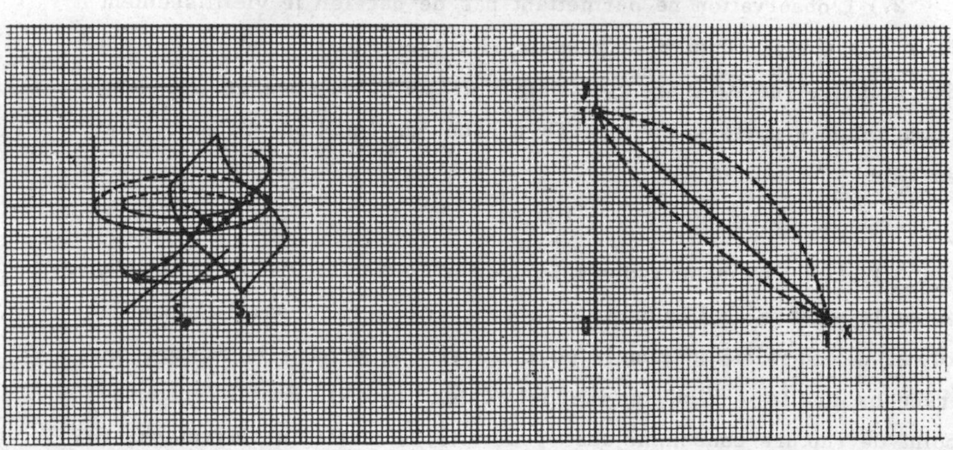

Voyons maintenant quels sont les aménagements minimaux qu'il faut apporter à la formulation mathématique du système pour rendre compte du phénomène de rupture par fatigue:

1) Il faudra introduire une fonctionnelle qui exprime le vieillissement du système; la forme la plus simple d'une telle fonctionnelle est une intégrale, prise entre 0 et t, d'une fonction convenable de x, y (que nous chercherons à préciser ultérieurement),

$$z = \int_0^t H\left[x(t'),\ y(t')\right] dt' \tag{7}$$

plus généralement

$$z = \mathfrak{F}\left[H(x(t'),\ y(t'));\quad t', t\right]_{t'=0}^{t'=t} \tag{8}$$

et si l'on suppose la fonctionnelle normale au sens de Fréchet et régulière,

$$z = \int_0^t H(t')dt' + \int_0^t \int_0^{t'} H(t')H(t'')\, dt'dt'' + \dots \tag{9}$$

2) L'observation ne permettant pas de déceler le vieillissement jusqu'à ce que la rupture se produise, les trajectoires sont décrites sur des cylindres droits d'axe parallèle à 0z; ce qu'on observe ; ce sont leurs ombres portées sur x0y. On a donc des équations du mouvement du type

$$\dot{x} = y : \dot{y} = -a^2x : \dot{z} = H(x, y)$$

3) Les essais de rupture permettent d'établir une correspondance entre le nombre de flexions alternées ou de tours N sur l'ellipse dans x0y et la contrainte maximale pour laquelle se produit la rupture; on trace habituellement la "courbe de Wöhler" S=S(N). (En fait, chaque point de rupture consomme une éprouvette; le matériau n'ayant pas des propriétés rigoureusement invariables, on obtient un nuage de points expérimentaux, à travers lesquels on fait passer au mieux la courbe de Wöhler). La correspondance observée est biunivoque, et nous pour-

rons écrire, de préférence,

$$N = N(S),$$

soit encore en vertu de ce qui a été dit sur S,

$$N = \hat{N}(x).$$

Mais $N = at/2\pi$, de sorte que sa connaissance détermine z pour une évolution donnée:

$$z = \int_0^{2\pi\hat{N}(x)/a} H\left[x(t'), y(t')\right] dt' = \hat{z}(x)$$

Le lieu des points de l'espace de représentation où se produit la rupture est donc la surface

$$\hat{S} = \left\{ x, y, z : z = \hat{z}(x) \right\}$$

Nous savons que pour z=0 cette surface coupe le plan x0y le long de la droite $S(x) = S_1$; d'autre part, l'expérience montre que la rupture par fatigue ne se produit jamais lorsque S(x) est inférieure à une borne S_o, de sorte que la surface $\hat{S}$ tend asymptotiquement à se confondre, pour les z très grands, avec le plan $S(x) = S_o$. Pour les valeurs intermédiaires, $z = \hat{z}(x)$, de sorte que les choses se présentent de la façon représentée sur Fig. 1.

Nous avons supposé que l'expérience de vieillissement se poursuivait à un régime immuable jusqu'à la rupture de la pièce, laquelle survenait au bout de N périodes. Si on arrêtait le processus au bout de n périodes seulement, on aurait un vieillissement latent (non accessible à l'expérience) fonction de n/N:

$$z = f(n/N).$$

On est porté à faire, sur ce vieillissement partiel, une hypothèse qui semble raisonnable, en première approximation; c'est qu'il persiste lorsque la pièce est laissée au repos, au moins si ce repos n'est pas trop prolongé. A l'appui de cette hypothèse, on citera la constatation que si l'expérience reprend au même régime, la rupture survient au bout de (N-n) périodes de la deuxième phase. Par rapport à la formulation mathématique que nous avons proposée précédemment, l'hypothèse revient à dire que la fonction H est nulle dans tout intervalle où l'affixe est immobile.

Que se passe-t-il en régime varié, c'est-à-dire lorsque la pièce est soumise à une certaine contrainte (pour laquelle la rupture surviendrait au bout de N_1 périodes) pendant n_1 périodes, puis à une autre, pour laquelle $N = N_2$, pendant n_2 périodes, et ainsi de suite? Si le vieillissement a été correctement représenté par l'intégrale que nous avons suggérée, les effets des différentes phases de l'expérience doivent s'ajouter les uns aux autres, de sorte que le vieillissement total sera

$$z = \sum f_i \ (n_i/N_i) \ ; \qquad (10)$$

c'est ce que représente , pour deux phases, la fig. 2. Nous avons écrit f_i pour tenir compte du fait que divers facteurs auront pu être modifiés d'une phase à l'autre, comme la pulsation de la contrainte, par exemple; lorsque seule l'amplitude de fluctuation change, les différents termes de la somme seront tous dérivés de la même fonction, soit

$$z = \sum f(n_i/N_i) \ ;$$

toutefois, cette forme simplifiée ne peut être acceptée que comme une première approximation: elle implique, en effet, que l'intervision de l'ordre chronologique des phases ne modifie pas le vieillissement résultant, et nous verrons plus loin que ceci est contredit par l'experience.

Si l'on admet la formule précédente, l'hypothèse la plus simple que l'on puisse faire sur f est de la supposer linéaire,

$$f(n_i/N_i) = Zn_i/N_i$$

où Z est un facteur constant; pour une phase unique, la condition de rupture est alors z = Z, et en régime varié elle sera

(11) $\sum(n_i/N_i) = 1.$

C'est la formule bien connue de Miner, dont on voit ici quelles sont les implications et les présupposés théoriques: pour un régime immuable, z serait proportionnel à n, donc à t, et par conséquent sa dérivée temporelle H il serait constante; l'hypothèse de linéarité que fait Miner équivaut donc au postulat que le matériau ne vieillit que par l'effet de la durée de son évolution, sans égard aux caractéristiques de celle-ci. C'est une supposition qu'il parait difficile d'accepter.

La repousser pour des raisons aussi heuristiques peut cependant ne pas paraître convaincant; il faut donc voir comment l'expérience s'accommode de la loi de Miner. C'est ce qui a été fait par divers auteurs, et notamment par Kommers en 1945; nous avons repris ces expériences avec la précieuse collaboration de G. Corsain, pour obtenir toutes les données qui nous étaient nécessaires à l'établissement d'une théorie.

Le vieillissement étant inaccessible à l'observation tant qu'il n'y a pas rupture, il faut se placer dans les circonstances de destruction après un régime varié: alors suivant Miner,

$$\sum(n_i/N_i) = 1.$$

Dans le cas le plus simple où il n'y a que deux phases, la relation linéaire

(12) $(n_1/N_1) + (n_2/N_2) = 1$

est représentée, dans le plan, par une droite M (Fig. 3). Nous avons opéré sur des éprouvettes en tôle de Fer de $65x20x2mm^3$, dont une extrémité était encastrée et dont l'autre était soumise à un déplacement alternatif de fréquence 12,5 Hz; l'amplitude de ce déplacement était réglable; on a adopté quatre amplitudes, à quoi correspondent, en régime immuable, les nombres de tours à la rupture 1760; 3840;7860;30910. Les essais en régime varié consistaient à exécuter un nombre de tours fixé à l'avance sous une première amplitude, puis à aller jusq'à la rupture sous une deuxième amplitude; on recommençait ensuite en inversant l'ordre des amplitudes: on faisait d'abord, sous la deuxième amplitude du premier essai, le nombre de tours qui avait amené la rupture, puis on poussait jusqu'à la rupture sous la première amplitude.

Les expériences (dont les résultats seront comparés plus loin aux prévisions de la théorie qui aura été proposée) permettent de dégager les deux faits suivants, qui sont patents :

1) la relation entre le premier nombre de tours et le seconde n'est pas linéaire ;

2) il y a non-commutativité des phases, en ce sens que l'ordre chronologique de leurs succession a un effet notable. Ces deux constatations ont déjà été faites par Kommers.

Nous allons maintenant chercher la loi héréditaire la plus simple qui puisse rendre compte de nos deux constatations, tout en étant plausible du point de vue physique. Il n'y a pas lieu de chercher un accord quantitatif parfait, car les résultats expérimentaux sont incertains: en effet, chaque point de mesure concerne une éprouvette différente, puisque l'essai est destructif; elles ont beau être prises sur une même tôle supposée homogène, la dispersion est assez grande, et il faudrait procéder à de très nombreux essais. Les points expérimentaux que nous avons obtenus sont chacun la moyenne arithmétique de 50 essais, ce qui n'est pas encore bien satisfaisant.

Supposons donc que la rupture survienne au vout de n_1 tours sous un certain régime, suivis de n_2 tours sous un autre; soient respectivement N_1 et N_2 les nombres de tours qui amènent la rupture pour chacun des régimes successifs: la forme non linéaire la plus simple que l'on puisse essayer pour la loi du vieillissement est quadratique homogène :

$$(13) \qquad 1 = a(N_1)n_1^{2} + b(N_2)n_2^{2} + c(N_1, N_2)n_1 n_2$$

avec d'ailleurs évidemment $a = 1/N_1^{2}$ et $b = 1/N_2^{2}$. La courbe représentative est un arc de parabole qui passe par les deux points fixes $(0, N_2)$ et $(N_1, 0)$, et dont la concavité est tournée vers l'un ou vers l'autre axe suivant que $c \gtrless 2$ (cet arc se réduit à une droite pour $c = 2$). Pour que le phénomène soit non-commutatif, il suffit que $c(N_1, N_2) \neq c(N_2, N_1)$.

Une forme plus élaborée serait

$$(14) \qquad 1 = an_1^{3} + bn_2^{3} + c(n_1 + n_2)\, n_1 n_2$$

avec $c(N_1, N_2) \neq c(N_2, N_1)$; les courbes (n_1, n_2) seraient alors des arcs de cubique que l'on assujettirait à passer par les points fixes $(0, N_1)$ et $(N_2, 0)$.

Comment aboutir à une telle loi à partir d'hypothèse plausibles? Il est naturel, si l'on se place dans l'optique héréditaire, de supposer que la grandeur emmegasinée dans la mémoire est de la nature d'une énergie; elle serait donc constante par tour pour un régime immuable, ou prendrait des valeurs constantes dans un régime à marches d'escalier. Si l'on suppose que le vieillissement est représenté par une fonctionnelle linéaire, on aurait

$$z = \int_o^t H ds$$

et dans un régime à deux marches d'escalier

$$(15) \qquad z_1 = \int_o^{n_1} H_1 ds + \int_{n_1}^{n_1 + n_2} H_2 ds = H_1 n_1 + H_2 n_2 \ ;$$

Cette expression ne convient pas, car elle est à la fois linéaire et symétrique.

Supposons maintenant qu'il y ait un terme d'interaction entre le "vieillissement primaire" z_1 à tout instant et des z_1 relatifs à une courte tranche de passé :

$$(16) \qquad z_2 = \int_o^t z_1(s) \int_{s-h}^{s} z_1(s')ds'ds$$

dans un régime à deux marches d'escalier, on aura, en supposant h suffisamment petit pour que les termes en h^2 puissen être négligés,

$$(17) \qquad z = z_1 + z_2 = H_1 n_1 + H_2 n_2 + h \left\{ \frac{H_1^2 n_1^3}{3} + \frac{H_2^2 n_2^3}{3} + \right.$$

$$\left. + H_1^2 n_1^2 n_2 + H_1 H_2 n_1 n_2^2 \right\}$$

ou encore, en posant $n_1 = xN_1, n_2 = yN_2$,

$$(18) \quad z = H_1N_1x + H_2N_2y + \frac{hH_1^2 N_1^3}{3} x^3 + \frac{hH_2^2 N_2^3}{3} y^3 + hH_1^2N_1^2N_2x^2y +$$

$$+ hH_1H_2N_1N_2^2xy^2$$

La courbe (x, y) est un arc de cubique, qui doit passer par les points (0, 1) et (1, 0), d'où les conditions

$$(19) \qquad 1 = H_1N_1 + \frac{hH_1^2 N_1^3}{3} ; \qquad 1 = H_2N_2 + \frac{hH_2^2 N_2^3}{3}$$

Nous ferons encore, pour ne pas compliquer les calculs, l'hypothèse simplificatrice

$$hN_i \gg \frac{3}{N_i^2} \qquad (i = 1, 2)$$

le vieillissement se réduit alors à z_2, et prend la forme à la rupture

$$(20) \qquad 1 = x^3 + y^3 + 3xy\,(\lambda x + \sqrt{\lambda y}) \; ; \; \lambda \equiv N_2/N_1 .$$

Les figures montrent que ce modèle sommaire décrit assez bien les résultats quantitatifs de nos expériences; dans leur état actuel, où chaque point relevé représente la moyenne de 50 essais seulement, il ne semble pas utile de perfectionner le modèle pour l'ajuster davantage.

Th. Vogel

L'extension à un régime à trois marches d'escalier est facile, mais nos résultats expérimentaux sont encore moins nombreux; nous n'y insisterons donc pas ici.

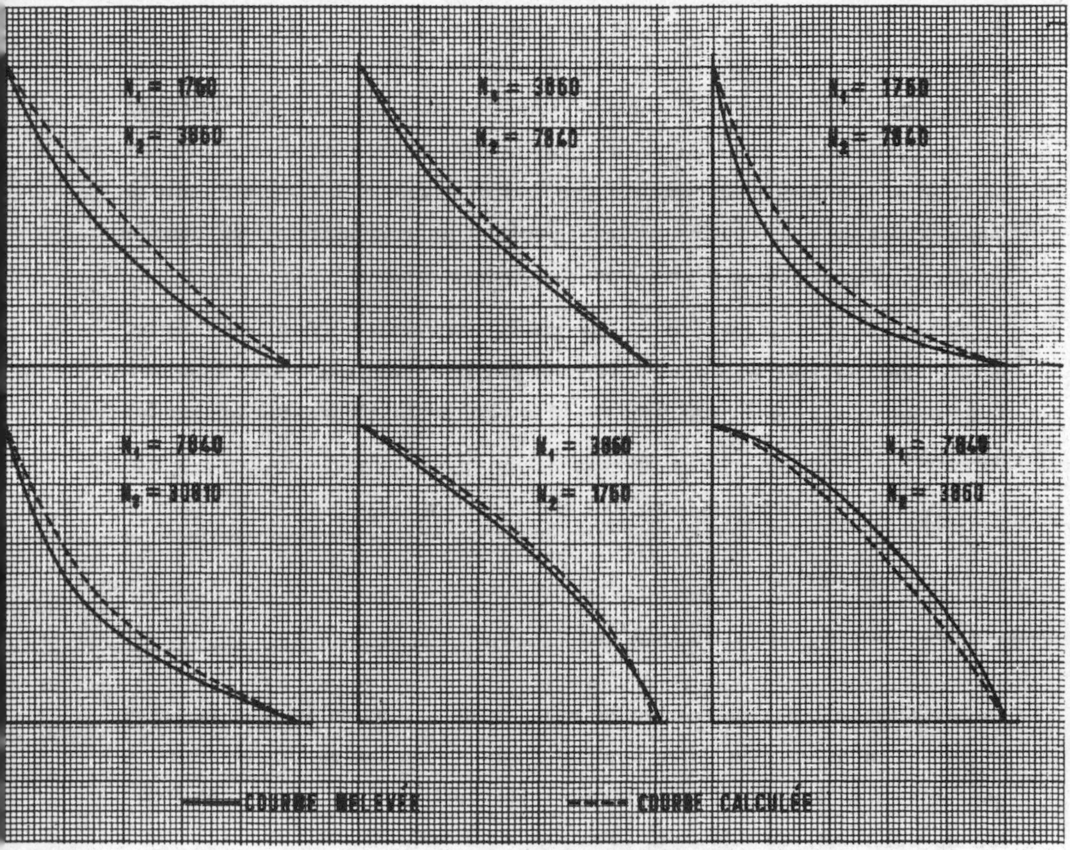

Bibliographie de la cinquième lecon

(1) Berger, M. S. Comm. pure and appl. maths, 20(1967), 687

(2) Vogel, Th. Théorie des systèmes évolutifs. Paris, Gauthier-Villars, 1965.

Th. Vogel

Sixième leçon

6, 1. Les équations dont nous nous sommes occupés jusqu'ici se déduisaient assez directement des lois générales régissant la physique mathématique, et avaient en conséquence des formes simples qui reflétaient la simplicité des lois. Mais on a aussi étudié de très nombreux problèmes particuliers, à partir d'hypothèses ad hoc et grâce à des simplifications successives en cours de route: les équations correspondantes ont souvent un aspect compliqué et à première vue inextricable.

Cependant, on s'aperçoit qu'une grande variété de systèmes aboutissent à une classe d'équations à termes polynomiaux, qui a fait notamment l'objet de travaux de J. Argémi (1): il s'agit de la classe définie par les équations

$$\dot{x} = X_m(x,y) \; ; \qquad \dot{y} = Y_n(x,y) \tag{1}$$

et plus généralement

$$\dot{x} = X_m(x,y) + X_p(x,y) \; ; \; y = Y_n(x,y) + Y_q(x,y) \tag{2}$$

où les X, Y sont des polynômes homogènes dont l'indice indique le degré, et où $m > n$, $p > n$, $q > n$. Ces systèmes sont justiciables de méthodes générales qui permettent de déterminer le portrait topologique des familles de solutions, du moins au voisinage de l'origine.

6, 1. Nous avons rencontré, dans l'étude de la couche limite et des points de stagnation (§ 3, 2) l'équation

$$f''' + ff'' + \lambda(1 - f'^2) = 0 \tag{3}$$

que l'on peut écrire sous la forme d un système du premier ordre

(3') $\quad f' + \dot{g};\ g' = h;\ h' = fh - \lambda(1-g^2)$

l'une des régions que Coppel distingue pour la discussion est définie par

(4) $\quad f < 0;\ g < 1;\ h < 0;\ h' > 0.$

Nous allons transformer (3) dans ce domaine de variation de f, g, h, h'.

Si l'on pose

$$df/dx = z(f)$$

(3) devient

(5) $$zz'' + z'^2 + fz' = \lambda \frac{z^2 - 1}{z}$$

puis en posant $z = uf^2$ et $|f| = e^t$ (t croissant indéfiniment lorsque f décroît indéfiniment),

(6) $$\ddot{u} + 7\dot{u} + 6u + \dot{u}^2/u + \dot{u}/u + 2 - \lambda = -\lambda/ue^{4t}$$

dans la région désormais délimitée par

(7) $$u - e^{-2t};\ \dot{u} - 2u;\ \dot{u}\ (\ -2)u - \ /ue^{4t}$$

lorsque $\lambda/ue^{4t} \longrightarrow 0$, les solutions du système tendent vers celles de (6) réduite à son premier membre, c'est à dire vers celles du système

(8) $$\dot{u} = v;\ \dot{v} = \lambda - 2 - 6u - 7v - v(1-v)/u$$

ou enfin, en prenant une nouvelle variable indépendante $\tau = -\int_0^t dt/u$,

(9) $$\dot{u} = -uv;\ \dot{v} = (2-\lambda)u + v + 6u^2 + 7uv + v^2;\quad u < 0,\quad 0 \leq \lambda < 2$$

C'est un système du type (2).

6, 2. Le problème de l'équilibre convectif d'une boule gazeuse a préoccupé de très nombreux auteurs, à commencer par Lane (1870) (voir (2)).

On considère une boule de gaz parfait, en gravitation stationnaire sous l'influence d'une pression hydrodynamique et d'une pression de radiation, et rayonnant un certain débit d'énergie. Le problème se met en équations compte tenu de la symétrie sphérique:

$$(10) \qquad dp/dr = -G\rho M(r)r^{-2} \ ; \ dM/dr = 4\pi\rho r^2;$$

$$r^{-2} d/dr \left(\frac{r^2}{\rho} \ dp/dr \right) = 4\pi \rho G$$

à quoi s'ajoutent les relations d'état. Emden (1907) postule que la relation entre p et ρ est celle des changements "polytropes" plutôt que celle des changements adiabatiques, c'est à dire que l'on a

$$\gamma' = \frac{c_p - c}{c_v - c} \qquad \text{(ne se réduit à } \gamma \text{ que si } c = 0)$$

De plus, la relation entre ρ et la température réduite θ est supposée être

$$\rho = \lambda \theta^n; \ n = 1/(\gamma' - 1)$$

d'òu finalement

$$(11) \qquad p = K^{(n+1)/n}$$

En portant p dans l'équation de Poisson précédente, et en prenant la variable réduite

$$(12) \qquad \xi = r \left[\frac{n+1}{\pi G} \ K \lambda^{\frac{1-n}{n}} \right]^{-1/2}$$

il vient l'équation de Lane-Emden

$$(13) \qquad \frac{1}{\xi^2} \ \frac{d}{d\xi} \left(\xi^2 \ \frac{d\theta}{d\xi} \right) + \theta^n = 0.$$

Cette équation se ramène à un système du premier ordre en prenant les variables de Milne (1932)

$$(14) \qquad u = \xi \theta^n \ \frac{d\xi}{d\theta} ; \qquad v = - \xi \frac{d\theta}{d} \Big/ \theta$$

ce qui donne

(15) $$\begin{cases} \dot{u} = u^2 + nuv - 3u \\ \dot{v} = - uv - v^2 + v \end{cases}$$

équation du type (2). Le cas n = 3 est critique au sens du théorème de Poincaré, et la nature de la singularité à l'origine dépend des termes non linéaires Nous renverrons au Mémoire de Lefranc et Mawhin (3) pour la discussion complète.

6, 3. Dans la théorie de la lutte pour la vie, où V. Volterra et U. d'Ancona ont défriché le terrain, en écrit généralement que la variation relative d'une population est une fonction donnée des deux populations en compétition:

(16) $$\dot{x}/x = X(x, y); \quad \dot{y}/y = Y(x, y)$$

Ceci suppose les populations assez nombreuses pour que les fluctuations aléatoires soient négligeables, donc que l'on se trouve loin de l'origine; or, c'est l'origine que nous trouverons comme point singulier.

Il y a là une difficulté.

Les conditions que doivent satisfaire X et Y dépendent du problème: coexistence proie et prédateur, ou concurrence pour obtenir une nourriture dont la quantité est limitée, ou enfin symbiose. Une mise au point récente due à A. Roscigno et J. W. Richardson (4) donne les conditions suivantes pour le cas du couple proie (x) et prédateur (y):

pour la proie, x décroît lorsque y croît : $dX/dy < 0$;

à x/y constant, les rencontres sont d'autant plus fréquentes que y est plus grand: $dX/dS < 0$ le long d'un rayon vecteur S;

si x et y sont petits, x croît: $X(0,0)>0$;

si $y > y_o$, la proie ne peut se multiplier: $X(0, y_o) = 0$;

si $x>x_o$, la multiplication est impossible même en l'absence de prédateurs : $X(x_o, 0) = 0$.

quant au prédateur, ou trouve de même les conditions

$$dY/dy < 0; \quad dY/dS > 0;$$

$$\text{et} \quad \exists x_1 < x_o : Y(x_1, 0) = 0.$$

On peut écrire des conditions analogues pour les deux autres problèmes .

Cette formulation permet une discussion suivant les méthodes classiques. Outre l'objection que nous avons faite au sujet du voisinage de l'origine, il paraît difficile de dire jusqu'à quel point elle est acceptable; des hypothèses différentes apparaissent comme tout aussi plausible. Ainsi, Maravall (5) postule que la mortalité de la proie croît comme le nombre des rencontres, donc comme le produit xy, alors que la mortalité du prédateur est proportionnelle à la difficulté de rencontrer la proie, soit à y/x: il écrit donc

$$\text{(17)} \qquad \dot{x} = ax - bxy, \qquad \dot{y} = cy - dy/x$$

d'où l'équation différentielle des trajectoires, du type (2),

$$\text{(18)} \qquad \frac{dx}{dy} = \frac{ax^2 - bx^2y}{cxy - dy}$$

6, 4. L'étude des oscillations dans les réseaux hydrauliques à cheminée d'équilibre est essentiellement un problème non linéaire à cause des pertes de charge par frottement dans les tuyaux, qui sont au moins une fonctions parabolique de la vitesse. Considérons de plus avec Binnie (6) le cas d'une cheminée à section variable, inversement proportionnelle à la cote h: lors d'une fermeture brusque des vannes, on aura dans la cheminée une hauteur d'eau

$$\text{(19)} \qquad h = D - Kv^2 - L\dot{v}/g$$

(D diamètre et L longueur de la conduite); et l'équation de continuité

(20) $av = (c/h)\dot{h}$.

d'où finalement

(21) $\ddot{h} + m\dot{h}^2/h = Mh\text{-}D\text{-}h$

avec $m = (Kcg/aL)-1$; $M = ag/cL$. C'est une équation à point singulier multiple, qui se ramène au système

(22) $$\frac{dx}{xy} = \frac{dy}{-py^2 + qx^2(r-x)} = \frac{dt}{x}$$

du type (2), en écrivant x pour h et y pour $\dot{x}$. Nous reviendrons sur la discussion de ce système.

6, 5. Considérons enfin un exemple tiré de la théorie de la commande (7): soit un oscillateur soumis à un asservissement fonction de l'écart x entre l'état observé et l'état désiré; la forme non linéaire la plus simple que puisse prendre la force de rappel est celle où la dérivée seconde de l'écart est limitée. A. J. Lerner donne alors de cette force l'expression

$$k|x|^{1/2} \operatorname{sgn} x$$

d'où l'équation différentielle

(23) $\ddot{x} + \dot{x} + |x|^{1/2} \operatorname{sgn} x = 0$

après élemination des coefficients numériques grâce à un choix convenable d'unités pour les variables. Argémi transforme cette équation en posant $\dot{x} = y$, puis $x^{1/2} = u$ pour $x \geqslant 0$ (on remarquera que les trajectoires sont symétriques par rapport à l'origine dans le plan x, y). D'où

(24) $\frac{y\,dy}{2u\,du} + y + u = 0$

ou encore, dans le demi plan $u \geqslant 0$, le système

(25) $\dot{u} = y; \ \dot{y} = -2u(u+y)$

qui est du type (2).

6, 6. Nous avons, je pense, donné suffisamment d'exemples variés pour montrer que le type d'équations considéré intervient, directement ou après transformation convenable, dans de nombreux problèmes d'origines très diverses. Je vais maintenant dire très brièvement comment J. Argémi les traite, étant bien entendu que sa méthode n'est pas la seule possible, et que notamment c'est celle de Keil (8), qui s'appuie sur la considération des isoclines, qui a généralement été utilisée pour résoudre les problèmes en question.

Considérons d'abord le cas du système homogène

(1') $dx/dy = X_m(x,y)/Y_m(x,y)$

L'idée directrice est d'étudier le système par la transformation

$$(x,y) \longrightarrow (x, \lambda = y/x)$$

qui donne

(26) $dx/d\lambda = xX_m(1,\lambda)/F(1,\lambda) = xG(\lambda)$,

où $F(\lambda) = Y_m(1,\lambda) - \lambda X_m(1,\lambda)$. La solution s'écrit sous forme paramétrique

$$x(\lambda) = C\, e^{\int_0^\lambda G(\alpha)\, d\alpha} \quad : \quad y(\lambda) = \lambda x(\lambda).$$

La discussion de la singularité à l'origine tourne autour des zéros de F: s'il n'y en a point de réels, on a affaire à un centre ou à un foyer. 0 sera un centre si et seulement si

$$I = \int_{-\infty}^{\infty} G(\alpha)\, d\alpha = 0\ ;$$

si $I \neq 0$, le déroulement des trajectoires se fera dans le sens direct ou inverse suivant que I sera positif ou négatif. Si F a des zéros réels distincts, il leur correspond des trajectoires rectilignes dans (x, y); il s'agit de savoir si le secteur délimité par deux telles trajectoires successives est elliptique, parabolique ou hyperbolique. Or les propriétés des trajectoires sont les mêmes dans le plan originel et dans le plan (x, λ) où les points singuliers sont répartis le long de $x = 0$ et non confondus, ce qui rend leur étude facile. Quelle que soit la multiplicité du zéro λ_i, on aura affaire

à un noeud si $P(\lambda_i) = X_m(1, \lambda)F'_{\lambda=\lambda_i} > 0$ ou $P \to 0^+$ pour $\lambda \to \lambda_i$

à un col si $P(\lambda_i) < 0$ ou $P \to 0^+$ pour $\lambda \to \lambda_i$

à un noeud-col si P s'annule en changeant de signe lorsque $\lambda \to \lambda_i$

Il n'y a pas d'autres possibilités que ces trois-là.

Les signes que prend $P(\lambda)$ lorsque λ tend vers un λ_i par valeurs supérieures ou inférieures déterminent la nature des secteurs: elliptiques si ++, hyperboliques si --, paraboliques à gauche ou à droite si +- ou -+ (le plan x, λ est supposé orienté dans le sens des λ croissants). Si l'on examine les uns après les autres les points singuliers répartis sur la droite projective en s'éloignant de l'origine, deux noeuds consécutifs donnent naissance à deux secteurs elliptiques, deux cols consécutifs à deux secteurs hyperboliques, un noeud suivi d'un col ou un col suivi d'un noeud -- à deux secteurs paraboliques. La situation se complique un peu dans le cas des noeuds-cols: si deux tels points se suivent en se présentant leurs côtes noeud, les secteurs seront elliptiques; s'ils se présentent leurs côtés col, ils seront hyperboliques; si les côtés sont de natures contraires, ou si un noeud-col est suivi par un noeud ou par un col, les secteurs sont paraboliques.

Le nombre total des secteurs elliptiques (E), hyperboliques (H) et paraboliques (P) ne saurait dépasser 2m+2 (théorie de Bendixson); on peut montrer que $E \leq 2m-2$, et que $P \leq 2m$ si m est pair, et $\leq 2m+2$ si m est impair; il est aisé de voir que si E atteint sa borne, H = 0 et P = 4; si inversement H = 2m+2, E = 0.

Une discussion analogue peut être faite pour la singularité à l'infini, en faisant une inversion de puissance 1 par rapport à l'origine; les résultats sont analogues aux précédents, en transposant les secteurs elliptiques et hyperboliques.

Le système (2) que nous avons écrit au début de cette leçon peut être considéré comme un perturbé du système homogène que l'on vient d'examiner. Pour plus de simplicité, considerons le cas particulier

$$\dot{x} = y + \sum_{1}^{p} X_m(x, y); \quad \dot{y} = \sum_{1}^{q} Y_m(x, y) \tag{2'}$$

où X, Y sont des formes homogènes à coefficients réels. Nous passerons ici encore au plan (x, λ), ce qui donnera le système

$$\dot{x} = \lambda x + \sum x^m X_m(\lambda); \quad \dot{\lambda} = -\lambda^2 + \sum x^{n-1} Y_n(\lambda) + \sum x^{m-1} X_m(\lambda) \tag{27}$$

où $X(\lambda)$, $Y(\lambda)$ est une écriture abrégée pour $X(1,\lambda)$, $Y(1,\lambda)$. On vérifie (par une transformation analogue à la précédente) que ce système est régulier en $x = 0$, $|\lambda| = \infty$, il suffit donc d'étudier son portrait topologique au voisinage de l'origine.

Or ce portrait est le même que celui du système réduit à ses termes des premier et deuxième ordre, soit

$$\begin{aligned} \dot{x} &= \lambda x + ax^2 \\ \dot{\lambda} &= \lambda^2 + bx + (c-a)\lambda x + dx^2 \end{aligned} \tag{28}$$

où l'on a écrit, pour abréger, a pour $X_2(0)$, b pour $Y_2(0)$, c pour $Y_2'(0)$

et d pour $Y_3(0)$. La discussion est particulièrment simple lorsque $b \neq 0$: on passe alors au plan (λ, μ) en posant $x = \lambda\mu$, ce qui donne

$$\begin{cases} \dot{\lambda} = -\lambda^2 + b\lambda\mu + (c-a)\lambda^2\mu + d\lambda^2\mu^2 \\ \dot{\mu} = 2\lambda\mu - b\mu^2 - (c-2a)\lambda\mu^2 - d\lambda\mu^3 \end{cases}$$

Le portrait au voisinage de l'origine de ce système est, à son tour, celui du système réduit

$$(29) \qquad \begin{cases} \dot{\lambda} = \lambda\,(b\mu - \lambda) \\ \dot{\mu} = \mu(2\lambda - b\mu) \end{cases}$$

pour lequel on obtient un col, avec les directions asymptotiques des deux axes et la droite de pente $\mu/\lambda = 3/2b$. En revenant au plan (x, λ) le portrait est celui de la deuxième figure, et enfin dans le plan (x, y) l'origine est un point de rebroussement; il y a deux secteurs hyperboliques et $E = P = 0$

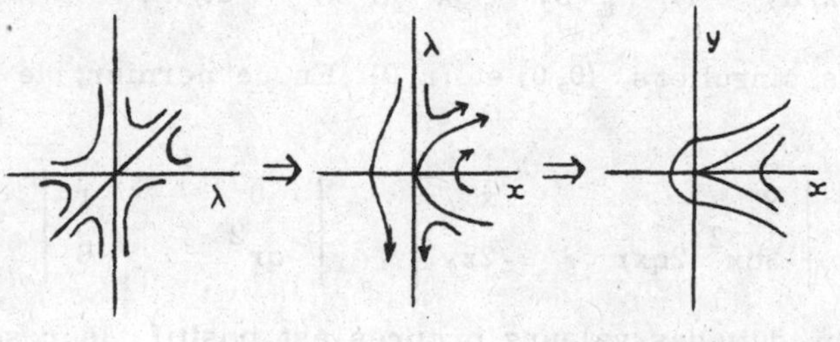

Nous avons pris $b > 0$, mais on remarque que le système ne change pas lorsqu'on fait la transformation $(b, \lambda, t) \longrightarrow (-b, -\lambda, -t)$. Les valeurs des constantes a, c, d. ne jouent pas de rôle dans la détermination du portrait topologique.

Le cas $b = 0$ est beaucoup plus compliqué. Si $d = ac$ X et Y admettent un diviseur commun, ce qui présente de grosses difficultés. Di $d \neq ac$, on peut, comme tout à l'heure, se borner à examiner le système réduit à ses termes d'ordres 1 et 2, mais il y a divers cas subordonnés qui dépendent de la nature des directions propres. Nous nous contenterons de résumer les résultats de la discussion d'Argémi (Δ est le discriminant de l'équation aux directions propres) :

		H	E	P	
$\Delta > 0$ . . .	$d > ac$	4	0	0	
	$d < ac$; $c-2a>0$	1	1	2	
$\Delta = 0$. . . .		1	1	0	
$\Delta < 0$. . .		0	0	0	l'origine est un centre

ou un foyer la discrimination entre centre et foyer en est général difficile.

6, 7. A titre d'illustration , reprenons l'équation de Binnie concernant les cheminées d'équilibre, que nous récrirons

$$(30) \qquad dx/dy = dy/\left[-py^2 + qx^2(r-x)\right] = dt/x :$$

il y a deux points singuliers, (0,0) et (r,0). En ce dernier, le jacobien vaut

$$\begin{vmatrix} y & x \\ -3qx^2+2qxr & -2xy \end{vmatrix} = \begin{vmatrix} 0 & r \\ -qr^2 & 0 \end{vmatrix}$$

de sorte que le produit des valeurs propres est positif, leur somme nulle: la singularité ne peut être qu'un centre ou un foyer, et par raison de symétrie elle est un centre.

Quant à l'origine, il faut considérer dans son voisinage le système réduit .

$$(31) \qquad dx/dy = dy/(qrx^2 - ay^2),$$

pour lequel

(32) $$F(\lambda) = -\lambda^2 (1+p) + qr$$

Les deux directions propres sont $\pm (qr/1+p)^{1/2}$, et $XF' = -2(1+p)\lambda^2$ est négatif (rappelons-nous que p, q, r sont positifs de par leurs significations physiques). L'origine est donc un col multiple. Dans le demi-plan x<o, il y a trois secteurs hyperboliques sans particularités (qui ne présentent d'ailleurs pas d'intérêt, la hauteur d'eau x dans la cheminée étant positive); dans le demi-plan de droite, la présence du centre en (r, 0) modifie l'aspect des secteurs sans qu'ils cessent d'être hyperboliques par rapport à l'origine: les deux demi-séparatrices forment une boucle enfermant le centre et les trajectoires fermées qui l'entourent; quant aux deux secteurs hyperboliques qui admettent pour frontière l'axe des y, ils se fondent en un seul. Suivons une trajectoire qui part de y très grand, x très petit: sa pente dy/dx croît jusqu'à 0, valeur qu'elle atteint pour

$$x = \frac{2r}{3}$$

puis elle décroît denouveau jusqu'à $-\infty$ à son point d'intersection avec l'axe des x, croît jusqu'à 0 et décroît jusqu'à $-\infty$ symétriquement à son premier demi-parcours. On a donc le portrait suivant, avec une région de solutions périodiques et une région où se produit quelque chose comme une onde solitaire :

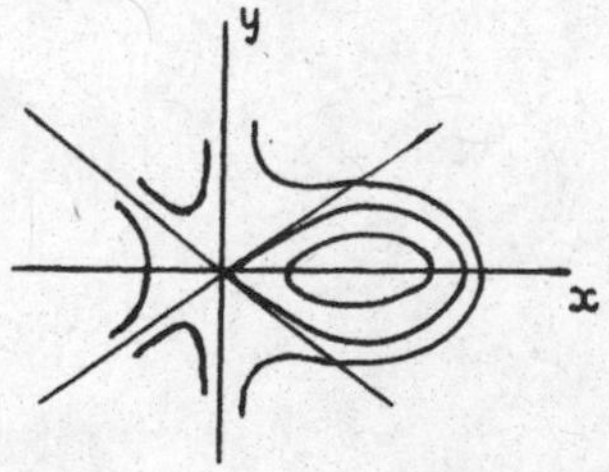

Pour terminer, examinons à la lumière de ce qui précède l'équation de Lerner

(25) $$\dot{u} = y; \qquad \dot{y} = -2u(u+y); \qquad u \geq 0.$$

Th. Vogel

Elle est du type que nous avons discuté, avec $b \neq 0$; mais la limitation sur le signe de y introduit une petite complication: il nous faudra mutiler la famille de trajectoires x, y en la limitant à un demi-plan, et lui accoler, dans l'autre demi-plan, sa symétrique. On n'aura donc, de part et d'autre de l'axe des y, que les arcs qui contournent l'origine. D'autre part, un tel arc est parabolique $y = bx^2$, soit

$$u^2 + 3y^2/4 = \text{const},$$

et la valeur de la constante est négative, puisqu'elle est $-3uy^2$: de sorte que l'arc issu d'un point de l'axe des y recoupe cet axe plus près de l'origine, se recolle ainsi à un arc plus petit, et ainsi de suite : 0 est donc un foyer (d'ailleurs il n'y a pas de tangente réelle à l'origine). Cette conclusion est conforme à celle de Sansone (Lerner, lui, avait cru trouver un noeud).

Th. Vogel

Bibliographie de la sixième leçon

(1) Argémi, J. Ann. di mat pura ed appl., 79(1968), 35; - ibid, 89(1971), 321.

(2) Chandrasekhar, S. Introd. to the study of stellar structure, N. Y. Dover, 1957

(3) Lefranc, M. et Mawhin, J. Bull Acad. roy. Belg., cl sc., 55 (1969), 763

(4) Rescigno, A. et Richardson, J. W. Bull. math. Biophys., 29 (1967), 377.

(5) Maravall, Casesnovas D. Boll. patol. veget. y entom. agr. 20 (1953-54), 47.

(6) Binnie, A. M. Proc. Cam. phil. Soc., 42(1946), 156

(7) Lerner, A. J. Commandes optimales par commutation (trad. fr.), Paris, Dunod, 1965

(8) Keil, K. A. Jber. dtsch. math. Ver., 57(1955), 111.

EDITORIALE GRAFICA—ROMA

Printed in the United States
By Bookmasters